国家科学技术学术著作出版基金资助出版

氮化铝晶体生长与应用

宋　波　韩杰才　刘梦婷　编著

科学出版社

北　京

内 容 简 介

氮化铝（AlN）是一种典型的Ⅲ-Ⅴ族氮化物半导体材料。氮化铝拥有热导率高、热膨胀系数低、介电常数高、抗腐蚀能力强、热力学稳定性高等优异特性。本书系统、深入地介绍了氮化铝晶体的基本性质、生长方法和具体应用。全书分为 7 章：第 1 章是绪论，介绍了第一、二、三代半导体材料的基本概念、性质和应用；第 2～6 章主要介绍了氮化铝晶体的基本特性，低维氮化铝纳米材料、氮化铝薄膜和氮化铝晶体的制备方法，以及三元合金及掺杂改性；第 7 章主要介绍了氮化铝材料的具体应用。

本书可供从事氮化铝晶体研究的工程技术人员、高等院校相关专业师生及对氮化铝晶体生长和应用感兴趣的爱好者参考。

图书在版编目（CIP）数据

氮化铝晶体生长与应用 / 宋波，韩杰才，刘梦婷编著. —北京：科学出版社，2021.11

ISBN 978-7-03-069683-0

Ⅰ. ①氮…　Ⅱ. ①宋…　②韩…　③刘…　Ⅲ. ①氮化铝－研究
Ⅳ. ①O614.3

中国版本图书馆 CIP 数据核字（2021）第 179493 号

责任编辑：张　震　张　庆 / 责任校对：樊雅琼
责任印制：吴兆东 / 封面设计：无极书装

科学出版社 出版
北京东黄城根北街 16 号
邮政编码：100717
http://www.sciencep.com
北京厚诚则铭印刷科技有限公司　印刷
科学出版社发行　各地新华书店经销
*
2021 年 11 月第　一　版　开本：720 × 1000　1/16
2023 年 3 月第三次印刷　印张：13
字数：270 000

定价：108.00 元

（如有印装质量问题，我社负责调换）

前　言

1947年，美国贝尔实验室成功研制出世界上第一个晶体管，自此揭开了半导体工业发展的序幕。经过70余年，半导体材料的发展已历经三代。第一代半导体是以硅（Si）、锗（Ge）为代表的窄带隙半导体；第二代半导体是以磷化铟（InP）、砷化镓（GaAs）、锑化铟（InSb）为代表的二元化合物半导体；第三代半导体是以氮化镓（GaN）、碳化硅（SiC）、氮化铝（AlN）为代表的宽带隙半导体。第三代半导体以其优异的电学、热学和声光学等性质弥补了第一代和第二代半导体在性能方面的某些不足，极大地促进了半导体工业的快速发展。

氮化铝（AlN）是一种典型的III-V族化合物半导体材料，具有热导率高、热膨胀系数低、介电常数高、抗腐蚀能力强、热力学稳定性高等特性，是GaN、铝镓氮（AlGaN）异质外延以及AlN同质外延的理想衬底材料，在制备高温、高频、高功率电子器件方面具有良好的应用前景，尤其在制作微波毫米器件、功率器件等领域具有独特的优势，同时也是制备蓝光-紫外固态激光二极管、激光器和深紫外光电探测器等光电器件的理想材料。此外，AlN基器件在饮用水消毒、空气净化、医疗检测、环境监测、食品加工等民用领域也有着重要的应用。

本书以“氮化铝晶体生长与应用”为题，主要介绍AlN晶体的特性及其块体和纳米结构的生长方法及应用，主要内容如下：氮化铝的晶体结构、物理特性和化学特性概述，低维氮化铝纳米材料、氮化铝薄膜和氮化铝晶体的制备方法研究，氮化铝三元合金及掺杂改性的相关研究，以及氮化铝材料的应用介绍等。参与本书编撰工作的人员为宋波（第1、3、5章）、韩杰才（第1章）和刘梦婷（第2、4、6、7章）。另外，金雷、赵超亮和徐晶晶等也参与了资料收集和部分文字工作，在此一并表示感谢。

AlN一直是第三代半导体材料的研究热点之一，整个领域的研究进展日新月异。作者所在团队长期从事AlN材料和光电子器件的研究，取得了一系列进展和成绩，团队成员的贡献在本书中也均有体现。同时，在梳理总结作者团队重要成果的基础上，本书还融合了国内外相关领域的部分最新成果。

由于作者学识有限，书中难免有疏漏和不足之处，恳请广大读者批评指正。

宋　波

2020年12月

目　录

第1章 绪　　论

材料、信息和能源是21世纪人类社会发展的三大支柱产业。其中，材料是人类生存、科技进步、社会发展的坚实基础，如今，材料已成为国民经济建设、国防建设和人民群众日常生活的重要组成部分。目前，作为半导体产业链上游的重要环节，半导体材料的生长与应用在芯片制造过程中起到关键性作用，由此也成为衡量国家科技和工业发展水平的重要标志之一。2015年我国在公布的“中国制造2025”中提出大力培育半导体行业，由此可以看出发展半导体行业的重要性。

半导体作为现代计算机、通信系统、电子产品等的核心组成部分，被广泛地应用于现代社会的各个领域。半导体的发现和应用对于人类文明的发展具有重要意义。例如，基于半导体材料的晶体管具有检波、整流、放大、开关、稳压、信号调制等多种功能，可以完美地取代电子管，进而成为计算机、手机等现代电子产品的基本构建模块。

人类历史上第一只晶体管诞生于1947年的贝尔实验室，肖克利、巴丁和布拉顿[1]利用半导体材料，研制出了一种点接触型晶体管。虽然在20世纪中期人们才开始利用半导体材料，但是人类对半导体的研究却可以追溯到19世纪。早在1833年，著名科学家法拉第[2]发现AgS的电阻随温度的变化情况与金属不同。在一般情况下，金属的电阻会随温度升高而增大，但法拉第却发现AgS的电阻随温度的上升而减小，这正是半导体具有负温度系数的表现，也是半导体现象的首次发现。不久之后，1839年法国的贝克莱尔[3]发现半导体和电解质接触形成的结在光照下会产生一个电压，这就是后来人们熟知的光生伏特效应。1873年，英国的史密斯[4]发现了硒晶体材料在光照下电导会增大的光电导效应。1874年，德国的布劳恩[5]观察到某些硫化物的电导与所加电场的方向有关，即它的导电有方向性，在它两端加一个正向电压，它是导通的，如果把电压极性反过来，则不导电，这就是半导体的整流效应。1879年，美国物理学家霍尔[6]发现了霍尔效应。1911年，这类材料被人们正式命名为“半导体”。

半导体材料主要经历了三代发展。第一代半导体材料是以硅（Si）、锗（Ge）为代表的窄禁带半导体材料；第二代半导体材料是以磷化铟（InP）、砷化镓（GaAs）、锑化铟（InSb）为代表的二元化合物半导体材料；第三代半导体材料是以氮化镓（GaN）、氮化铝（AlN）、碳化硅（SiC）、金刚石（C）为代表的宽禁带半导体材料。

1.1 第一、二代半导体材料概述

第一代半导体材料主要是以 Si、Ge 为代表的窄禁带半导体材料。作为第一代半导体材料的 Ge 和 Si 在集成电路、电子信息网络工程、计算机、手机、电视、航空航天、各类军事工程以及迅速发展的新能源、硅光伏产业中都得到了极为广泛的应用，Si 芯片在人类社会的每一个角落无不闪烁着它的光辉。第一代半导体材料之所以选择 Si，是因为 Si 具有其他半导体材料不具备的特殊优势。比如，自然界中的岩石、砂砾等存在大量硅酸盐或二氧化硅（SiO_2），成本较低；Si 经过氧化所形成的 SiO_2 性能稳定，能够作为半导体器件工艺中所需的优良的绝缘膜使用；在集成电路的平面工艺中，Si 更容易实施氧化、光刻、扩散等工艺，更方便集成，其性能更容易得到控制。

第二代半导体材料主要是指化合物半导体（如 GaAs、InSb）、固溶体半导体（如 Ge/Si、GaAs/GaP）、玻璃半导体（又称非晶态半导体，如非晶硅、玻璃态氧化物半导体）、有机半导体等。第二代半导体材料主要用于制作高速、高频、大功率以及发光电子器件，是制作高性能微波、毫米波器件及发光器件的优良材料。因信息高速公路和互联网的兴起，它还被广泛应用于卫星通信、移动通信、光通信和全球定位系统（global positioning system，GPS）导航等领域。

1.1.1 硅和锗

Si、Ge 是人们研究和应用最早的第一代半导体材料。Ge 的熔点（938.3℃）比 Si（1414℃）低得多，更容易利用区熔方法得到纯净的 Ge 材料，因而 20 世纪 40～60 年代，Ge 是制备半导体器件的主要材料。随着 Si 材料生长和提纯工艺的不断进步，自 20 世纪 70 年代开始，Si 逐步替代 Ge 的地位，成为以集成电路为代表的微电子器件的主体材料。

Si 和 Ge 都是Ⅳ族元素半导体，Si 的原子序数是 14，Ge 的原子序数是 32。它们在室温（300K）下的基本性质如表 1-1 所示。

表 1-1 Si 和 Ge 的基本性质

元素	禁带宽度/eV		迁移率/(cm^2/(V·s))		相对介电常数	本征载流子浓度/cm^{-3}	本征电阻率/(Ω·cm)
	间接	直接	电子	空穴			
Si	1.1.2	3.4	1350	480	11.9	1.5×10^{10}	2.3×10^{5}
Ge	0.66	0.8	3900	1900	16	2.37×10^{13}	47

Si 的原子结构决定了 Si 原子具有一定的导电性，但 Si 晶体中没有明显的自由电子，因此电导率不及金属，且电导率随温度升高而增加，具有半导体性质。国际上通常把商品 Si 分成金属 Si 和半导体 Si。金属 Si 主要用来制作多晶 Si、单晶 Si、硅铝合金及硅钢合金的化合物。半导体 Si 用于制作半导体器件。总体来讲，Si 主要用来制作高纯半导体、耐高温材料、光导纤维通信材料、有机硅化合物、合金等，广泛应用于航空航天、电子电气、建筑、运输、能源、化工、纺织、食品、轻工、医疗、农业等行业。

高纯的单晶 Si 是重要的半导体材料，可制成二极管、三极管、晶闸管和各种集成电路（包括计算机的芯片和中央处理器），还可以制作成太阳能光伏电池，将辐射能转变为电能。Si 可用来制作金属陶瓷复合材料，这种材料继承了金属和陶瓷的各自优点，同时弥补了两者的不足，具有耐高温、富韧性、可切割等优点。纯 SiO_2 可拉制出高透明度的玻璃纤维，该纤维是光导纤维通信的重要材料。这种通信方式代替了笨重的电缆，通信容量高，不受电、磁干扰，不怕窃听，具有高保密性。Si 有机化合物将 Si 优良的无机性能与有机性能相结合，开辟了新的领域。它具备表面张力低、黏温系数小、压缩性高、气体渗透性高等基本性质，并具有耐高低温、电气绝缘、耐氧化稳定性、耐候性、难燃、憎水、耐腐蚀、无毒无味以及生理惰性等优异特性，主要应用于密封、黏合、润滑、涂层、表面活性、脱模、消泡、抑泡、防水、防潮、惰性填充等。Si 可以与铝、铁、锰等金属材料结合制成合金，以此来提升其金属性能。Si 制成的合金主要包括硅铝合金、硅铜合金、硅铁合金、硅锰合金等。

Ge 材料虽然在很多领域逐渐被 Si 材料所替代，但是，在电子信息和通信等某些特殊领域，Ge 材料仍然发挥着重要作用。Ge 具有高的电子和空穴迁移率，是制备高频器件的重要材料。在红外光电器件领域，Ge 广泛地用于军事的红外探测和成像，民用的火灾报警、医疗成像，科研的透镜、光学窗口和红外探测器等；在通信领域，$GeCl_4$ 被大量地用作光纤芯层掺杂剂，用于提高光纤芯层折射率和降低光损耗。

进入 21 世纪以来，Ge 的性质及其在 Si 基光电子学中的应用引起了人们越来越浓厚的兴趣[7]。其主要原因在于，人们期望利用中红外光开拓新一代通信系统，而利用 Ge 可以将 Si 基集成光电器件的工作波长从近红外扩展到中红外波段。Si 对中红外波段（3～10μm）的光具有较强的吸收性，而 Ge 对 2～15μm 的光具有较好的透过性，波导传输损耗相对较低；同时 Ge 具有较大的折射率，可以作为中红外波段光通信的波导材料[8]；Ge 和 Si 衬底、互补金属氧化物半导体（complementary metal oxide semiconductor，CMOS）工艺具有良好的兼容性，锗硅（germanium-on-silicon）技术也已经得到广泛的研究。因此，Ge 有望进一步实现 Si 基集成光路功能的多样化。

目前生产 Si 和 Ge 的国内外主要企业如表 1-2 所示。

表 1-2 国内外 Si 和 Ge 的主要生产企业

国家	Si	Ge
中国	洛阳中硅高科技有限公司、国电英力特能源化工集团股份有限公司、宜昌当玻硅矿有限责任公司、湖北三峡新型建材股份有限公司、内蒙古鄂尔多斯金属冶炼有限责任公司、湖北三恩硅材料开发有限公司、内蒙古神舟硅业有限责任公司、内蒙古晟纳吉光伏材料有限公司、甘孜大西洋硅业有限公司、山东东岳集团有限公司、中彰国际集团有限公司、联合光伏集团有限公司、英利集团有限公司	云南临沧鑫圆锗业股份有限公司、云南驰宏锌锗股份有限公司、中锗科技有限公司
美国	CR Minerals Ltd、MEMC Electronic Materials Inc、US Silica Ltd、 Sunpower Ltd、 First Solar Ltd	AXT Inc（美国晶体技术有限公司）
比利时	Sibelco Ltd	
加拿大		Teck Resources Limited Ltd（泰克资源有限公司）
德国		Photonic Sense Inc
印度	Carborundum Universal Ltd（碳化硅环球有限公司）	
西班牙	Atlantic Ferroalloy Company（大西洋铁合金集团公司）	
澳大利亚	Cape Flattery Silica Mines Pty Ltd	

1.1.2 砷化镓

1952 年，Welker 发现了 GaAs 的半导体性质。在初始阶段，通过对 GaAs 单晶制备方法的研究和应用的探索，GaAs 材料逐渐得到人们的重视。自 1962 年用 GaAs 制成激光器[9]、1963 年发现耿氏（Gunn）效应以来[10]，GaAs 材料和器件得到了很大的发展。

GaAs 作为典型的第二代Ⅲ-Ⅴ化合物半导体材料，其晶体结构属于闪锌矿型结构，制备 GaAs 单晶的方法有区熔法和液封直拉法。GaAs 为直接禁带半导体材料，禁带宽度为 1.424eV，对应近红外波段。GaAs 在室温条件下的基本性质如表 1-3 所示。

表 1-3 GaAs 在室温下的基本性质

参数	数值	参数	数值
密度/(g/cm^3)	5.3	电子迁移率/(cm^2/(V·s))	8500
平均原子序数	32	空穴迁移率/(cm^2/(V·s))	400
禁带宽度/eV	1.424	电阻率/(Ω·cm)	10^7
击穿场强/(MV/cm)	0.4	热导率/(W/(cm·K))	0.46

续表

参数	数值	参数	数值
相对介电常数	13.18	热膨胀系数/$10^{-6}K^{-1}$	6.0
电离能/eV	4.3	熔点/K	1238
原子离位能/eV	8～20	莫氏硬度	6.25
饱和电子速度/(10^7cm/s)	1.9		

通过掺杂，GaAs 半导体材料可分别具有 n 型或 p 型半导体特性。在 GaAs 中掺入Ⅵ族元素 Te、Se、S 等或Ⅳ族元素 Si 可获得 n 型半导体；掺入Ⅱ族元素 Be、Zn 等可制得 p 型半导体。另外，在 GaAs 中掺入 Cr 或提高其纯度可制成电阻率高达 10^7～10^8Ω·cm 的半绝缘 GaAs 半导体材料。

GaAs 材料具有禁带宽度大、原子序数高、掺杂浓度低等材料优势，且相比于其他半导体材料有着极高的载流子迁移率，故可以在高频器件、微波通信器件、高速开关等领域发挥重要作用[11, 12]。此外，由于液封直拉技术愈发成熟，GaAs 的晶体质量得到了极大提升；同时，GaAs 的电极制作工艺日趋成熟，使 GaAs 在中子探测领域相比其他半导体材料具有更多的优势，由它作为衬底材料的中子探测器可以实现更高的探测效率。

GaAs 晶体材料具有耐高温、抗辐射的优异物理性质，因此可用于制备耐高温、抗辐照或低噪声器件，近红外发光二极管（light emitting diode，LED），激光器件和太阳能电池，以及光电阴极材料[13]。在辐照探测领域，GaAs 探测器可以应用于探测和检测高能基本粒子与伽马射线。GaAs 探测器可以在相对较高的温度和辐射较大的环境中（如反应堆中）工作，同时也可以显著降低其工作电压（如 α 粒子的探测器需要在 20～30V 的低工作电压下工作），这对电离辐射探测器的控制和外围电路信号处理具有重要意义。GaAs 探测器可以显著提高带电粒子和电离辐射传感器的热稳定性与辐射稳定性。GaAs 探测器存在的主要问题是固有电噪声过大，限制了其灵敏度。这是由于 GaAs 是一种补偿半导体，GaAs 中的本底杂质高于单晶 Si。近年来，为了优化核辐射测定仪的结构和生产技术，尽量减少过量的噪声，科学家对用于核辐射和 X 射线探测的 Al/i-GaAs 势垒结构探测器、AlGaAs/i-GaAs 异质结构探测器以及 GaAs 探测器工作中的过量噪声进行了实验和理论研究[14]。

GaAs 的优异物理性质使其在航空航天领域同样发挥着重要作用，可以广泛用于雷达、导弹、计算机、人造卫星、宇宙飞船、导航设备、遥测系统等尖端技术。用 GaAs 激光器制成的激光雷达因用光波代替无线电波，作用距离、测距等都明显提高，且受干扰的因素减少。GaAs 场效应晶体管（field effect transistor，FET）噪声低、增益高，用于微波通信线路、雷达接收器时能改善微波系统性能并降低成本。用 GaAs 制造的甘氏振荡器尺寸为毫米级，要求电压低，使用寿命超过

10000h，已用于应答器、雷达、导航信标等方面。GaAs LED 具有量子效率高、器件结构精巧简单、机械强度大、使用寿命长等优点，且体积只有 1mm^3，可应用于制造哨兵通话（光电话）、侦察、夜间监视和警戒等仪器。在不便敷设电缆的地方或原有通信线路发生障碍时，可用光电话通信，如在远洋船舶间或飞机间通话使用。光电话应用的最突出实例是地面控制站与宇宙火箭在大气层中加速或制动这段时间内的联系。此时火箭周围的空气因加热和离子化而形成无线电波不能透过的屏障，这时只能以光波道获取信息。GaAs 太阳能电池的转换率比 Si 太阳能电池高，而且能在高得多的温度下提供有效的功率输出，耐辐射性能优异。目前一些国家正在着手研究的这种新型太阳能电池有可能取代Si太阳能电池而成为人造卫星、宇宙飞船、空间站及其他航天器的主要电源。中国研制的高效 GaAs 太阳能电池在 1988 年首次成功地进行了卫星标定，电池光电转换效率为 15.8%，绕地球飞行 1 个月，标定误差为 0.24%，高于 1984 年国际上同类产品在航天飞机上的标定水平。我国是世界上取得高效率 GaAs 太阳能电池空间标定实验成功的极少数国家之一。

国内外主要 GaAs 生产商及其产品特性如表 1-4 所示。

表 1-4　国内外主要 GaAs 生产商及其产品特性

公司	地区	晶体尺寸/in	生长方法
日立电线株式会社		2、3、4、6	LEC、HB
古河电气工业株式会社	日本		
住友电气工业株式会社		4、6	LEC、VB
Freiberger Compound Materials	德国	3、4、6	LEC、VGF
American XTAL Technology	美国	2、3、4、6	VGF
全新光电科技股份有限公司			
高平磊晶科技股份有限公司			
晶元光电股份有限公司			
升阳光电科技股份有限公司			
巨镓科技股份有限公司			
中科晶电信息材料（北京）股份有限公司	中国	2、4	VGF
北京中科镓英半导体有限公司		2、4	LEC
国瑞电子材料有限责任公司		2、2.5	HB
江苏中显机械有限公司		2、2.5	LEC（LEVB）
大庆佳昌科技有限公司		2、4	LEC、VGF
新乡市神舟晶体科技发展有限公司		2、3	HB、LEC
天津晶明电子材料有限责任公司		2、4	VB、VGF、LEC

注：1in≈0.025m；LEC 指液封直拉法；HB 指水平布里奇曼法；VB 指垂直布里奇曼法；VGF 指垂直梯度凝固法；LEVB 指液封垂直布里奇曼法

1.1.3　锑化铟

InSb是一种直接窄禁带半导体。1954年，在Avery等[15]首次报道了其半导体特性后，InSb很快就被人们应用于制作红外探测器。室温下InSb的禁带宽度为0.18eV，表明其长波限可达到7μm；而在液氮温度下，InSb的禁带宽度增加到0.23eV，使其得以覆盖整个中红外波段，并且在中红外波段具有很高的量子效率和探测效率。InSb由于容易获得高质量的单晶和窄禁带特性受到广泛的重视[16-18]，InSb的熔点为525℃，这就允许其可以通过提拉单晶等传统方法进行制备，目前，2in、3in的InSb衬底已经实现了商业化应用。表1-5为InSb在300K下的基本特性。

表1-5　InSb在300K下的基本特性[18]

参数	数值	参数	数值
密度/(g/cm^3)	5.775	电子迁移率/(cm^2/(V·s))	1×10^{-5}
晶体结构	闪锌矿	空穴迁移率/(cm^2/(V·s))	1700
晶格常数/nm	0.6479	电导率/(Ω^{-1}·cm^{-1})	220
禁带宽度/eV	0.18	热导率/(W/(cm·K))	0.18
相对介电常数	18	热膨胀系数/10^{-6}K^{-1}	6
电子亲和能/eV	4.59	熔点/K	798
功函数/eV	4.77	剪切模量/Pa	1.51×10^{10}
[100]杨氏模量/Pa	4.09×10^{10}	[100]泊松比	0.35

InSb基化合物半导体材料具有较高的室温电子迁移率，在电场作用下所表现出的优异的电子输运性能使其作为高频前端的核心器件材料，被广泛应用于军事领域[19, 20]。随着以信息产业为核心的知识经济时代的到来，人们对InSb材料属性与器件物理特性的了解也逐渐深入，InSb基化合物半导体已逐步进入民用领域，开始了规模生产的产业化道路。

与传统的化合物半导体材料相比，InSb具有较小的禁带宽度，是制作3～5μm红外探测器和成像系统的重要材料，因此InSb基化合物半导体可以广泛应用于高速电子与光电子领域。近年来，采用分子束外延（molecular beam epitaxy，MBE）技术生长的InSb材料制作的焦平面阵列已经达到2048元×2048元，光谱为0.6～5μm，制作的红外器件具有较高的可靠性。此外，InSb及其合金的光发射与一些主要气体（如CO、CO_2）的基本吸收线相匹配，因而也可使用InSb基发光器件和探测器件制成气体传感系统[21]。此外，在目前已知的半导体中，InSb具有最高的电子迁移率，这使其在霍尔传感器、高速低功耗晶体管以及磁阻磁场传感器等方面也具有重要应用价值。

目前，国内外生产 InSb 晶体的企业包括 YCI、Alfa Aesar、Acros、Sigma-Aldrich、Amresco、J&K Chemical、Merck、深圳六碳科技有限公司、合肥科晶材料技术有限公司等。

1.2　第三代半导体材料概述

第一代和第二代半导体材料器件在人们的日常生活中都发挥了重要的作用。然而随着科学技术的发展进步，人们对半导体材料器件的要求也越来越高，尤其在一些特殊的领域，如军事领域、航空航天领域，需要能够在高温、高频、高辐射环境下正常工作的半导体器件。第一代半导体材料以 Si 为例，Si 由于具有丰富的储存量、良好的力学性能、较高的载流子迁移率等优异性能而得到广泛的应用，然而 Si 的高温稳定性、化学稳定性都极差，在极端环境下工作时器件性能极易衰退。第二代半导体材料以 GaAs 为例，虽然 GaAs 具有较高的载流子迁移率和较低的热导率，以及耐高温、抗辐射的优异物理性能，可以在极端条件下工作，但是 GaAs 的固有电噪声较大、灵敏度较差，且其禁带宽度较小，无法满足人们对高性能半导体材料的需求。就这样，第三代半导体——宽禁带半导体材料以其优异的性能出现在了人们的眼前。

第三代半导体材料主要是以 SiC、GaN、AlN、Ga_2O_3、金刚石为代表的宽禁带（E_g>2.3eV）半导体材料。和第一代、第二代半导体材料相比，第三代半导体材料具有宽的禁带宽度、高的击穿场强、高的热导率、高的电子迁移率及优异的抗辐射能力，因而更适合于制作高温、高频、抗辐射及大功率器件。第三代半导体材料在半导体照明、电力电子器件、激光器等领域发挥着重要作用。

1.2.1　氮化镓

GaN 是较为重要的直接宽禁带Ⅲ-Ⅴ族半导体材料，在室温下，其禁带宽度为 3.4eV。GaN 具有较高的发光效率、热传导性和优良的化学稳定性，在蓝、绿 LED，蓝光激光器，紫外光电探测器，高温、高功率及其他恶劣环境下工作的半导体器件等方面有着广泛的应用前景。

GaN 是一种极性晶体，其化学键主要是共价键，由于构成共价键的两种组分在电负性上有较大的差别，在该化合物键中有相当大的离子键的成分，这是 GaN 具有许多独特物理性质的根源。

GaN 在自然界中热力学稳定相是六方晶系纤锌矿结构，在高压下发生相变，转变为立方熔岩矿结构，同时存在能量略高于纤锌矿结构的亚稳态相，即立方闪锌矿结构。如图 1-1 所示，纤锌矿结构由两套六方密堆积结构沿 c 轴方向平移 $5c/8$ 套构而成；闪锌矿结构由两套面心立方结构沿对角线方向平移 1/4 对角线长度套构而成。这两种结构基本类似，每个 Ga 原子与最近邻的 4 个 N 原子成键，其区别在于堆垛顺序，纤锌矿沿 c 轴（0001）方向的堆垛顺序为 ABABAB，闪锌矿沿（111）方向的堆垛顺序为 ABCABC。表 1-6 为六方纤锌矿结构和立方闪锌矿结构 GaN 的相关物理性质参数。

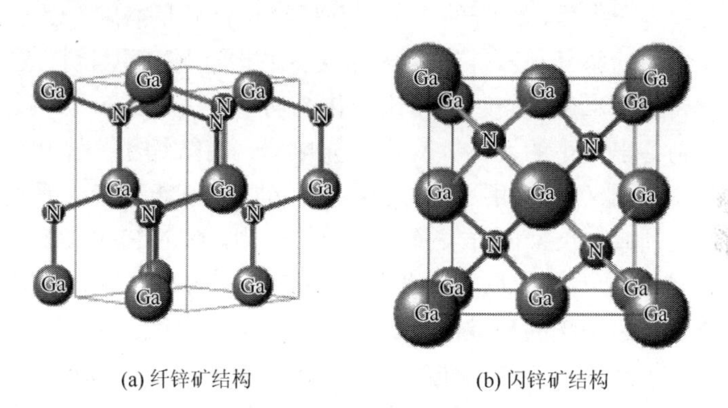

(a) 纤锌矿结构　　(b) 闪锌矿结构

图 1-1　GaN 原子结构示意图[22]

表 1-6　六方纤锌矿结构和立方闪锌矿结构 GaN 的相关物理性质参数

参数	纤锌矿	闪锌矿
密度/(g/cm^3)	6.09	6.08
禁带宽度/eV	3.44（300K） 3.50（10K）	3.2～3.3
晶格常数/Å	$a = 3.189$ $c = 5.85$	4.52
热膨胀系数/10^{-6}K^{-1}	$\Delta a/a = 5.59$	
热导率/(W/(cm·K))	1.3	
折射率	n(1eV) = 2.33 n(3.38eV) = 2.67	
分解温度/K	1123	

GaN 材料因其优异的性质受到人们广泛关注，在众多新技术、新应用和新市场中有着十分重要的地位，尤其在第五代移动通信技术（5th Generation Mobile Communication Technology，5G）、射频、快速充电等领域具有大规模的商业用途。

在射频领域，与 GaAs 和 InP 等半导体材料的高频工艺相比，GaN 器件输出的功率更大；与横向扩散金属氧化物半导体（laterally diffused metal oxide semiconductor，LDMOS）和 SiC 等功率工艺相比，GaN 的频率特性更好；与 Si 或者其他Ⅲ-Ⅴ族器件相比，GaN 传输速度更快。GaN 作为一种宽禁带半导体，可承受更高的工作电压。这意味着其功率密度及可工作温度更高，那么对于既定功率水平，GaN 具有体积小的优势，减小器件的体积可以有效减小器件的电容。因此，GaN 具有高功率密度、低能耗、适合高频率、支持宽禁带等特点，成为射频领域的热点。

在快速充电领域，随着技术的发展进步，快充充电器的功率不断增大。对于目前大功率的快充充电器，传统的功率开关已经很难满足需求。而 GaN 功率开关是目前全球最快的功率开关器件，能够有效解决此问题，并且可以在高速开关的情况下仍保持高效率水平；同时，相比于传统功率开关，GaN 功率开关的体积尺寸更小，可以制备出更小的元件并应用于充电器，有效缩小产品尺寸。例如，目前的典型 45W 适配器可以采用 25W 适配器外形尺寸设计，甚至更小。

在无人驾驶领域，GaN 同样发挥着重要的作用。GaN FET 使激光雷达系统具备更优异的解像度及更短的反应时间等，有效提高开关转换的速度和灵敏度，因此可实现激光雷达系统的高准确性。这些性能推动全新及更广阔的激光雷达应用领域的出现，包括侦测实时动作、以手势驱动指令的计算机及自动驾驶汽车等应用。在大力研发和推进自动驾驶汽车普及的过程中，汽车厂商和科技企业都在寻觅传感器与摄像头之间的最佳搭配组合，以有效控制成本，而且在可以大批量生产的前提下，最大限度地提升对周围环境的感知和视觉能力。GaN 的传输速度是目前激光雷达应用中 Si 的 100 甚至 1000 倍。这意味着拍摄照片的速度、照片的锐度以及精准度得到了更加有效的提升，这使无人驾驶变得更加安全可靠。

目前，国内外生产 GaN 产品的主要公司及其在 GaN 领域的主要产品如表 1-7 所示。

表 1-7　国内外 GaN 主要生产公司及产品

公司	国家	产品
Innoscience（英诺赛科科技有限公司）	中国	30～650V 的 GaN 功率与 5G 射频器件
Navitas（纳微半导体有限公司）	美国	30/65W 的 GaN 基 USB PD 充电器和 GaN 功率 IC
Efficient Power Conversion Company（宜普电源转换公司）	美国	增强型 GaN FET

注：USB 指通用串行总线（universal serial bus）；PD 指功率输出（power delivery）；IC 指集成电路（integrated circuit）

1.2.2　碳化硅

SiC 是Ⅳ-Ⅳ族二元化合物半导体，它的禁带宽度为 2.36～3.05eV。

1824年，人们从陨石中发现了SiC材料；1885年，Acheson等首次利用硅石和焦炭的混合物在高温炉中加热合成了SiC单晶，但是该方法合成的SiC单晶长度尺寸均为2～3cm的鳞片状单晶小片或者多晶体，因此该方法无法制备可用于半导体器件的高质量SiC单晶[23]；1955年，菲利普研究室Lely[24]利用升华法成功生长了高质量的SiC单晶，其优点在于杂质浓度可控，但是该方法生长的SiC单晶的尺寸过小且随机性过大、温度过高且生长效率低，不能有效控制晶体向着某一特定方向生长，不适用于工业生产；1978年，苏联科学家Tairov和Tsvetkov[25]提出了籽晶升华法（物理气相传输法），使SiC单晶生长技术取得了突破性进展，生长温度为1800～2500℃，该方法很好地解决了晶型控制和晶体尺寸调节的问题。

按照晶体化学的观点，构成SiC的两种元素Si和C的每个原子被四个同种原子所包围，通过定向的强四面体sp^3键结合在一起，并有一定程度的极化，Si的电负性为1.8，C的电负性为2.6。由此确定离子性对键合的贡献约为12%，SiC晶体有很强的离子共价键。这反映了SiC是一种结合能量稳定的结构，表现在它具有很高的原子化能，达到1250kJ/mol。

此外，SiC具有较高的硬度、耐磨性、击穿场强和德拜温度，优越的化学和力学稳定性，以及良好的抗放射性[26]。表1-8为其物理性质。

表1-8　SiC的物理性质

性质	3C-SiC	4H-SiC	6H-SiC
300K禁带宽度/eV	2.36	3.23	3.05
截止波长/nm	525	384	407
电子迁移率/(cm^2/(V·s))	＜800	＜900	＜400
空穴迁移率/(cm^2/(V·s))	＜320	＜120	＜90
临界击穿场强/(MV/cm)	2.12	2.20	2.50
介电常数	9.72	9.60	9.66
熔点/K	3100	3100	3100
德拜温度/K	1430	1200	1200
工作温度/K	840	—	1200
热导率/(W/(cm·K))	3～5	3～5	3～5

根据原子分布，SiC可分为3C-SiC、4H-SiC和6H-SiC，其组成均为Si∶C＝1∶1，但性质各异。

由于SiC材料禁带宽度大，使用SiC制造的电力电子器件的最高工作温度有可能超过600℃，远高于Si器件的115℃。高热导率是SiC器件可以在高温、大功率条件下应用的重要原因。SiC 材料的热导率比 Si 材料高近 3 倍。众所周知，器件产生的热量会引起温度的上升，进而使器件的性能退化，最终引起器件的失效。高热导率的材料会有效地将工作过程中积累的热量散发到器件之外。因为 SiC 材料具有低功率损耗和高散热能力，所以可以在实际应用中采用更小巧和更便宜的热冷却系统，而热冷却系统是影响电力系统成本、尺寸和重量的非常重要的因素。此外，SiC 材料的电子饱和速度是 Si 材料的 2 倍，因此 SiC 功率器件可以有更高的电流密度和更快的开关速度。

较大的禁带宽度使 SiC 器件具有高抗辐射能力，因此在航空航天、核能等极端条件和恶劣环境下应用时，SiC 器件的特性远超过 Si 和 GaAs 器件。SiC 的高临界电场特性使其能更容易实现输变电技术对功率半导体器件耐高压的要求。譬如，可以用 SiC 制作击穿电压很高的 PIN 二极管[①]和绝缘栅双极型晶体管（insulated gate bipolar transistor，IGBT）。SiC 器件的临界击穿场强约为 3MV/cm，这个值大约是 Si 器件的 10 倍。用理想平行平面 PN 结进行简单的计算，临界击穿场强（E_C）和击穿电压（V_B）有如下关系：

$$V_B = \frac{E_C \cdot W}{2} \tag{1-1}$$

式中，W 为漂移区长度。与相同击穿电压的 Si 器件相比，SiC 器件的漂移区长度只有 Si 器件的 1/10。因此，利用 SiC 材料能有效改善电子电力器件的整机性能，同时大幅度减小其体积。假设电流均匀流过漂移区，没有扩散效应，则漂移区理想的导通电阻为

$$R_{on\text{-}sp} = \frac{4V_B^2}{\varepsilon \mu E_C^3} \tag{1-2}$$

式中，$R_{on\text{-}sp}$ 为导通电阻；ε 和 μ 为介电常数和迁移率。在相同的击穿电压下由于高临界击穿场强，SiC 器件有更小的导通电阻。在相同击穿电压下，SiC 器件的导通电阻理论值只有 Si 器件的 1%。

SiC 的制造工艺与成熟的 Si 半导体工艺技术高度兼容，它也是目前所有化合物半导体中唯一能够由氧化形成 SiO_2 的材料，这对制作各种以金属氧化物半导体场效应晶体管（MOS field effect tube，MOSFET）为基础的半导体器件和进行器件的表面钝化都非常有利。SiC 也是自然界较硬的半导体材料之一，仅次于金刚石。SiC 具有的化学稳定性使其在常温下几乎和所有的物质不发生化学反应。SiC 这些特别的属性使越来越多的研究向这种性能优异的半导体材料聚焦。

---

① PIN 二极管即在 p 型和 n 型半导体中夹杂本征（intrinsic）半导体。

SiC 材料优异的物理特性使其在大功率、高频、高温和抗辐射等方面具有巨大的应用潜力，成为高温、高频、抗辐射、大功率应用场合下极为理想的半导体材料，被誉为第三代半导体材料信息技术产业的发动机和核心基础技术。

目前，国内外 SiC 主要生产商及其产品如表 1-9 所示。

表 1-9　国内外 SiC 主要生产商及其产品

公司	国家	产品
Cree Corp.	美国	SiC 衬底，SiC MOSEFT，SiC 肖特基二极管，SiC 功率模块
Infineon Technologies		SiC MOSEFT，SiC 肖特基二极管，SiC 功率模块
ESK Ceramics	荷兰	冶金 SiC 和晶体 SiC
Yakushima Denko Co.，Ltd（屋久岛电工株式会社）	日本	SiC 晶体材料
Pacific Rundum Co.，Ltd.（太平洋随机株式会社）		高纯度 SiC 晶体材料
山东天岳晶体材料有限公司	中国	2in、3in、4in SiC 晶片，6in 将实现量产
河北同光晶体有限公司		2in 已经量产，4in 将实现量产
北京天科合达半导体股份有限公司		2in、3in、4in SiC 晶片年产 7 万片，6in 近期研制成功
泰科天润半导体科技（北京）有限公司		SiC 器件
东莞市天域半导体科技有限公司、瀚天天成电子科技（厦门）有限公司		SiC 外延材料
扬州扬杰电子科技股份有限公司、北京世纪金光半导体有限公司、中国电子科技集团公司第五十五研究所、中国电子科技集团公司第十三研究所、国家电网有限公司		电子电力产业链
株洲南车时代电气股份有限公司		4～6in SiC 芯片封装及功率器件重点实验室

1.2.3　氮化铝

AlN 是Ⅲ-Ⅴ族氮化物中禁带宽度最大的半导体材料，其直接禁带宽度为 6.2eV，拥有宽禁带、高熔点、高临界击穿场强、高热稳定性和耐化学腐蚀等优异性质。常用的 AlN 制备方法有物理气相传输（physical vapor transport，PVT）法、液相法、金属有机化学气相沉积法（metal organic chemical vapor deposition，MOCVD）、MBE 法等。其性质与具体制备方法会在第 2 章和第 3 章详细介绍。

AlN 是一种综合性能优异的先进陶瓷材料，对 AlN 的研究工作开始于 100 多年前。1862 年，Briegleb 和 Geuther[27]首次发现了 AlN，他们将 Al 锉屑放入瓷船中，在氮气环境下加热 2h。冷却后，发现产物的重量明显增加，且表面呈白色，内部呈黄褐色。此外，他们还发现了材料内部存在氮。但当时仅将其用作固氮剂化肥。作为共价化合物，由于 AlN 具有高熔点和较低的自扩散系数，难以烧结；1876 年，Mallet[28]首次合成了 AlN 粉体；直到 20 世纪 50 年代，Long 和 Foster[29]才首次合成了 AlN 陶瓷，得到的陶瓷材料强度低，但是较耐高温。AlN 作为一种耐火材料广泛应用于纯铁、铝以及铝合金的熔炼。

20 世纪 70 年代以来，随着研究的进一步深入，AlN 的制备工艺逐渐走向成熟，其应用的领域和规模也不断扩大。在光学领域，AlN 广泛应用于制备 LED、印刷电路板（printed circuit boards，PCBs）、紫外光电探测器等器件[27, 30-34]，同时也应用于制备各种复合材料[30]。AlN 具有较大的机电耦合系数、较高的声速以及较好的高温稳定性，因此可用于制备表面声波器件，如谐振器[35, 36]、滤波器、传感器和执行器[37]。由于铒（Er^{3+}）的光致发光（photoluminescence，PL）峰与温度有关[38]，掺 Er^{3+}的 AlN 纳米颗粒也可制备纳米温度计。AlN 薄膜，特别是柔性聚合物基板上的 AlN 薄膜，可以作为高灵敏度的压力传感器使用。虽然相比于铁电锆钛酸铅（$PbZr_xTi_{1-x}O_3$，PZT）或 ZnO，AlN 的压电系数较低，但是其介电损耗切向更低，信噪比更高，在许多微机电系统（micro electro mechanical system，MEMS）应用中受到青睐[39, 40]。

目前，国内外生产 AlN 的企业及其产品如表 1-10 所示。

表 1-10　国内外 AlN 主要生产公司及其产品

公司	国家	产品
厦门钜瓷科技有限公司	中国	高品质 AlN 粉体材料
Crystal IS Inc.	美国	AlN 基板，用于制备 UVC LED
Surmet Corp.		AlN 粉末、烧结 AlN 产品
Ortech Advanced Ceramics Industry		AlN 衬底
Valley design Corp.		AlN 基板、AlN 晶片
American elements Corp.		AlN 粉末
Maruwa Co.，Ltd.（丸和株式会社）	日本	AlN 陶瓷基板

注：UVC 指波长为 200～280nm 的紫外线

1.2.4　氧化镓

Ga_2O_3 作为一种宽禁带（$E_g = 4.5 \sim 4.9eV$）直接带隙半导体材料。Ga_2O_3 半导

体材料按其晶体结构主要可以分为α-Ga_2O_3、β-Ga_2O_3、γ-Ga_2O_3、δ-Ga_2O_3、ε-Ga_2O_3这5种。在一定的条件下，这5种同分异构体结构可以发生相互转换。其中，β-Ga_2O_3热动力学是最稳定的，其他结构的Ga_2O_3均为亚稳相，在一定温度和湿度下向β-Ga_2O_3转变。亚稳结晶相的形成强烈依赖于衬底晶格结构和生长温度。通常，在不同衬底上异质外延生长薄膜，高生长温度都会导致β-Ga_2O_3的形成，因此众多研究者专注于β-Ga_2O_3。β-Ga_2O_3晶体结构如图1-2所示，其物理性质如表1-11所示。

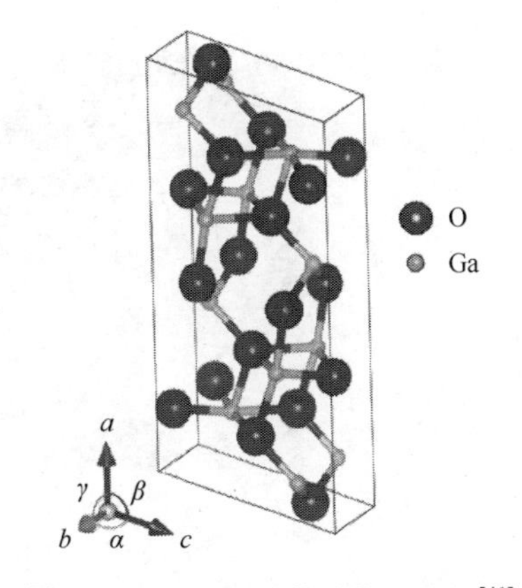

图1-2 β-Ga_2O_3晶体结构示意图[41]

表1-11 β-Ga_2O_3的物理性质

性质	参数
晶格常数	$a=1.221$nm，$b=0.304$nm，$c=0.580$nm，$\alpha=90°$，$\beta=104°$，$\gamma=90°$
密度/(g/cm^3)	5.95
介电常数	9.9～10.2
禁带宽度/eV	4.79//b轴；4.52//c轴
熔点/℃	1740
迁移率/(cm^2/(V·s))	46//b轴；2.6//c轴
热导率/(W/(m·K))	13.3//b轴；10.9//c轴

β-Ga_2O_3具有优异的化学稳定性、热稳定性和较高的机械强度，尤其适合于日盲紫外探测区域的应用，因而具有广阔的应用前景。同时β-Ga_2O_3薄膜在可见光区及近紫外区具有非常高的光学透过率（大于80%），在紫外波段接近透明，可作为紫外透明导电氧化物薄膜，用于光电器件的透明电极，填补传统透明导电膜在深紫外的空白。由于存在本征氧空位缺陷，β-Ga_2O_3材料呈现n型导电，如果对β-Ga_2O_3进行Si、Sn等元素掺杂，可改变其导电性和电致发光特性[41]。同时，β-Ga_2O_3具有击穿场强高、分辨率高等特点，因而在高功率器件领域有广阔的应用前景。β-Ga_2O_3具有高温氧敏性，主要表现为其晶体结构在高温下保持稳定，但载流子浓度随温度变化而变化，因此可用于制备电阻氧传感器。β-Ga_2O_3具有导电性良好、与GaN的晶格失配较小、深紫外透明等优势，可作为衬底材料用于外延生长GaN薄膜，这使它与蓝宝石、Si等衬底材料相比极具竞争力。此外，β-Ga_2O_3相比于其他半导体材料，可制备低成本的大尺寸单晶（图1-3）。同等尺寸的金刚石晶体和β-Ga_2O_3晶体相比，成本高了3个数量级。图1-4为不同方法生长的β-Ga_2O_3晶体实物图。

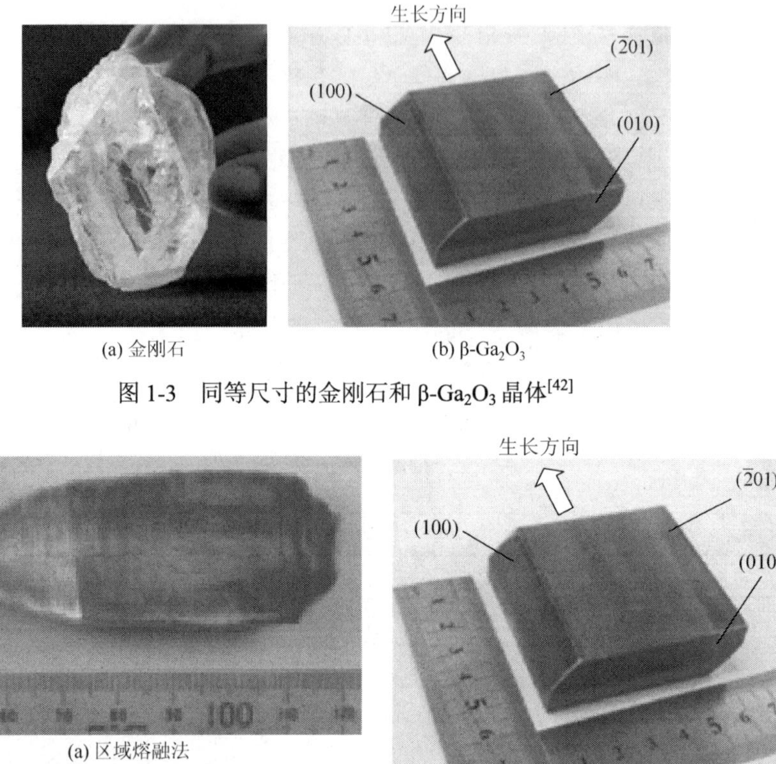

(a) 金刚石　　(b) β-Ga_2O_3

图 1-3　同等尺寸的金刚石和 β-Ga_2O_3 晶体[42]

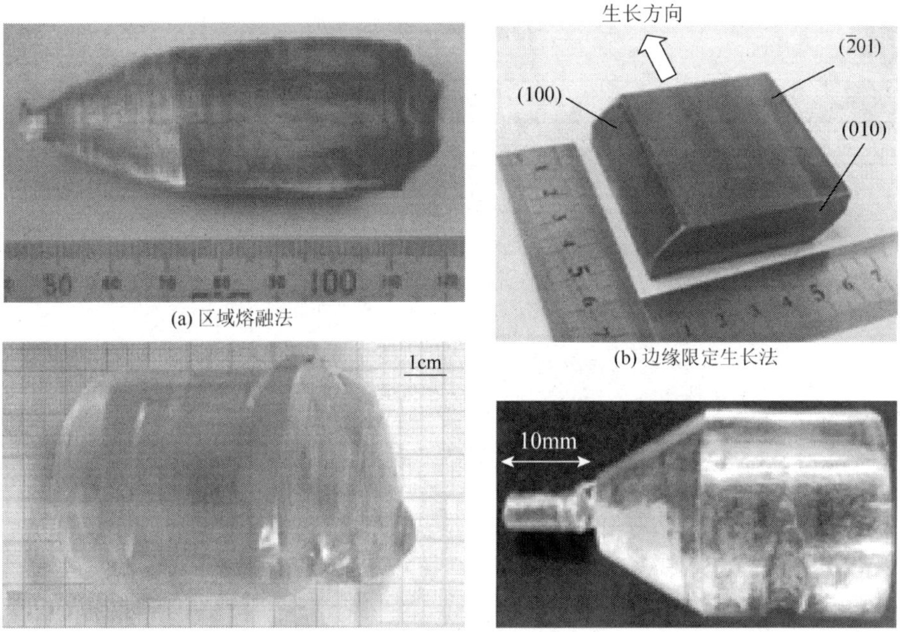

(a) 区域熔融法　　(b) 边缘限定生长法

(c) 提拉法　　(d) 垂直布里奇曼法

图 1-4　不同方法获得的 β-Ga_2O_3 晶体[42]

β-Ga_2O_3 在展现其出色的物性参数的同时，也存在一些不足，首先是其迁移率和热导率低，远不如 SiC 及 GaN，此外 p 型 β-Ga_2O_3 半导体材料是极难制备的。但是，这并不会对 β-Ga_2O_3 基功率元件的特性造成太大的影响。之所以说迁移率低不会有太大问题，是因为功率元件的性能很大程度上取决于击穿场强。就 β-Ga_2O_3 而言，作为低损失性指标的巴利加优值（Baliga's figure of merit）与击穿场强的 3 次方成正比、与迁移率成正比。因此，β-Ga_2O_3 的巴利加优值较大，大约是 SiC 的 10 倍、GaN 的 4 倍。β-Ga_2O_3 巴利加优值较大，理论上来说，在制造相同耐压的单极功率元件时，元件的导通电阻比采用 SiC 及 GaN 低得多。降低导通电阻有利于减少电源电路在导通时的电力损失。在相同耐压下比较时，β-Ga_2O_3 制造的单极功率元件的导通电阻理论上可降至使用 SiC 时的 1/10、GaN 时的 1/3。使用 β-Ga_2O_3 的单极功率元件不仅能够降低导通时的损失，而且可降低开关时的损失。从理论上说，这是因为在耐压 1kV 以上的高耐压用途方面，β-Ga_2O_3 可以使用单极元件。另外，关于难以制造 p 型半导体这一点，使用 β-Ga_2O_3 来制作功率元件时，可以将其用作 n 型半导体。通过掺杂 Sn 及 Si 等施主杂质，可以对 β-Ga_2O_3 的电子浓度在 10^{16}～$10^{19}cm^{-3}$ 的大范围内进行调控。

目前，β-Ga_2O_3 纳米线和 β-Ga_2O_3 薄膜是研究的热点。β-Ga_2O_3 纳米线的制备方法有很多，主要包括物理蒸发法、碳热还原反应法、水热法、化学气相沉积法和 MOCVD 法，以及微波等离子体法等。利用化学气相沉积法，以 GaN/蓝宝石衬底生长的 β-Ga_2O_3 纳米线取向均匀整齐，以 Si 衬底生长的 β-Ga_2O_3 纳米线取向则比较随机[41]。如果借助催化剂生长 β-Ga_2O_3 纳米线，以 Ni 催化剂为例，Ni 催化剂可以有效减少 β-Ga_2O_3 纳米线的晶体缺陷，但是与不添加催化剂相比，所得到的 β-Ga_2O_3 纳米线会产生很多随机的取向[43]。β-Ga_2O_3 纳米线具有 PL 性能，实验发现在一定激发波长下，β-Ga_2O_3 纳米线能够发出稳定的蓝光（波长为 446nm）[44]，同时，未掺杂的 β-Ga_2O_3 纳米线能够发出蓝光和紫外光，而氮掺杂的 β-Ga_2O_3 纳米线能够额外发出红光[45]。β-Ga_2O_3 薄膜的制备方法包括直流磁控溅射法、射频磁控溅射法、激光分子束外延法、脉冲激光沉积（pulsed laser deposition，PLD）法、MOCVD、溶胶-凝胶法等。制备方法不同、工艺不同都会在薄膜的结构、成分、均匀性以及性能等方面产生较大的差异。

1.2.5 金刚石

金刚石由 C 元素以空间结构中稳定的四面体结构交替连接而成，为 sp^3 杂化轨道。金刚石是典型的Ⅳ族元素半导体材料，其禁带宽度为 5.5eV，这使纯净的金刚石在所有可见光区域内都是透明的，因此可用作军事及太空工程中的透明窗口。金刚石具有良好的抗辐射性，因此它是制作粒子探测器与辐射探测器的理想材料。此外，金刚石还具有优异的力学、电学、热学、声学和化学性能，它是目前世界上已知的最坚硬的物质。表 1-12 为金刚石的基本物理参数。

表 1-12 金刚石的基本物理参数[46]

名称	参数	名称	参数
晶格常数/Å	3.567	摩擦系数	0.05～0.15
密度/(g/cm^3)	3.515	热膨胀系数/$10^{-6}℃^{-1}$	1.1
比热容/(J/mol，300K)	6.195	热导率/(W/(cm·K))	22*

续表

名称	参数	名称	参数
弹性模量/GPa	1220*	禁带宽度/eV	5.5
硬度/GPa	57～100*	电阻率/(Ω·cm)	10^{16}
纵波声速/(m/s)	18200	饱和电子速度/(10^7cm/s)	2.7*
击穿场强/(10^5V/cm)	100	光学吸收边/μm	0.22
介电常数	5.5	折射率	2.42
光学透过范围	从紫外直至远红外（雷达波）		

*该参数在所有材料中排第一

然而天然金刚石很难满足需求，因此人们开始研究制备人造金刚石，使金刚石得到广泛的应用。1953 年，瑞典 Liander 等利用高温高压法首次合成了块状人造金刚石[47]。1968 年，Angus 等[48]以 CH_4 或 C_2H_2 作为碳源，制备了金刚石单晶，而后金刚石纳米线、纳米薄膜被逐一制备出来[49]。1987～1988 年，van Thiel[50]和 Greiner 等[51]均利用爆炸轰炸的方法合成了纳米级金刚石粉末。1998 年，Li 等[52]利用还原热解催化的方法制备了金刚石纳米片。人造金刚石技术的不断完善使金刚石在高科技领域的应用前景不断扩展。

目前，金刚石应用于器件的制备，必须先克服金刚石 n 型掺杂困难及大尺寸、高品质的金刚石成本高的问题。如今，金刚石 n 型掺杂的研究主要集中在 S 和 P，这两种原子理论上可以形成 n 型掺杂。金刚石成本高的问题在生产过程中体现在很多方面，包括如何在保证生长速度的前提下使其高质量地生长并降低成本和批量生产。表 1-13 为国内外金刚石的主要生产公司及产品。

表 1-13　国内外金刚石主要生产公司及其产品

公司	国家	产品
Element Six Corp.	英国	人造金刚石聚晶、立方氮化硼聚晶、刀具材料、大单晶产品
Diamond Innovation Co.，Ltd.	美国	宝石级金刚石、高端超硬材料复合制品，包括 PCD 和 PCBN 复合片和拉丝模坯
US Synthetic Corp.		石油、天然气用 PCD 复合片和宝石级金刚石
ILJIN Diamond Co.，Ltd.	韩国	传统以人造金刚石为主要产品，正向超硬材料刀具制品方向发展
住友电气工业株式会社	日本	宝石级单晶、复合超硬材料拉丝模、人造金刚石、立方氮化硼聚晶、刀具
中南钻石有限公司	中国	超硬材料、超硬材料制品
河南黄河旋风股份有限公司		超硬材料、金刚石制品、金刚石压机、建设机械、特种车辆和自动化控制装置六大类产品

续表

公司	国家	产品
郑州华晶金刚石股份有限公司	中国	人造金刚石制品及其原辅材料和合成设备
三门峡金渠集团超硬材料有限公司		人造金刚石制品
山东昌润科技有限公司		人造金刚石制品
安徽宏晶新材料股份有限公司		超硬材料及其制品

第三代宽禁带半导体材料具备众多优良性能，可突破第一、二代半导体材料的发展瓶颈，故被市场看好的同时，随着技术的发展有望全面取代第一、二代半导体材料。我国第三代半导体材料技术相对国外起步比较晚，因此仍然需要各位科研人员的辛勤努力。

1.3 宽禁带半导体基器件的基本应用

宽禁带半导体材料具有卓越的物理化学特性和潜在的技术优势，具有禁带宽度大（3～6eV）、对可见光的透过率高、耐高温、化学稳定性好等优点，用它们制作的器件在军事和民用领域有更好的发展前景，一直受到广泛关注。但是由于工艺技术上的瓶颈，特别是材料生长和加工的难题，宽禁带半导体材料发展一直十分缓慢。20 世纪 80 年代后期至 90 年代初，SiC 单晶生长技术和 GaN 异质结外延技术的突破使宽禁带半导体器件的研制和应用迅速发展。宽禁带半导体器件已经在电力电子、射频微波、蓝光激光器、紫外探测器和 MEMS 器件等重要领域显示出了比第一、二代半导体（Si、GaAs 等）材料更加卓越的特性。

1.3.1 发光二极管

LED 是一种半导体二极管，其主要功能是将电能转化为光能。图 1-5 为 LED 构造图。其原理如下：LED 具有单向导电性，当 LED 被施加正向电压后，从 p 区向 n 区转移的空穴和从 n 区向 p 区转移的电子在 PN 结附近的数微米范围内分别与 n 区的电子和 p 区的空穴复合，产生自发辐射的荧光。不同的半导体材料由于电子和空穴所处的能量状态不同，电子和空穴复合时其释放的能量不同，导致自发辐射产生的荧光波长不同。释放的能量越多，产生的荧光波长越短。常用的 LED 是红光、绿光或者黄光 LED。

另外一种 LED 是利用注入式原理制作的。其原理如下：在某些半导体材料的 PN 结中，当施加正向电压时，注入的少数载流子和多数载流子复合时会把多余的能量以光的形式释放出来，从而把电能直接转换为光能；当施加反向电压时，少数载流子难以注入，故不发光。当处于正向工作状态时，电流从 LED 的阳极流向阴极，半导体晶体能够发出从紫外到红外不同颜色的光，光的强弱与电流有关。

近些年来，ZnSe、SiC、ZnO 和 GaN 宽禁带半导体材料在研制开发蓝色 LED 方面的竞争非常激烈。其中，ZnSe 键能小（1.2eV）、欧姆接触差、缺陷多，导致器件寿命短；SiC 是间接禁带半导体材料，发光强度很低；ZnO 的 p 型掺杂技术还有待提高；材料性能不错的金刚石薄膜由于掺杂困难，其研究和应用都无法得到突破性进展。直到 1995 年，日本日亚化学工业株式会社率先成功合成了 GaN 的 p 型掺杂（Mg），并且将 GaN 基复合氮化物即红（AlGaAs）、蓝（InGaN）、绿（InGaN）三基色 LED 推向产业化生产。据估计，全世界 LED 的年需求量达到上百亿只。因此，很多国家都投入了大量的人力、物力和财力对此进行研究和开发，这使 GaN 及相关材料的研究成为目前的热点之一。

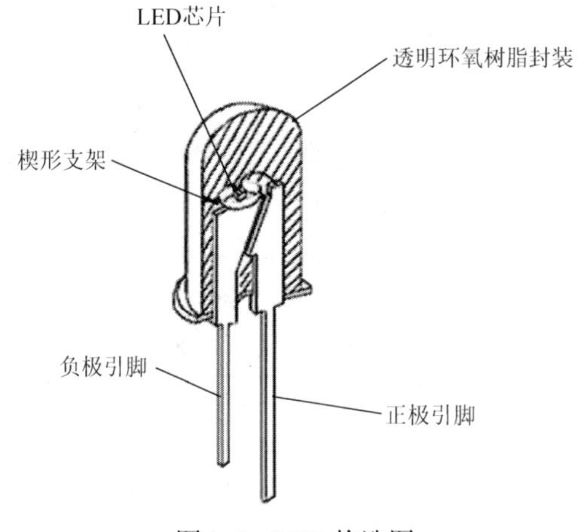

图 1-5　LED 构造图

紫外 LED 在激发白光、生物探测、杀菌消毒、净化环境、聚合物固化以及短距离安全通信等诸多领域有着巨大的潜在应用价值，因而受到了广泛关注。其中，铝镓氮（AlGaN）材料是目前用于制备紫外 LED 的重要材料，拥有广阔的应用前景。与传统的紫外汞灯相比，AlGaN 基紫外 LED 有着寿命长、电压低、环保、轻便灵活等众多优点，相信随着紫外 LED 技术的不断发展，其将成为未来新型应用的主流。

目前，GaN 基 LED 在国际上的较高水平分别为：功率型白光 LED 产业化光效达到 160lm/W，功率型硅基 LED 芯片产业化光效达到 150lm/W；280nm 深紫外 LED 室温连续输出功率超过 20mW；Si 衬底黄光 LED（波长为 565nm）光效达到 130lm/W，绿光 LED（波长为 520nm）光效超过 180lm/W，为国际报道最高水平。此外，国内可小批量生产 1.3W 蓝光和 60mW 绿光激光器，392nm 紫外激光器发光功率达到80mW。在普通非增益GaN紫外探测器方面，国内和国外水平相近；增益型日盲波段AlGaN雪崩光电二极管的增益可达10^5，成像面阵规模可以做到（256×320）像素以上，但相较国际水平仍有差距。

1.3.2 半导体激光器

1969～1970年，苏联的Alferov等[53]和美国的Hayashi等[54]成功地实现了AlGaAs/GaAs双异质结激光器的室温连续激射，从此开启了半导体激光器实用化的新时期。半导体激光器是利用半导体材料作为工作物质产生激光的器件，拥有体积小、重量轻、寿命长、运转可靠性高、耗能少、电光转换效率高、易于大规模生产以及价格低廉等优点，使其在激光通信、光纤通信、光存储、光陀螺、激光打印、测距以及雷达等领域受到广泛的关注，其应用可以覆盖整个光电子学领域。

半导体激光器的基本工作原理主要是利用一定的激励方式，在半导体物质的导带和价带之间实现粒子数反转，当处于粒子数反转状态的大量电子和空穴复合时，便产生受激发射作用，再通过谐振腔使光振荡、反馈，产生光的辐射放大，输出激光。一般情况下，低能态粒子数是多于高能态粒子数的，但是通过一定的激励，实现了高能态粒子数足够多于低能态粒子数，即粒子数反转。

半导体激光器的常用工作物质主要有GaAs、CdS、ZnO、GaN等。在各种半导体激光器中，基于GaAs衬底材料的近红外波段（760～1060nm）半导体激光器发展最为成熟。常用的GaAs基Ⅲ-Ⅴ半导体激光器体系主要有GaAs/AlGaAs体系、InGaAlP/InGaP体系、InGaAsP/InGaP体系，以及GaInAs/GaAs体系。

由于AlGaAs在全组分范围内晶格与GaAs相匹配，GaAs/AlGaAs体系可以很方便地通过调节Al组分来调整波长，因而受到广泛关注。同时，AlGaAs和GaAs具有较大的折射率差，广泛用于制作分布布拉格反射器（distribute Bragg reflectors，DBR）。但是，其中的Al易被氧化成高密度的氧化物而生成深能级缺陷，进一步形成暗线缺陷和暗点缺陷，导致材料质量的降低和器件可靠性的下降。器件端面处的Al氧化会进一步影响灾变性光学镜面损伤（catastrophic optical mirror damage，COMD）水平，限制了AlGaAs有源区量子阱激光器的最大功率输出。

InGaAlP/InGaP体系中InGaAlP有较宽的直接禁带宽度，可通过调节In、Al和Ga的组分调节发光波段，可覆盖红、橙、黄、黄绿波段，目前其器件产品已形成大规模商业化生产。

Al氧化容易造成半导体激光器件缺陷，因此无Al组分材料的InGaAsP/InGaP体系受到了人们的重视。该材料中不包含Al组分，且In组分对缺陷迁移有抑制作用，因而器件在高功率情况下仍能可靠工作，同时降低了激光器端面的温升，提高了端面COMD水平。缺点在于其波导层为InGaAsP，限制层为InGaP，二者的导带差较小，造成载流子泄漏，因而影响 InGaAsP/GaInP 的阈值电流密度，这就导致 InGaAsP/GaInP 体系高功率半导体激光器有较低的内量子效率和低的特征温度等问题。

GaInAs/GaAs 体系的最长发光波长为 860nm 左右，GaInAs/GaAs 应变量子阱材料广泛用于制备发光波长大于 900nm 的半导体激光器。

GaN 材料同样是制备半导体激光器的重要材料之一，可用于制备蓝光、绿光、紫光和紫外半导体激光器。在民用领域，GaN 基半导体激光器可用于光盘存储器、激光打印、激光防伪及激光诱导荧光检测技术等领域，受到人们的广泛关注。在军事上，GaN 基半导体激光器同样发挥着重要的作用，可用于深海探测、对潜通信和抗烟雾干扰的激光引信等领域。

ZnO 是制备紫外半导体激光器的重要材料之一。自 1997 年首次观测到 ZnO 的光泵浦紫外激光效应，科研工作者相继通过同质 PN 结、异质 PN 结、金属-绝缘体-半导体（metal-insultor-semiconductor，MIS）结等器件结构实现了 ZnO 紫外半导体激光器。ZnO 紫外半导体激光器受到广泛的重视。ZnO 作为增益介质拥有其独特的性质。在一般的半导体材料中，当受到激励时，电子和空穴发生粒子数反转，即电子占据能态较高的导带，而空穴处于能态较低的价带。然而在 ZnO 半导体激光器中，其本征激发是激子。激子是指在光跃迁过程中受到库仑相互作用的电子（导带）和空穴（价带）所形成的束缚态的结合体。因此，激子相比于电子-空穴对拥有更低的能量，并且可以由电子和空穴自发形成。激子可以使 ZnO 晶体在较宽的温度范围和足够低的激发强度下产生激发。ZnO 的电子-空穴结合能高达 60meV，约为室温下热能的 2 倍，意味着在室温下激子是稳定的。

1.3.3　紫外光电探测器

光电探测器的原理是利用半导体吸收大于禁带宽度能量的光子，而后产生大量电子-空穴对，改变半导体的电导率。

光电探测器的主要参数包括暗电流、光电流、光电响应度、光电导增益、量子效率和时间响应速度等。

光暗电流比率是表征光电探测器探测能力的重要参数，定义为光电流与暗电流之比 $I_{\text{light}}/I_{\text{dark}}$。

光电响应度是表征光电探测器将入射光转换为电信号能力的参数。光电响应度也称光电灵敏度，其公式如式（1-3）所示，单位为 A/W。

$$R_\lambda = \frac{I_{\text{ph}}}{P_{\text{opt}}} = \frac{\eta q}{h\nu} = \frac{\eta\lambda}{1.24} \tag{1-3}$$

式中，I_{ph} 为光照后产生的平均光电流；P_{opt} 为单位入射光能量；η 为量子效率，一般简单取 1；q 为电荷数；h 为普朗克常量，取 6.63×10^{-34}J·s；ν 为入射光频率；λ 为入射光波长，单位为 μm。

光电导增益是光电探测器的重要参数，定义光电导增益为

$$G=\frac{hc}{q\lambda}\cdot R_{\lambda}\approx\frac{1.24}{\lambda}\cdot R_{\lambda} \tag{1-4}$$

式中，c 为光速，取 3×10^{8}m/s。

量子效率分为内量子效率和外量子效率。内量子效率定义为入射至器件中每一个光子所产生的电子-空穴对数目，即

$$\eta_{\mathrm{i}}=\frac{\text{产生的电子-空穴对个数}}{\text{入射的光子数}} \tag{1-5}$$

但是在实际应用过程中，器件的表面会反射一部分入射光，在有源层中被吸收部分的大小又取决于材料的吸收系数和厚度，所以实际上只有部分 P_{opt} 能被器件有效地吸收而转化为光电流。定义外量子效率为

$$\eta_{\mathrm{o}}=(1-R_f)\cdot \mathrm{e}^{-\alpha(\lambda)d}\cdot\eta_{\mathrm{i}}=(1-R_f)\cdot \mathrm{e}^{-\alpha(\lambda)d}\cdot(1-\mathrm{e}^{-\alpha(\lambda)W}) \tag{1-6}$$

式中，R_f 为频率响应速度；$\alpha(\lambda)$为材料对不同波长的入射光的吸收系数，即不同波长的吸收系数；d 为材料厚度；η_{i} 为内量子效率。

时间响应速度是衡量光电探测器响应灵敏度的重要参数，分为上升沿响应速度和下降沿响应速度，具体计算方法如图 1-6 所示。

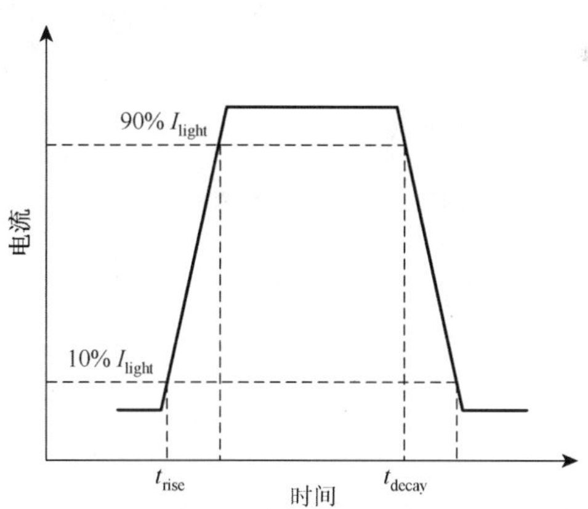

图 1-6　时间响应速度

根据基本工作方式的不同，宽禁带半导体紫外光电探测器可以分为光电导光电探测器（无结器件）和光生伏特光电探测器（结型器件）。其中光生伏特光电探测器又可以分为金属-半导体-金属（metal-semiconductor-metal，MSM）结构光电

探测器、光电二极管（PIN）结构光电探测器，以及金属-绝缘体-半导体（MIS）结构光电探测器。这三种结构光电探测器的示意图如图 1-7 所示。

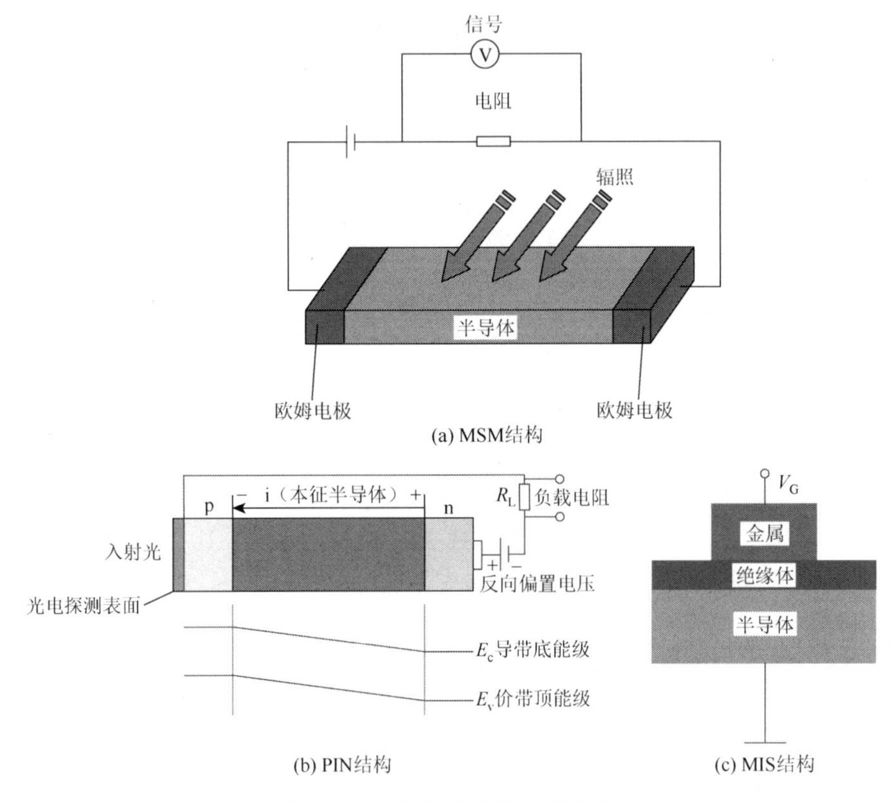

图 1-7　三种结构的光电探测器

MSM 结构光电探测器和 PIN 结构光电探测器均利用内建电场将光照后产生的电子-空穴对分开，实现入射光的检测。二者的区别在于形成电场的位置有所不同。MSM 结构光电探测器不需要进行 p 型掺杂，具有响应度高、响应速度快、随偏压变化小、制备工艺简单、造价低、易于单片集成等优点，得到人们的普遍关注。

PIN 结构光电探测器基于 PN 结型光电探测器结构。PN 结型光电探测器是将结区做成一个 PN 结，当适当频率的光照射探测器的有源区时，光生载流子在内建电场的作用下在外电路形成光电流。一般 p 型区和 n 型区的厚度远远大于结区，所以电流主要由扩散电流决定，而且主要取决于表面吸收产生的载流子，因此在很大程度上延长了探测器的响应时间。而 PIN 结构光电探测器是在 p 型区和 n 型区之间夹入一层本征的 i 层，以增加耗尽层的宽度，有效地提高了光电探测器的灵敏度和响应速度。

MIS结构光电探测器中的一层薄的绝缘层可以产生明显的隧道栅极电流，半导体为电子、空穴提供电场。与PIN结构光电探测器相比，MIS结构光电探测器的绝缘层降低了暗电流。

另外，根据探测波长的不同，光电探测器可以分为红外光电探测器（770nm～1mm）、可见光电探测器（400～770nm）和紫外光电探测器（10～400nm）。

红外光电探测器是目前发展较为成熟的光电探测器，在天文观测、夜视运动探测和医学热成像领域均发挥重要作用。但红外光电探测器存在以下问题：首先，红外光电探测器的禁带宽度较小，导致可见光吸收，这很容易造成光电探测结果不准确；其次，红外光电探测器需要在低温环境下工作，但是另外实现低温环境需要较高的成本，这给红外光电探测器的广泛应用造成一定的影响。因此，可见光透过率高、高温性能稳定的紫外光电探测器变得尤为重要。

与红外探测系统相比，紫外探测系统不仅在工作时不易受长波电磁干扰，可以在很强的电磁辐射环境中工作，并且具有很好的隐蔽性。它不是通过主动向外辐射电磁波的形式向目标发射探测信号，而是通过被动接收紫外线辐射来辨认目标，避免了其本身位置的暴露。紫外探测技术在军事和民用的多个领域内都有着非常广泛的应用。

1. 军事领域

（1）通信方面。极具发展潜力的紫外通信技术利用紫外线作为媒介，几乎不受各种电磁干扰的影响，同时具有抗干扰性强、窃听率和位变率低、灵活性强和全天候等特点，属于一种高保密通信技术。

（2）导弹的预警与追踪方面。利用日盲紫外线的特性，避免自然环境的干扰，紫外探测系统探测到导弹尾焰辐射的中短波紫外线信号，然后传输给计算机，计算机会依据目标特性及预定算法对输入的信号进行识别、加工，进而可以精确追踪导弹的轨迹。与红外探测系统相比，紫外探测系统结构简单、重量较轻、不需要制冷，而且可以在中低空工作、抗干扰性强、虚警率低。

2. 民用领域

（1）天文学方面。通过对外星体的紫外线辐射探查研究，可得恒星大气层的温度及存在的元素种类。

（2）灾害天气预报方面。闪电发出光线中的紫外线成分和波形特征可以通过紫外探测器获得，从而可以准确地监测和预报灾害天气。

（3）火灾预警方面。利用地面不存在日盲波段的辐射背景，紫外探测系统可以非常灵敏地探测并锁定户外的火种，以便精确确定发生火情的位置，并相应地予以处置。

（4）海洋油污监测方面。油膜与海水对紫外线反射率差异十分明显，会引起紫外区荧光效应。利用这一效应，紫外探测器就可实时、准确地监测海上油污的扩散和泄漏情况。

（5）生物医学方面。利用紫外探测技术可直接看到皮肤病病变的细节，近几年已经在皮肤病诊断方面取得了突破性的效果。紫外探测技术也可用来进行各种医学检测，如血液、微生物、癌细胞等的检测，检测结果不仅直观、清楚，而且迅速、准确。紫外辐射也可用来杀死微生物与细菌，因此紫外探测器可以对食品、医疗器械、药品包装、水的消毒等进行有效的监测。

目前已投入军事和民用应用的比较常见的是光电倍增管和 Si 基紫外光电管。但是光电倍增管和 Si 基紫外光电管在实际应用过程中存在以下问题：首先，光电倍增管需要在高电压下工作，而且体积大、易损坏，对实际应用有一定的局限性；其次，Si 基紫外光电管需要附带滤光片，这无疑会增加制造的复杂性并降低性能。

在过去的十几年间，为了解决光电倍增管和 Si 基紫外光电管存在的问题、实现在紫外波段的光电探测，以材料和外延技术较为成熟的 SiC、GaN 为代表的宽禁带半导体得到了世界各国的广泛关注。紫外光电探测器的性能受到多方面因素的影响，要制备性能优越的紫外光电探测器，可以从以下问题入手：①宽禁带半导体材料的生长技术；②宽禁带半导体紫外探测器的关键工艺技术；③探测器结构的设计与优化。

在国际上，美国通用电气（GE）有限公司于 2008 年发布了具有日盲特性、单光子探测效率可达到 9.4%、暗计数仅为 2.5kHz 的分离吸收倍增（separated-absorption-multiplication，SAM）结构的 4H-SiC 雪崩光电二极管（avalanche photodiode，APD）。韩国 Genicom 有限公司和日本京都半导体株式会社可以批量供应 GaN 紫外光电探测器，其中 Genicom 公司已经推出了多款 GaN 紫外光电探测器的模块化应用产品。

相比于其他国家，我国在宽禁带半导体材料和器件领域的研究起步较晚，而且研究单位较少，存在材料生长设备落后、投入不足、缺少高质量大尺寸的衬底、外研生长技术不成熟等问题。虽然军事上、民用上都迫切需要性能高、可靠性高的紫外光电探测器，但是目前所研制的宽禁带半导体紫外光电探测器还未达到商品化的程度，无法投入市场使用。因此，进一步开展宽禁带半导体材料的研究、优化紫外光电探测器的关键技术参数和设计成为我国现阶段急需解决的问题。

1.3.4 功率半导体器件

电力电子技术广泛应用于能源、交通、环境、国防等领域。为了进一步追求电力电子器件高频、高温、高功率密度的应用，宽禁带材料功率半导体器件受到了人们的广泛关注。与传统 Si 功率器件相比，宽禁带材料功率半导体器件有很多出色的性能，其中 SiC 和 GaN 功率器件是当下研究的热点。

与 Si 功率器件相比，SiC 和 GaN 功率器件禁带宽度更大，击穿场强更高，所以在耐压相同的情况下裸片体积更小，载流子速度更快，所以导通电阻更小。SiC 功率器件的温度系数最高，因此它的温度特性更好，散热容易。GaN 功率器件特有的高电子迁移率晶体管（high electron mobility transistor，HEMT）结构中包含二维电子气（two-dimensional electron gas，2DEG），使其有效电子迁移率最高，开关速度更快。这些优越的材料特性使 SiC 和 GaN 功率器件性能更好。SiC 和 GaN 功率器件裸片更小，所以寄生电容更小，也有助于提高开关速度。相比 IGBT，MOSFET 没有拖尾电流，开关速度更高，但是传统 Si MOSFET 在高耐压的场合导通电阻很大。宽禁带半导体由于导通电阻小，可以采用 MOSFET 结构，这使其耐压高、开关速度更快、开关损耗更小。同时，由于反并二极管采用肖特基二极管，二极管反向恢复损耗更小。因为 SiC 温度系数高，所以 SiC MOSFET 更容易应用于高压大电流的场合，散热容易。而 GaN 功率器件采用 HEMT 结构，开关过程很快，可以达到非常高的开关频率。出色的材料性能使 SiC 和 GaN 功率器件有可能成为新一代功率半导体器件，在最近几年引起了广泛关注。

目前，商业化的 SiC 全控型功率开关器件主要采用 MOSFET 结构，而 GaN 功率开关器件主要采用 HEMT 结构。

1. SiC MOSFET 结构

图 1-8 是 SiC MOSFET 的元胞结构图。从图中可以看到，其元胞结构与传统的 Si MOSFET 并无太大差别。SiC 材料的特性使 SiC MOSFET 相比 Si MOSFET 具有众多性能优势。

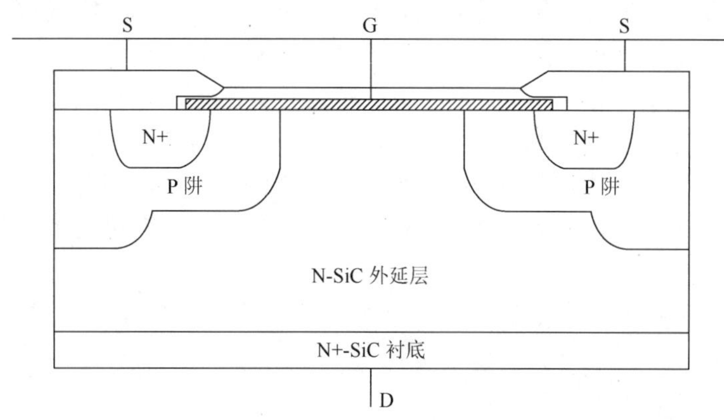

图 1-8　SiC MOSFET 元胞结构图[55]

S 指源极（source）；G 指栅极（gate）；D 指漏极（drain）

2. GaN HEMT 结构

如图 1-9 所示，GaN 功率器件可以为横向结构或者垂直结构。横向结构器件更加成熟，商业化的 GaN 功率器件多为这种结构。AlGaN/GaN HEMT 就是一种典型的横向结构器件。HEMT 也称调制掺杂场效应晶体管，是一种场效应晶体管。它利用半导体异质结构将杂质与电子在空间分隔，使电子迁移率很高。HEMT 结构中，沟道电流受 MIS 栅极控制，当器件关断时，栅极和漏极之间承受耐压。垂直结构中，器件垂直方向上承受耐压，这样可以使器件做得更小。因此，横向结构多用在低压场合，垂直结构可以用在高压场合。

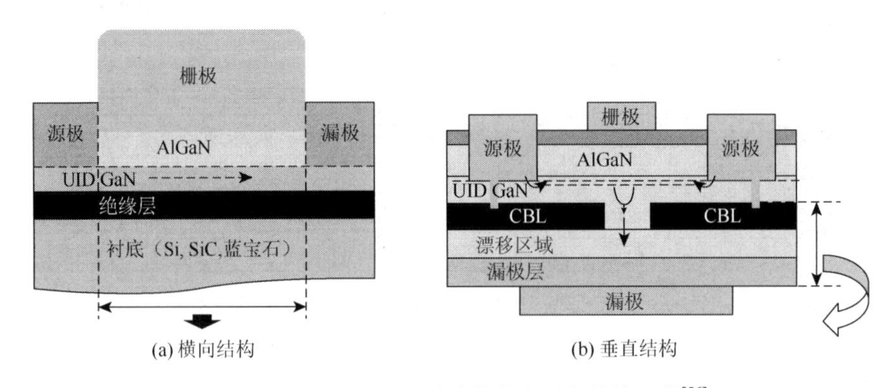

图 1-9　AlGaN/GaN 异质结横向和垂直结构器件[56]

商业化的 GaN 功率器件都是横向结构器件。图 1-9 所示的 AlGaN/GaN HEMT 本质上是常开器件，当栅极电压为零时，漏源之间沟道处于导通状态。但是在电力电子的应用中需要常闭器件。对于现在商业化的 GaN 功率器件，主要有两种方法来实现常闭工作。第一种方法是通过改变器件的本身结构来实现常闭工作，优点是它是一个单片结构，同时导通电阻比较小，缺点是阈值电压一般很低，器件容易受到干扰而误导通。第二种方法是在封装上实现常闭工作，优点是简单可靠。因为驱动过程是开通和关断低压 Si MOSFET，所以将传统 Si 功率器件的驱动电路直接应用于新型器件，就可以自由地优化 GaN HEMT 而不用考虑复杂的驱动电路问题。宽禁带材料功率半导体器件的应用越来越广泛，有可能在未来全面替代 Si 功率器件。

表 1-14 为国内外宽禁带材料半导体功率器件主要产品、应用领域及生产企业。

表 1-14　国内外宽禁带材料半导体功率器件主要产品、应用领域及生产企业

材料	主要产品类型和应用领域	生产公司				
		美国	中国	日本	欧洲	韩国
SiC	PFC 电源、UPS、光伏逆变器、充电桩、车载充电器	Cree、Ⅱ-Ⅵ、道康宁	扬州扬杰电子科技股份有限公司、北京世纪金光半导体有限公司、中国电子科技集团公司第五十五研究所、中国电子科技集团公司第十三研究所、国家电网有限公司、株洲南车时代电气股份有限公司	罗姆、三菱电机、富士电机、松下、东芝、日立	英飞凌、意法半导体、Sicrystal、Ascatronl、IBS、ABB	三星
GaN	微波功率器件，MMIC，战斗机、军舰、地面、导弹等 T/R 组件和 5G 通信领域	Transform、EPC、GaN system、Powerex、Macom、Qorvo、Raytheon、Microsemi、Anadigics	台湾积体电路制造股份有限公司、稳懋半导体股份有限公司、三安光电股份有限公司、华为技术有限公司、中兴通信股份有限公司、苏州能讯高能半导体有限公司	信越、富士电机	Azzurro、EpiGaN、IQE、Ampleon、UMS、NXP	

注：MMIC 指单片微波集成电路（monolithic microwave integrated circuit）；PFC 指功率因数校正器（power factor corrector）；UPS 指不间断电源（uninterruptible power supply）；T/R 指无线收发系统（transmitter and receiver）

参 考 文 献

[1] Shockley W，Bardeen J，Brattain W. The electronic theory of the transistor[J]. Science，1948，108（2816）：678-679.

[2] Faraday M. Experimental researches in electricity，fourth series[J]. Philosophical Transactions of the Royal Society of London，1833，123：507-522.

[3] Becquerel A. Photoelctrochemical effect[J]. Comptes Rendus de l'Académie des Sciences，1839，9（14）：561.

[4] Smith W. Selenium photoconductive cell[J]. Journal of Society Telegram England，1873，2：31-35.

[5] Braun F. On the current transport in metal sulfides[J]. Annual Review of Physical Chemistry，1874，153：556-563.

[6] Hall E H. The Hall effect[J]. Science，1884，4（88）：351.

[7] Soref R A. Mid-infrared photonics in silicon and germanium[J]. Nature Photonics，2010，4（8）：495-497.

[8] Soref R A，Emelett S J，Buchwald W R. Silicon waveguided components for the long-wave infrared region[J]. Journal of Optics A：Pure and Applied Optics，2006，8（10）：840-848.

[9] Lax B. Semiconductor lasers[J]. Science，1963，141（3587）：1247-1255.

[10] Gunn J B. Microwave oscillations of current in Ⅲ-Ⅴ semiconductors[J]. Solid State Communications，1963，1（4）：88-91.

[11] Hesse K，Gramann W，Höppner D. Room-temperature GaAs gamma-detectors[J]. Nuclear Instruments and Methods，1972，101（1）：39-42.

[12] Borrego J M，Gutmann R J，Ashok S. Neutron radiation effects in gold and aluminum GaAs Schottky diodes[J]. IEEE Transactions on Nuclear Science，1976，23（6）：1671-1678.

[13] Eberhardt J E，Ryan R D，Tavendale A J. High-resolution nuclear radiation detectors from epitaxial n-GaAs[J]. Applied Physics Letters，1970，17（10）：427-429.

[14] Zhigal'skii G P，Kholomina T. Excess noise and deep levels in GaAs detectors of nuclear particles and ionizing radiation[J]. Journal of Communications Technology and Electronics，2015，60（6）：517-542.

[15] Avery D G，Goodwin D W，Lawson W D，et al. Optical and photo-electrical properties of indium antimonide[J].

Proceedings of the Physical Society Section B，1954，67（10）：761-767.

[16] 王志芳，王燕华. 大尺寸锑化铟晶体生长等径技术研究[J]. 红外，2011，32（1）：27-30.

[17] 朱明华. 高纯度 p 型锑化铟单晶研制[J]. 红外与激光技术，1982（2）：1.

[18] 王燕华，程鹏，王志芳，等. 大直径高质量锑化铟单晶的生长研究[J]. 红外，2009，30（8）：9-13.

[19] Jankowski J，El-Ahmar S，Oszwaldowski M. Hall sensors for extreme temperatures[J]. Sensors，2011，11（1）：876-885.

[20] 孙志君，刘俊刚，欧代永. 红外焦平面阵列技术新军事装备应用[J]. 传感器世界，2004，10（11）：6-12.

[21] Southern S O，Khan A，Montgomery K N，et al. Simultaneous detection of atmospheric nitrous oxide and carbon monoxide using a quantum cascade laser[J]. The International Society for Optical Engineering，2011，8029：34.

[22] Liu L，Edgar J H. Substrates for gallium nitride epitaxy[J]. Materials Science and Engineering R：Reports，2002，37（3）：61-127.

[23] Acheson E G，Carborundum：Its history，manufacture and uses[J]. Journal of the Franklin Institute，136（4）：279-289.

[24] Lely J A. Darstellung von einkristallen von silicium carbid und beherrschung von art und menge der eingebautem verunreingungen[J]. Berichte der Deutschen Keramischen Gesellschaft，1955，32：229-233.

[25] Tairov Y M，Tsvetkov V F. Investigation of growth processes of ingots of silicon carbide single crystals[J]. Journal of Crystal Growth，1978，43（2）：209-212.

[26] Peng G，Zhou Y Q，He Y L，et al. UV-induced SiC nanowire sensors[J]. Journal of Physics D：Applied Physics，2015，48（5）：055102.

[27] Briegleb F，Geuther A. Ueber das Stickstoffmagnesium und die Affinitäten des Stickgases zu Metallen[J]. European Journal of Organic Chemistry，1862，123（2）：228-241.

[28] Mallet J W. XIII. —On aluminum nitride，and the action of metallic aluminum upon sodium carbonate at high temperatures[J]. Journal of the Chemical Society，1876，30：349-354.

[29] Long G，Foster L M. Aluminum nitride，a refractory for aluminum to 2000℃[J]. Journal of the American Ceramic Society，1959，42（2）：53-59.

[30] Kudyakova V S，Shishkin R A，Elagin A A，et al. Aluminium nitride cubic modifications synthesis methods and its features. Review[J]. Journal of the European Ceramic Society，2017，37（4）：1143-1156.

[31] Kudyakova V S，Shishkin R A，Zykov F M，et al. Thermodynamic evaluation of nucleation as a method for selection of aluminium nitride modifications[J]. Journal of Crystal Growth，2018，486：111-116.

[32] Kim J，Pyeon J，Jeon M，et al. Growth and characterization of high quality AlN using combined structure of low temperature buffer and superlattices for applications in the deep ultraviolet[J]. Japanese Journal of Applied Physics，2015，54（8）：081001.

[33] Li L P，Zhang Y H，Xu S，et al. On the hole injection for iii-nitride based deep ultraviolet light-emitting diodes[J]. Materials，2017，10（10）：1221.

[34] Iqbal A，Mohd-Yasin F. Reactive sputtering of aluminum nitride（002）thin films for piezoelectric applications：A review[J]. Sensors，2018，18（6）：1797.

[35] Habib A，Shelke A，Vogel M，et al. Quantitative ultrasonic characterization of *c*-axis oriented polycrystalline AlN thin film for smart device application[J]. Acta Acustica United with Acustica，2015，101（4）：675-683.

[36] Liang J，Zhang H X，Zhang D H，et al. Design and fabrication of aluminum nitride Lamb wave resonators towards high figure of merit for intermediate frequency filter applications[J]. Journal of Micromechanics and Microengineering，2015，25（3）：035016.

[37] Aissa K A，Achour A，Elmazria O，et al. AlN films deposited by DC magnetron sputtering and high power impulse magnetron sputtering for SAW applications[J]. Journal of Physics D：Applied Physics，2015，48（14）：145307.

[38] Pandya S G，Kordesch M E. Erbium doped aluminum nitride nanoparticles for nano-thermometer applications[J]. Materials Research Express，2015，2（6）：065006.

[39] Yang J，Si C W，Han G W，et al. Researching the aluminum nitride etching process for application in MEMS resonators[J]. Micromachines，2015，6（2）：281-290.

[40] Zhang M，Yang J，Si C W，et al. Research on the piezoelectric properties of AlN thin films for MEMS applications[J]. Micromachines，2015，6（9）：1236-1248.

[41] Kumar S，Tessarek C，Christiansen S，et al. A comparative study of β-Ga_2O_3 nanowires grown on different substrates using CVD technique[J]. Journal of Alloys and Compounds，2014，587：812-818.

[42] Pearton S J，Ren F，Tadjer M J，et al. Perspective：Ga_2O_3 for ultra-high power rectifiers and MOSFETS[J]. Journal of Applied Physics，2018，124（22）：220901.

[43] Chun H J，Choi Y S，Bae S Y，et al. Controlled structure of gallium oxide nanowires[J]. The Journal of Physical Chemistry B，2003，107（34）：9042-9046.

[44] Wu X C，Song W，Huang W，et al. Crystalline gallium oxide nanowires：Intensive blue light emitters[J]. Chemical Physics Letters，2000，328（1）：5-9.

[45] Song Y P，Zhang H Z，Lin C T，et al. Luminescence emission originating from nitrogen doping of β-Ga_2O_3 nanowires[J]. Physical Review B，2004，69（7）：075304.

[46] Wen B，Zhao J，Li T. Synthesis and crystal structure of n-diamond[J]. International Materials Reviews，2007，52（3）：131-151.

[47] Zheng W，Huang F，Zheng R，et al. Low-dimensional structure vacuum-ultraviolet-sensitive（lambda＜200nm）photodetector with fast-response speed based on high-quality AlN micro/nanowire[J]. Advanced Materials，2015，27（26）：3921-3927.

[48] Angus J C，Will H A，Stanko W S. Growth of diamond seed crystals by vapor deposition[J]. Journal of Applied Physics，1968，39（6）：2915-2922.

[49] Aisenberg S，Chabot R. Ion-beam deposition of thin films of diamondlike carbon[J]. Journal of Applied Physics，1971，42（7）：2953-2958.

[50] van Thiel M，Ree F H. Properties of carbon clusters in TNT detonation products：Graphite-diamond transition[J]. Journal of Applied Physics，1987，62（5）：1761-1767.

[51] Greiner N R，Phillips D S，Johnson J D，et al. Diamonds in detonation soot [J]. Nature，1988，333（6172）：440-442.

[52] Li Y D，Qian Y T，Liao H W，et al. A reduction-pyrolysis-catalysis synthesis of diamond[J]. Science，1998，281（5374）：246-247.

[53] Alferov Z I，Andreev V M，Portnoi E，et al. AlAs-GaAs heterojunction injection lasers with a low room-temperature threshold[J]. Soviet Physics of Semiconductors，1969，3：1328-1332.

[54] Hayashi I，Panish M，Foy P，et al. Junction lasers which operate continuously at room temperature[J]. Applied Physics Letters，1970，17（3）：109-111.

[55] Hull B，Allen S，Zhang Q，et al. Reliability and stability of SiC power mosfets and next-generation SiC MOSFETs[C]. 2014 IEEE Workshop on Wide Bandgap Power Devices and Applications，Knoxville，2014：139-142.

[56] Chowdhury S，Mishra U K. Lateral and vertical transistors using the AlGaN/GaN heterostructure[J]. IEEE Transactions on Electron Devices，2013，60（10）：3060-3066.

第 2 章　氮化铝晶体特性

AlN 是典型的Ⅲ-Ⅴ族化合物，是继 Si 和 GaAs 之后的第三代半导体材料之一。AlN 具有高达 6.2eV 的禁带宽度，并且热导率高、表面声速大、抗腐蚀能力强、机械硬度大，是制备光电子和微电子器件的理想材料。AlN 具有高的击穿场强和低的导通电阻，甚至优于目前广泛使用的 SiC 和 GaN，因此基于 AlN 的电子电力器件具有更高的输出功率，能够适应高温工作环境，加上纳米结构 AlN 可减小器件尺寸，从而降低配套成本，可广泛应用于智能电网、铁路牵引、船舰电力系统、混合动力汽车等诸多领域。

本章主要围绕 AlN 晶体特性对其进行详细的介绍。

2.1　氮化铝的晶体结构

晶体结构即晶体的微观结构，是指晶体中实际质点（原子、离子或分子）的具体排列情况。自然界存在的固态物质可分为晶体和非晶体两大类，固态的金属与合金大都是晶体。晶体与非晶体的本质差别在于组成晶体的原子、离子、分子等质点是规则排列的（长程有序），而非晶体中这些质点除与其最相近的外，其他质点基本上无规则地堆积在一起（短程无序）。AlN 晶体是Ⅲ-Ⅴ族半导体，存在两种晶体结构，分别为六方纤锌矿结构（α-phase）和立方闪锌矿结构（β-phase）[1]，其中六方纤锌矿结构是 AlN 晶体的稳定结构，而立方闪锌矿结构是 AlN 晶体的亚稳态结构，只有在高压下立方闪锌矿结构的 AlN 才能稳定存在。六方纤锌矿和立方闪锌矿晶体结构的区别在于 N 原子层和 Al 原子层在晶体中具有不同的堆叠方式。六方纤锌矿结构 AlN 的堆积方式为 ABABABA…，而立方闪锌矿结构 AlN 的堆积方式为 ABCABCA…，这两种结构的堆积方式本质是一样的。六方纤锌矿 AlN 晶体的原子排列如图 2-1（a）所示，AlN 晶体分别由 Al 原子和 N 原子构成的四面体子晶格相互嵌套而成，其中每个 N 原子都与最邻近的四个 Al 原子构成一个四面体，同样，每个 Al 原子也都与最邻近的四个 N 原子构成一个四面体。从单个原子角度观察，N 原子的配位与 Al 原子相似，AlN 晶体由这两种原子构成的子晶格沿着 c 轴平移 $0.385c_0$①嵌套而成。如图 2-1（b）所示，在四面体子晶格中两种

① c_0 表示沿 c 轴方向的单位晶格长度，是一个定值。

Al—N 键的键长分别为 0.1917nm 和 0.1885nm，键角∠NAlN 分别为 107.7°和 110.5°，两种键长和键角的产生是由于在形成 Al—N 键时化合键的杂化方式不同，根据上述原子模型获得的 AlN 晶体理论密度为 3.261g/cm^3[2]。

在 AlN 晶胞中，N 原子和 Al 原子的外层电子均形成四个 sp^3 杂化轨道，其中 N 原子外层电子形成三个半满轨道和一个全满轨道，而 Al 原子外层电子形成三个半满轨道和一个空轨道。AlN 晶体在 *c* 轴方向的离子键成分大，比其他三个等价的键能要小、更易断裂，这是由于 *c* 轴方向的 B_2 键由 Al 原子的空轨道和 N 原子的满轨道形成。由图 2-1（b）可知（$1\bar{1}00$）面由 B_1 键组成，而（0002）面和（$10\bar{1}0$）面由 B_1 和 B_2 键共同组成，该结构影响晶体的生长方向。AlN 晶格常数 *a* 为 3.110～3.113Å，*c* 为 4.978～4.982Å，*c*/*a* 为 1.599～1.602，由于晶格的稳定性和离子性差异等原因，实验得到的 *c*/*a* 与理想的六方纤锌矿结构有偏差[3]。

六方纤锌矿 AlN 晶体为非中心对称结构，沿着[0001]方向有两种极性，根据 AlN 原子在（0001）双原子层中的位置，可以分为 Al 极性面和 N 极性面[4, 5]。图 2-2 给出了不同极性的 AlN 元胞示意图。根据 Al-N 双原子层中 Al 原子和 N 原子的相对位置，可分为不同的极性面。如果 Al 原子占据双原子层的顶部位置，则为 Al 极性面；反之，如果 N 原子占据双原子层的顶部位置，则为 N 极性面。由于 N 的电负性大于 Al 的电负性，对于 Al 极性面，Al 原子形成的四面体产生的正电中心位置要高于 N 原子形成的四面体产生的负电中心位置；N 极性面的情况则刚好相反。因此，通常将 Al 极性面定义为＋*c*、（0001）面，将 N 极性面定义为–*c*、（$000\bar{1}$）面。极性面的区分与终止面上的原子种类无关。AlN 不同的极性面具有迥异的物理化学性质。因此，在晶体生长过程中要针对所需要的生长速度或生长模式的要求选择不同的极性面，同时利用不同极性面在化学腐蚀时出现的不同形貌对极性面加以区分。一般来说，腐蚀过后 Al 极性面会出现六方腐蚀坑，而 N 极性面则会出现六方锥状结构，而且 N 极性面腐蚀速度较快[6-8]。

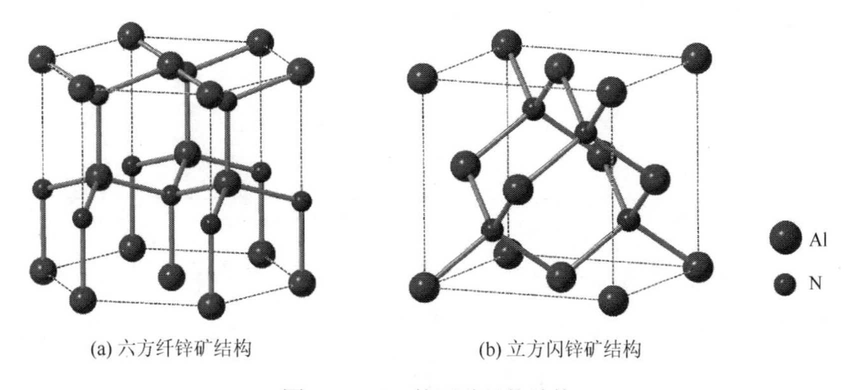

(a) 六方纤锌矿结构　　(b) 立方闪锌矿结构

图 2-1　AlN 的两种晶体结构

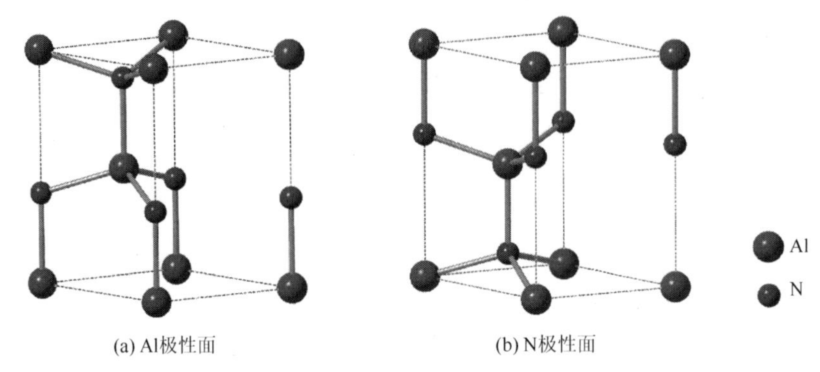

(a) Al极性面　　　　　　　　(b) N极性面

图 2-2　不同极性的 AlN 元胞示意图

2.2　氮化铝晶体的物理特性

AlN 作为典型的Ⅲ-Ⅴ族化合物半导体材料，具有机械硬度大、热导率高、表面声速大以及介电常数大等优异的物理性质，引起了科学家的广泛关注。

表 2-1 列出了 AlN 晶体的部分物理性质。后面会对这些性质进行详细的讨论。

表 2-1　AlN 晶体的物理性质

性质	数值
禁带宽度/eV	6.2
电阻率/(Ω·cm)	10^{11}～10^{13}
密度/(kg/m^3)	3230
晶格常数/Å	$a = 3.112$、$c = 4.982$
德拜温度/℃	680
热导率/(W/(cm·K))	3.2
热膨胀系数/K^{-1}	$\alpha_a = 4.2\times10^{-6}$、$\alpha_c = 5.3\times10^{-6}$
杨氏模量/GPa	329
介电常数	$\varepsilon_\infty = 4.68$～$4.84$、$\varepsilon_0 = 8.3$～$11.5$
泊松比	0.239
TO、LO、E2 模式/cm^{-1}	667、906、665
熔点/℃	3480
比热容/(J/(g·K))	0.728
压电应变常数/(pC/N)	$d_{33} = 6.5$

1. 能带结构

图 2-3 显示了 AlN 晶体的能带结构示意图，可以看出 AlN 晶体是典型的直接禁带半导体[9]，常温下 AlN 晶体的理论禁带宽度 $E_g = 6.2\text{eV}$，因此理论上高结晶质量的 AlN 晶体在紫外波段具有很高的透过率，是超短波长（200～270nm）的 LED

或激光二极管器件的理想衬底材料。目前，AlN 的透射波段在紫外端可达 200nm。AlN 晶体的禁带宽度受到制备工艺的影响，在不同制备工艺下获得的实验数值并不一致。AlN 纳米结构的禁带宽度在尺寸效应作用下变宽，其往往大于 6.2eV[10]。而大尺寸 AlN 晶体中不可避免地存在晶格缺陷，导致其产生缺陷能级[11]。

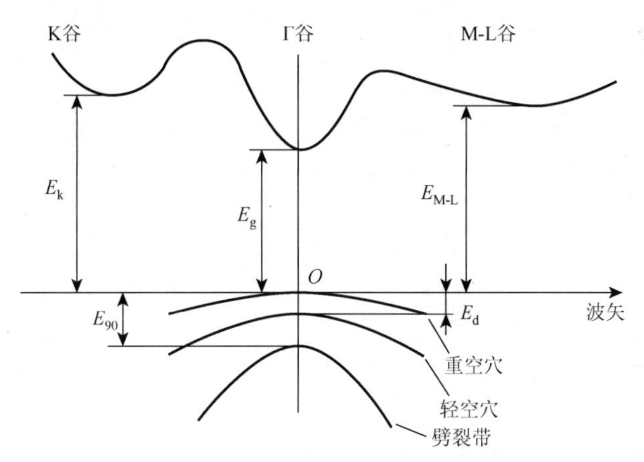

图 2-3　AlN 能带结构示意图和禁带宽度[12]

在晶体结构中，当有本征缺陷（如 N 空位、Al 空位、N 间隙、Al 间隙和反位缺陷）产生或有杂质进入 AlN 晶体时，将在 AlN 晶体中产生缺陷能级或杂质能级。图 2-4 为六方纤锌矿 AlN 晶体中常见的缺陷能级和杂质能级。图中小于 5eV 的能级为深施主能级，氮空位（V_N）产生的施主能级由 d_1、d_2 和 d_3 表示，其电离能分别为 0.17eV、0.5eV 和 0.8～1.0eV，碳在铝位（C_{Al}）产生的施主能级由 d_4 表示，其电离能为 0.2eV，氮在铝位（N_{Al}）产生的施主能级由 d_5 表示，电离能为 1.4～1.85eV，铝在氮位（Al_N）产生的施主能级由 d_6 表示，电离能为 3.4～4.5eV。图中 a_1、a_2、a_3、a_4 表示受主能级：铝空位（V_{Al}）产生的受主能级由 a_1 表示，电离能为 5.7eV；碳在氮位（C_N）产生的受主能级由 a_2 表示，电离能为 5.8eV；锌在铝位（Zn_{Al}）产生的受主能级由 a_3 表示，电离能为 6.0eV；镁在铝位（Mg_{Al}）产生的受主能级由 a_4 表示，电离能为 6.1eV。在晶体中除了本征缺陷和杂质缺陷，还存在大量的复合缺陷，如氧杂质与氮空位的复合缺陷等。

2. 热膨胀系数

物体由于温度改变而有胀缩现象。其变化能力以等压下单位温度变化所导致的长度量值的变化表示，即热膨胀系数。大多数情况下，此系数为正值。也就是说温度变化与长度变化呈正相关，温度升高，体积扩大。但是也有例外，如水在 0～4℃会出现负膨胀。而一些陶瓷材料在温度升高情况下几乎不发生几何特性变化，其热膨胀系数接近 0。

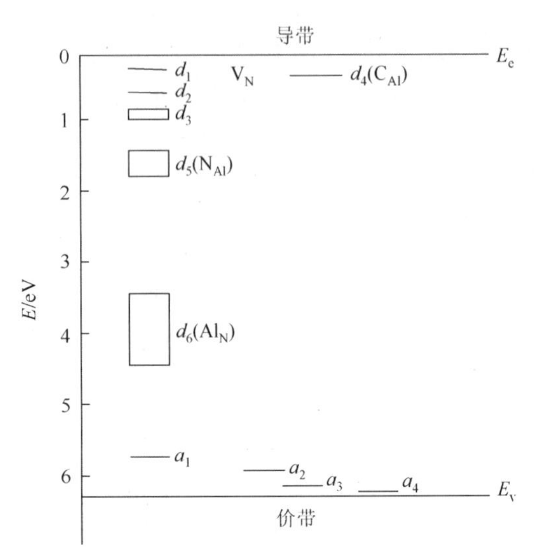

图 2-4　六方纤锌矿 AlN 晶体中缺陷能级和杂质能级示意图[13]

六方纤锌矿 AlN 晶体在结构上具有不对称性，因此沿 c 轴方向和 a 轴方向的热膨胀系数不同。1975 年，美国通用电气研发中心的 Slack 和 Bartram 测得 AlN 晶体沿着 a 轴方向的热膨胀系数随温度的变化关系，如图 2-5（a）所示。之后，Reeber 和 Wang 利用半经验多频（semi-empirical multi-frequency）爱因斯坦模型测试出很多材料的热膨胀系数，其中包括高温下 AlN 的热膨胀系数①。目前被广泛采用的数值是 1992 年 Strite 和 Morkoç[14]报道的高质量 AlN 晶体的热膨胀系数的平均值，其中 $\alpha_a \approx 4.2\times10^{-6}K^{-1}$、$\alpha_c \approx 5.3\times10^{-6}K^{-1}$。

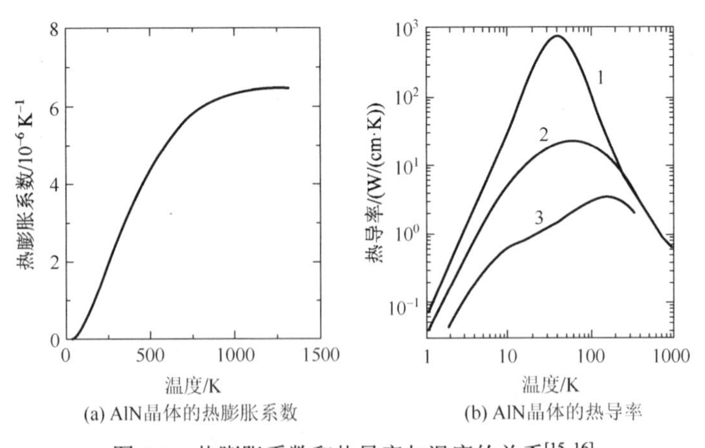

图 2-5　热膨胀系数和热导率与温度的关系[15, 16]

① 具体可见 Reeber R R 和 Wang K 的 Corresponding States Principles for the Thermal Expansion of MgO，CaO，SrO and BaO。

1976 年，Slack 和 McNelly[17]通过 PVT 法获得了毫米级别的 AlN 晶体，得到 AlN 单晶的热导率为 2.2～2.5W/(cm·K)。由于 AlN 晶体内存在杂质和缺陷，尤其是氧杂质对 AlN 晶体热导率有显著的影响，实验数据普遍比理论数值［3.2W/(cm·K)］低，这主要是由于 O 元素在 AlN 晶格中容易占据氮位，晶胞收缩导致晶格常数减小，声子散射能力增强。1975～1987 年，Slack 等[15, 16]测量了不同 O 含量下热导率随温度的变化，如图 2-5（b）所示，其中曲线 1 为不含 O 元素，曲线 2 的 O 含量为 $4.2\times10^{19}cm^{-3}$，曲线 3 的 O 含量为 $3\times10^{20}cm^{-3}$。

3. 压电特性

压电材料是一类具有压电物理特性的电介质，被制成转换元件广泛应用于压电式传感器上。压电效应表现为当某些电介质在一定方向上受到外力的作用而发生变形时，其内部会产生极化现象，同时在它的两个相对表面上出现正负相反的电荷。当作用力的方向改变时，电荷的极性也随之改变，受力所产生的电荷量与外力的大小成正比。当外力去掉后，它又会恢复到不带电的状态，这种现象称为正压电效应。相反，当在电介质的极化方向上施加交变电场时，这些电介质也会发生机械变形，电场去掉后，电介质的机械变形随之消失，这种现象称为逆压电效应。正压电效应是把机械能转换为电能，逆压电效应是把电能转换为机械能。

AlN 就是一种压电材料，某些钙钛矿材料（如 $CaTiO_3$）的压电系数要比 AlN 大几倍，然而这些材料并不适用于压电 MEMS 的制造。这是由于在不同的制备条件下钙钛矿材料压电性能差异较大。表 2-2 为在 MEMS 器件中常用的压电材料的性质。

表 2-2　MEMS 器件中常用的压电材料的性质

性质	ZnO	PZT	AlN
压电应力常数/(C·m²)	$e_{31}=-0.57$	$e_{31}=-6.5$	$e_{31}=-0.58$
	$e_{33}=1.32$	$e_{33}=23.3$	$e_{33}=1.55$
禁带宽度/eV	3.4	2.67	6.2
电阻率/(Ω·cm)	1×10^{7}	1×10^{9}	1×10^{11}
声速/(m/s)	10127	5700	3900
热导率/(W/(cm·K))	0.6	0.018	3.2
密度/(kg/m³)	5610	7570	3230
热膨胀系数/K^{-1}	$\alpha_a=6.5\times10^{-6}$	$\alpha=2\times10^{-6}$	$\alpha_a=4.2\times10^{-6}$
	$\alpha_c=3.0\times10^{-6}$		$\alpha_c=5.3\times10^{-6}$
杨氏模量/GPa	201	68	329

与其他典型的压电材料 ZnO 和 PZT 相比，AlN 具有许多突出的性质。首先，在标准的压电微型机电工艺过程中，AlN 对湿法化学刻蚀和干法等离子体刻蚀具有选择性，而在含氯环境中可以容易地进行刻蚀；其次，AlN 展现出适中的机电耦合性能和高表面声速，使它在表面声波（surface acoustic wave，SAW）和体声波（bulk acoustic wave，BAW）器件中具有广泛的应用[18]；再次，AlN 能够在很多衬底材料上获得高结晶质量和高取向的 AlN 薄膜，如半导体、电介质和金属；最后，很多器件不需要较强的介电常数，但需要较高的结晶质量。因此，AlN 更适合应用在这些器件中。由于 AlN 的介电损耗很低、击穿场强高，AlN 转换器比 PZT 转换器的转换效率高出 24 倍[19]。

4. 电阻率

电阻率 ρ 是用来表示各种物质电阻特性的物理量。某种物质所制成的元件（常温下）的电阻和横截面积的乘积与长度的比值称为这种物质的电阻率。电阻率与导体的长度、横截面积等因素无关，是导体材料本身的电学性质，由导体的材料决定，且与温度、压力、磁场等外界因素有关。

金属材料在温度不高时，ρ 与温度 t 的关系是 $\rho_t = \rho_0(1 + at)$，其中，ρ_t 与 ρ_0 分别是 t℃和 0℃时的电阻率，a 是电阻率的温度系数，与材料有关。

室温下纯净 AlN 单晶的电阻率高达 10^{11}～$10^{13}\Omega\cdot$cm。当 AlN 中引入杂质时，其电阻率会降低。纯净 AlN 单晶是无色透明的，有报道发现带有颜色的 AlN 具有 $10^3\Omega\cdot$cm 的低电阻率，后证明其为 n 型导电。Taniyasu 等通过高效 Si 掺杂获得的 n 型 AlN 外延层具有 426cm^2/(V·s)的迁移率和 7.3×10^{14}cm^{-3} 的电子浓度，其电阻率仅约为 20$\Omega\cdot$cm[20]。

图 2-6 为不同衬底温度下制得的 AlN 薄膜的电阻率曲线图[21]。500℃时，电阻率相对较低（$4.35\times10^{11}\Omega\cdot$cm）。这是因为温度较低，Al 不能与活化能较低、氧化性较弱的 N 完全反应，导致 Al 的部分键未能完全结合，且薄膜结晶不完全，出现缺陷和空位并产生间隙原子。随着温度的升高，吸附粒子活化能及扩散、重排能力提高，Al、N 的键和晶体结构形成及晶粒的生长都有明显改善[8]，同时温度升高致使间隙原子能量升高并回到晶格位置，对减少间隙原子数量、填补缺陷和空穴起了有效作用，使电阻率在 550℃时达到 $3.35\times10^{12}\Omega\cdot$cm。但随着温度的升高，二次蒸发和二次溅射增强，使 Al、N 吸附原子比例失配，且吸附粒子活化能过大，使结晶度增大，晶粒粗化，晶界增多，漏电流增大，降低了薄膜的绝缘性。

5. 热导率

热导率又称导热系数，反映物质的热传导能力。按傅里叶定律，其定义为单位温度梯度（在 1m 长度内温度降低 1K）在单位时间内经单位导热面所传递的热量。

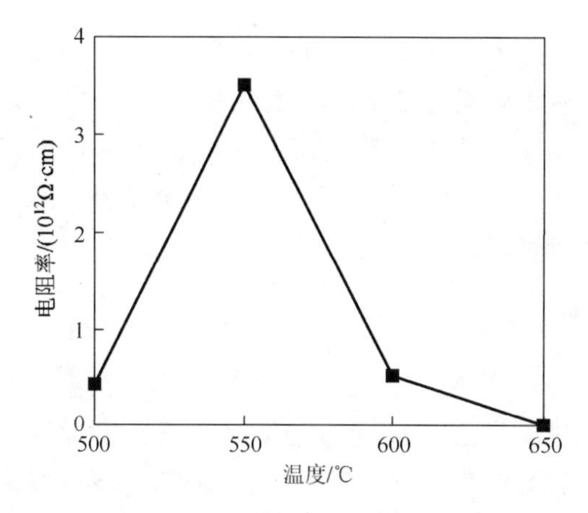

图 2-6　不同衬底温度对 AlN 薄膜电阻率的影响[21]

AlN 具有很高的热导率，这对其在高温和高功率器件方面的应用而言是极其重要的性质。在 AlN 陶瓷材料中，热量是由晶格振动的格波来传递的。根据量子理论，晶格振动的能量是量子化的，这种量子化的能量称为声子。格波在晶体中传播时遇到的散射可看作声子与质点的碰撞，而理想晶体中的热阻可归结为声子与声子之间的碰撞，由此 Debye 首先引入声子的概念来解释陶瓷的热传导现象，并得出类似气体热传导的公式[22]：

$$\kappa=\frac{1}{3}c\cdot\overline{v}\cdot l \tag{2-1}$$

式中，κ 为陶瓷的热导率；c 为陶瓷的体积热容；$\overline{v}$ 为声子的平均速度；l 为声子的平均自由程。由此可知，热导率与声子的平均自由程成正比。理想的 AlN 陶瓷烧结体热导率主要由声子的平均自由程决定。声子的平均自由程 l 主要受到两个因素的影响：①声子-声子的碰撞使声子的平均自由程减小，晶格振动的格波相互作用越强，声子间的碰撞概率越大，相应的平均自由程越小；②晶体中的各种缺陷、杂质以及晶界都会引起格波的散射，从而使声子平均自由程减小。Watari 等的研究表明，热导率在室温附近达到最大值[23]。高温时，热传导主要由声子-声子散射决定，且随着温度的升高，声子-声子散射加剧，平均自由程减小，热导率降低；低温时，热传导主要由声子-缺陷散射和/或声子-晶界散射决定，且随着温度的降低，平均自由程亦减小，热导率降低。

6. 热力学稳定性

热力学稳定是指在化学反应过程生成的过渡态或者中间体（生成物质）的能量（化学位）是较低的，没有自发的继续反应或转化的趋势。

热力学稳定性是衡量高温应用价值的重要指标。AlN 在常压下未达到熔点就已开始分解，因此 AlN 的熔点一直存在争议。在 100atm（1atm = 1.01325×10^5Pa）的 N_2 气氛下，AlN 液相可能会在 2800℃时出现。AlN 在 1700～1800℃时开始分解，随温度升高，分解速度加快，当温度升至 2494℃时就会出现液态 Al。因此，2494℃是 AlN 晶体生长可以接受的最高温度，以防止液态 Al 的出现腐蚀坩埚及保温装置，影响晶体生长的效果。

7. 介电常数和折射率

电介质在电场中会产生感应电荷，进而产生感应电场，感应电场与外加电场的比值即相对介电常数，相对介电常数与绝对介电常数的乘积便是介电常数。因为电荷的各种极化（松弛极化、位移极化、转向极化等）受到频率的严重影响，所以介电常数与测试的频率相关。AlN 薄膜作为电介质，在应用于电子器件时其介电常数是举足轻重的指标之一。不同器件对介电常数的要求有所不同，因此要根据需要制备不同响应的薄膜。

介电常数描述的是电介质在外加电场下储存电荷、削弱外加电场的能力，它是频率的函数。AlN 的高频介电常数为 4.68～4.84，低频介电常数为 8.3～11.5。大的介电常数使 AlN 具有很高的击穿场强，可以应用在高频高压领域作为功率转换开关。

AlN 拥有良好的光学性能，因此吸引了广大研究者。AlN 的有序性越高，折射率越高。

折射率的平方等于介电常数，因此折射率同样是频率的函数。AlN 是单轴晶体，存在双折射现象，其 o 光（入射光的偏振方向垂直于光轴和入射光组成的主平面）和 e 光（入射光的偏振方向平行于光轴和入射光组成的主平面）折射率随波长的变化如图 2-7 所示。事实上，折射率也会随着温度的变化而变化，通常将

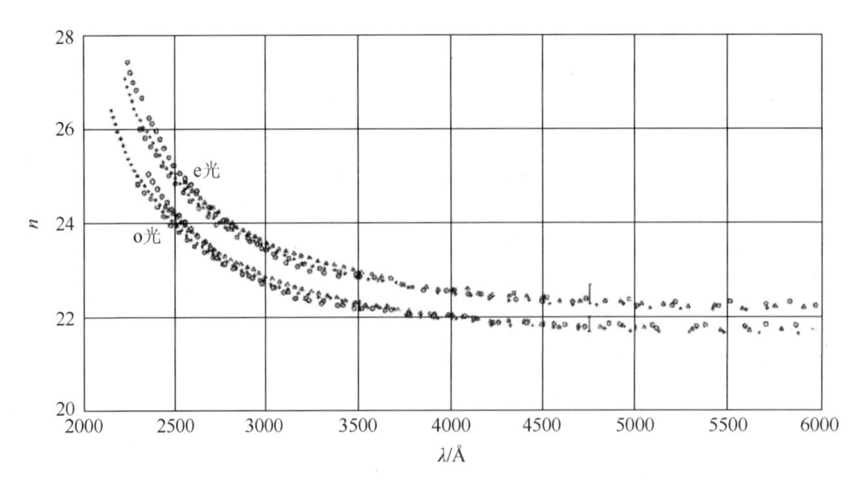

图 2-7　AlN 的 o 光和 e 光折射率随波长的变化

折射率随温度的变化率 dn/dT 称为热光系数。AlN 在 220nm、250nm、300nm 和 500nm 波长下的折射率随温度的变化如图 2-8 所示。

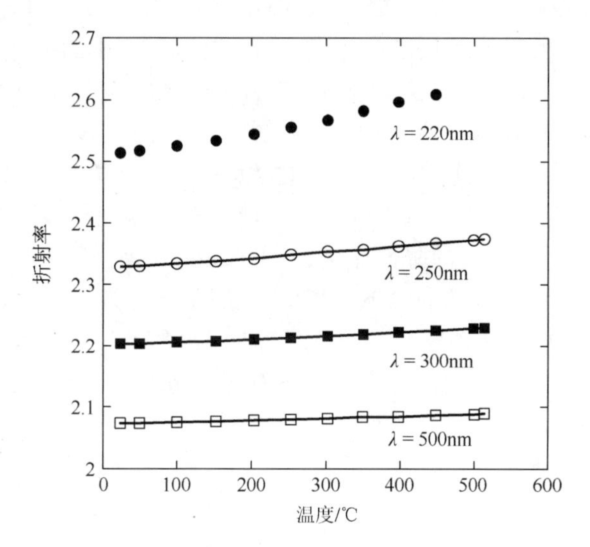

图 2-8　AlN 在 220nm、250nm、300nm 和 500nm 波长下的折射率随温度的变化[24]

2.3　氮化铝晶体的化学特性

1. 高温分解特性与氧化性

在 1atm 下，AlN 晶体在 1700℃左右开始缓慢分解成 Al 蒸气和氮气，当温度达到 2200℃时 AlN 迅速分解成 Al 蒸气和氮气。常压下 AlN 晶体很难以液相形式存在，在 AlN 达到熔点之前 AlN 已经开始分解，这是 AlN 晶体不能通过熔融法生长的原因。但有研究表明，100atm 下 AlN 液相可在 2800℃出现[25]。AlN 粉末在空气中很不稳定，容易与空气中的水蒸气和氧气反应生成氨气和氧化铝（Al_2O_3）。室温下 AlN 表面氧化层的生长速率为 2.1～4.2Å/h，当氧化层达到亚微米级别时氧化层阻碍 AlN 继续氧化[26]。不过如果把温度升高到 700～800℃，表面氧化又会继续进行，且氧化速度随温度的变化由线性关系逐渐变为抛物线关系[12-16]。

2. 耐化学腐蚀性

AlN 有很强的耐化学腐蚀性，酸性条件下可以稳定存在，强碱条件下会有少量腐蚀。将 c 面 AlN 单晶放置在熔融 KOH 和 NaOH 的混合溶液中，350～380℃条件下保温 1～5min，在 Al 面会观察到六方腐蚀坑，在 N 面则会出现六方锥状结构。

3. 水解性

AlN 和水反应会生成氢氧化铝［$Al(OH)_3$］和氨气。过去，这个反应被用来生产氨水。如何控制 AlN 水解反应已经成为粉末处理过程中的主要问题。针对 AlN 水解反应，国内外学者进行了大量研究。Svedberg 等[27]研究了在不同 pH 条件下，AlN 在 85℃的水中恒温反应 1h 后的水解情况，并通过 X 射线衍射（X-ray diffraction，XRD）检测到具有不同比例的 AlOOH 和 $Al(OH)_3$ 相生成。Krnel 和 Kosmač[28]研究发现，AlN 发生水解反应之前存在诱导期，该诱导期随着温度的升高而缩短，随着溶液 pH 的降低而延长。Fukumoto 等[29]研究了在室温到 100℃条件下粉末和用该粉末烧结的 AlN 陶瓷块体的水解行为。该研究同样发现 AlN 在发生水解反应之前存在诱导期，诱导期随着温度的升高而缩短；烧结后的 AlN 陶瓷块体在室温下不发生水解，在 373K 下有轻微的水解，水解后的 pH 仅达到 8。通过对不同温度的水解产物分析可知，AlN 的水解行为在 351K 时会发生改变：在这一温度以下，拜耳石为主要结晶相；而当温度高于此温度时，便形成结晶的勃姆石[27]。

参 考 文 献

[1] Wright A F. Elastic properties of zinc-blende and wurtzite AlN，GaN，and InN[J]. Journal of Applied Physics，1997，82（6）：2833-2839.

[2] Peng T，Piprek J，Qiu G，et al. Band gap bowing and refractive index spectra of polycrystalline $Al_xIn_{1-x}N$ films deposited by sputtering[J]. Applied Physics Letters，1997，71（17）：2439-2441.

[3] Ambacher O. Growth and applications of group Ⅲ-nitrides[J]. Journal of Physics D：Applied Physics，1998，31（20）：2653-2710.

[4] Bickermann M，Schmidt S，Epelbaum B M，et al. Wet KOH etching of freestanding AlN single crystals[J]. Journal of Crystal Growth，2007，300（2）：299-307.

[5] Duan J H，Yang S G，Liu H W，et al. AlN nanorings[J]. Journal of Crystal Growth，2005，283（3-4）：291-296.

[6] Zhuang D，Edgar J H. Wet etching of GaN，AlN，and SiC：A review[J]. Materials Science & Engineering R：Reports，2005，48（1）：1-46.

[7] Guo W，Xie J Q，Akouala C，et al. Comparative study of etching high crystalline quality AlN and GaN[J]. Journal of Crystal Growth，2013，366：20-25.

[8] Guo W，Kirste R，Bryan I，et al. KOH based selective wet chemical etching of AlN，$Al_xGa_{1-x}N$，and GaN crystals：A way towards substrate removal in deep ultraviolet-light emitting diode[J]. Applied Physics Letters，2015，106（8）：082110.

[9] Hejda B. Energy band structure of AlN[J]. Physica Status Solidi B，1969，32（1）：407-413.

[10] Molina-Sánchez A，García-Cristóbal A. Anisotropic optical response of GaN and AlN nanowires[J]. Journal of Physics：Condensed Matter，2012，24（29）：295301.

[11] Vurgaftman I，Meyer J R，Ram-Mohan L R. Band parameters for Ⅲ-Ⅴ compound semiconductors and their alloys[J]. Journal of Applied Physics，2001，89（11）：5815-5875.

[12] Levinshtein M E，Rumyantsev S L，Shur M S. 先进半导体材料性能与数据手册[M]. 杨树人，殷景志，译. 北京：化学工业出版社，2003.

[13] 金雷. 物理气相传输法生长氮化铝晶体的机制研究[D]. 哈尔滨：哈尔滨工业大学，2015.

[14] Strite S，Morkoç H. GaN，AlN，and InN：A review[J]. Journal of Vacuum Science & Technology B，1992，10（4）：1237-1266.

[15] Slack G A，Tanzilli R A，Pohl R O，et al. The intrinsic thermal conductivity of AlN[J]. Journal of Physics and Chemistry of Solids，1987，48（7）：641-647.

[16] Slack G A，Bartram S F. Thermal expansion of some diamondlike crystals[J]. Journal of Applied Physics，1975，46（1）：89-98.

[17] Slack G A，McNelly T. Growth of high purity AlN crystals[J]. Journal of Crystal Growth，1976，34（2）：263-279.

[18] Engelmark F，Iriarte G F，Katardjiev I，et al. Structural and electroacoustic studies of AlN thin films during low temperature radio frequency sputter deposition[J]. Journal of Vacuum Science & Technology A，2001，19（5）：2664-2669.

[19] Xu X H，Wu H S，Zhang F J，et al. The research progress of AlN piezoelectric thin films[J]. Rare Metal Materials and Engineering，2002，31（1）：456-459.

[20] Taniyasu Y，Kasu M，Makimoto T. Increased electron mobility in n-type Si-doped AlN by reducing dislocation density[J]. Applied Physics Letters，2006，89：182112.

[21] 刘慧卿，刘征，高陇桥. 影响 AlN 陶瓷热导率的几个因素[J]. 江苏陶瓷，2001，34（3）：6-9.

[22] Debye P. Zur Theorie der spezifischen Wärmen[J]. Annalen Der Physik，1912，344（14）：789-839.

[23] Watari K，Nakano H，Urabe K. Thermal Conductivity of AlN Ceramic with a Very Low Amount of Grain Boundary Phase at 4 to 1000 K[J]. Journal of Materials Research，2002，17（11）：2940-2944.

[24] Watanabe N，Kimoto T，Suda J. The temperature dependence of the refractive indices of GaN and AlN from room temperature up to 515 degrees C[J]. Journal of Applied Physics，2008，104（10）：L1998.

[25] D'Evelyn M P，Park D S，Lou V L，et al. Apparatus for producing single crystal and quasi-single crystal，and associated method：US，101230489A[P]. 2008-07-30.

[26] Gu Z，Edgar J H，Wang C M，et al. Thermal oxidation of aluminum nitride powder[J]. Journal of the American Ceramic Society，2006，89（7）：2167-2171.

[27] Svedberg L M，Arndt K C，Cima M J. Corrosion of aluminum nitride（AlN）in aqueous cleaning solutions[J]. Journal of the American Ceramic Society，2010，83（1）：41-46.

[28] Krnel K，Kosmač T. Reactivity of AlN powder in an aqueous environment[J]. Key Engineering Materials，2004，264-268：29-32.

[29] Fukumoto S，Hookabe T，Tsubakino H. Hydrolysis behavior of aluminum nitride in various solutions[J]. Journal of Materials Science，2000，35（11）：2743-2748.

第 3 章　低维氮化铝纳米材料制备方法研究

近年来，半导体纳米线及其阵列因其具有独特的光学、电学和热学等优异的性能，在场致电子发射、光电探测、电子和光电子器件、紫外光电探测器等方面得到了广泛的应用。AlN 作为一种Ⅲ-Ⅴ族半导体，具有超宽禁带（6.2eV）[1]、直接禁带结构[2]、超强的耐辐射性、高的热稳定性和化学稳定性，所以 AlN 纳米线及其阵列是深紫外光电选择器件、LED、激光二极管和光电探测器的理想材料[3, 4]。近年来，低维 AlN 纳米材料广受关注，AlN 纳米管、纳米线、纳米锥、纳米带等已经被先后制备，本章对低维 AlN 纳米材料的各种制备方法进行详细的介绍。

3.1　氮化铝纳米线

一维氮化物存在量子限域效应，比普通多晶陶瓷具有更高的热导率，使它可以作为理想的半导体材料、光电材料、光发射器件。它具有负的电子亲和势，这意味着当加上电场后易于获得大的场致电子发射电流密度。另外，一维纳米材料有着纳米级的尖端，能使场增强因子数值大为提高。低维氮化物纳米材料具有优越的场致电子发射性能，在平板显示等微电子领域有重要应用前景。此外，纤维比粉体在复合材料中可能使材料具有更为优越的力学性能，如提升材料的抗压强度、屈服强度、抗拉强度等。

目前，有关 AlN 纳米线的研究还处于起步阶段，根据已有的研究工作，其制备方法基本可分为化学气相反应法、直接氮化法、MBE 法、电弧放电法、碳辅助生长法（碳热还原法）、复分解反应法等。

3.1.1　化学气相反应法

采用化学气相反应法大规模制造 AlN 纳米线，是在 1100℃下，以含 Al、Cl 元素的粉末作为起始原料，在流动的 N_2 气氛中反应后生成 AlN。使用的粉末原料有三种，分别为 Al 粉末、无水 $AlCl_3$ 粉末和 NH_4Cl 粉末，以 6∶3∶4 质量比混合，这三种原料分别用作 Al 源和 Cl 源，放入用乙醇清洁的铁板覆盖的刚玉舟中。然后，将刚玉舟放入炉中并通入 40sccm[①] 的 N_2，加热至 1100℃并保持 3h。最后可以

① sccm 是标况毫升每分（standard cubic centimeter per minute），为体积流量单位，1sccm = $1.6667\times10^{-6}m^3/s$。

获得六方 AlN 纳米线。这些纳米线长度为几百微米，直径为 20～100nm，并且具有单晶特征，同时添加 NH_4Cl 和 $AlCl_3$ 能够显著提高产率，并且促进 $FeCl_3$ 的形成，使 $FeCl_3$ 作为催化剂可以通过形成中间产物 AlCl 和 HCl 促进 AlN 纳米线的生长。

在 AlN 纳米线生长过程中，在 Fe 基底和刚玉舟内部生长的超长 AlN 纳米线受气-液-固（vapor-liquid-solid，VLS）和气-固（vapor-solid，VS）机制的控制。相关反应［方程（3-1）～方程（3-18）］列出如下。

$$2AlCl_3(s) \longrightarrow Al_2Cl_6(g) \quad (3\text{-}1)$$

$$Al_2Cl_6(g) \longrightarrow 2AlCl_3(g) \quad (3\text{-}2)$$

$$NH_4Cl(s) \rightarrow NH_3(g) + HCl(g) \quad (3\text{-}3)$$

$$Al(s,l) \longrightarrow Al(g) \quad (3\text{-}4)$$

$$2Al(g) + N_2(g) \longrightarrow 2AlN(s) \quad (3\text{-}5)$$

$$2Al(g) + 2NH_3(g) \longrightarrow 2AlN(s) + 3H_2(g) \quad (3\text{-}6)$$

$$2Al(g) + 2HCl(g) \longrightarrow 2AlCl(g) + H_2(g) \quad (3\text{-}7)$$

$$Al(g) + 2HCl(g) \longrightarrow AlCl_2(g) + H_2(g) \quad (3\text{-}8)$$

$$2Al(g) + 6HCl(g) \longrightarrow 2AlCl_3(g) + 3H_2(g) \quad (3\text{-}9)$$

$$2AlCl_3(g) + N_2(g) + 3H_2(g) \longrightarrow 2AlN(s) + 6HCl(g) \quad (3\text{-}10)$$

$$AlCl_3(g) + NH_3(g) \longrightarrow AlN(s) + 3HCl(g) \quad (3\text{-}11)$$

$$2AlCl_2(g) + H_2(g) \longrightarrow 2AlCl(g) + 2HCl(g) \quad (3\text{-}12)$$

$$AlCl_3(g) + Al(g) \longrightarrow AlCl(g) + AlCl_2(g) \quad (3\text{-}13)$$

$$AlCl_2(g) + Al(g) \longrightarrow 2AlCl(g) \quad (3\text{-}14)$$

$$3AlCl(g) + N_2(g) \longrightarrow 2AlN(s) + AlCl_3(g) \quad (3\text{-}15)$$

$$AlCl(g) + NH_3(g) \longrightarrow AlN(s) + HCl(g) + H_2(g) \quad (3\text{-}16)$$

$$2AlCl_3(g) + 3H_2O(g) \longrightarrow Al_2O_3(s) + 6HCl(g) \quad (3\text{-}17)$$

$$2Fe(s) + 6HCl(g) \longrightarrow 2FeCl_3(g) + 3H_2(g) \quad (3\text{-}18)$$

其中，方程（3-5）和方程（3-6）、方程（3-10）和方程（3-11）、方程（3-15）和方程（3-16）是 AlN 反应的焓变。图 3-1 是吉布斯自由能变化（ΔG）与温度之间的关系。方程（3-5）和方程（3-6）、方程（3-11）、方程（3-15）和方程（3-16）在 300～1100℃的温度范围内 ΔG 小于 0；方程（3-5）和方程（3-6）的 ΔG 远小于 0，这表明 Al 可以很容易地与 N_2 和 NH_3 反应形成 AlN[5]。但是，根据方程的直接氮化工艺，通过方程（3-5）和方程（3-6）反应得到的 AlN 纳米线产率较低。为了通过增加含 Al 物质的量来提高 AlN 纳米线的产率，在该体系中引入了 NH_4Cl 和 $AlCl_3$。方程（3-10）的 ΔG 大于 0。方程（3-15）和方程（3-16）的 ΔG 小于 0，相比较方程（3-10）和方程（3-11）来说，AlCl 会优选与 N_2 和 NH_3 反应形成 AlN，从而提高 AlN 的产率。

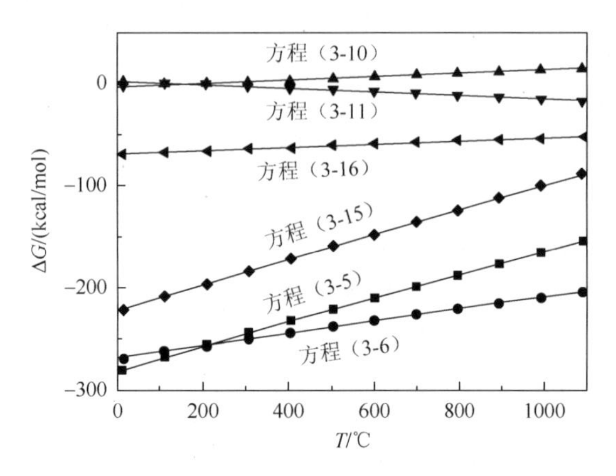

图 3-1　吉布斯自由能变化与温度之间的关系[6]

1cal = 4.1868J

图3-2为 AlN 纳米线生长机制示意图。温度升高后，固态 $AlCl_3$ 在约 177℃蒸发成气态 Al_2Cl_6［方程（3-1）］，在 227～927℃缓慢转化为气态 $AlCl_3$［方程（3-2）］[7]。固态 NH_4Cl 在 350℃升华为气态 NH_4Cl，然后在 520℃分解成气态 NH_3 和 HCl［方程（3-3）］[5]。更重要的是，添加 NH_4Cl 和 $AlCl_3$ 后会有助于 Al 的蒸发［方程（3-4）］，因此可以通过 HCl 和 $AlCl_3$ 蒸气辅助的 N_2 载气将 Al 蒸气连续输送到 Fe 衬底［图 3-2（a）］。同时，气态 Al 可以与 N_2 和 NH_3 反应形成 AlN 核［方程（3-5）和方程（3-6）］[5]。气态 HCl 作为催化剂或传输剂的关键中间产物，可以通过自发氯化作用引发液态 Al 蒸发到中间 $AlCl_x$（$x = 1, 2, 3$）物种［方程（3-7）～方程（3-9）］，并且显著促进 Al 的氮化[5, 8]。此外，$AlCl_3$ 和 N_2 或 NH_3 之间的反应导致 AlN 核的形成［方程（3-10）和方程（3-11）］[9, 10]，这是因为 $AlCl_3$ 是 AlN 纳米线生长过程中的促进剂和气相传输剂[11]。$AlCl_2$ 可以由方程（3-12）[12]通过 H_2 将其还原为 AlCl。此外，AlCl 和 $AlCl_2$ 可以在温度高于 727℃[13]时根据方程（3-13）和方程（3-14）形成。然后，它们与 N 物种反应形成 AlN 核［方程（3-15）和方程（3-16）］[5, 13]。由于连续供应气态 $AlCl_3$、AlCl 和 NH_3，这些反应连续进行以形成 AlN 核。因此，AlN 核通过 VS 生长过程生长并发育成超长纳米线［图 3-2（b）］。

另外，HCl 气体也是由气态 $AlCl_3$ 与 N_2 携带的少量 H_2O 蒸气之间的反应产生的［方程（3-17）］[14]。通过密度泛函理论计算，发现气态 HCl 可以与 Fe 衬底反应形成气态 $FeCl_3$［方程（3-18）］。Fe_2O_3 纳米颗粒通过弱化 N_2 分子的键强度，对

Si 粉末的氮化过程起催化作用，从而促进了 Si_3N_4 晶须的形成[15]。与 Fe_2O_3 纳米颗粒相比，$FeCl_3$ 具有高催化活性，在 Cl 和 Fe 元素存在的情况下可显著促进 AlN 的生长［图 3-2（c）］[13, 15]。在冷却过程中，$FeCl_3$ 可以凝结成小液滴并沉积在纳米线的顶端［图 3-2（d）］。Al、NH_3、HCl、$AlCl_3$ 和 N_2 蒸气可以连续扩散并溶解在 $FeCl_3$ 液滴中，形成 Al-Fe-Cl-N 合金液滴，保持纳米线的外延生长［图 3-2（e）］。由于 Al 和 N 原子的连续供应，合金液滴中 Al-N 快速达到过饱和状态。AlN 从 Al-Fe-Cl-N 合金液滴中沉淀出来，然后通过 VLS 生长过程沿着优选取向成核并生长，最后在衬底上形成高密度 AlN 纳米线。更重要的是，在较长的 AlN 纳米线的尖端直接观察到 $FeCl_3$ 纳米颗粒，并且在 $FeCl_3$ 纳米颗粒上生长较短的 AlN 纳米线［图 3-2（f）］。这进一步证实了 VLS 机制的参与。因此，通过 VS 和 VLS 机制可以产生大量 AlN 纳米线。

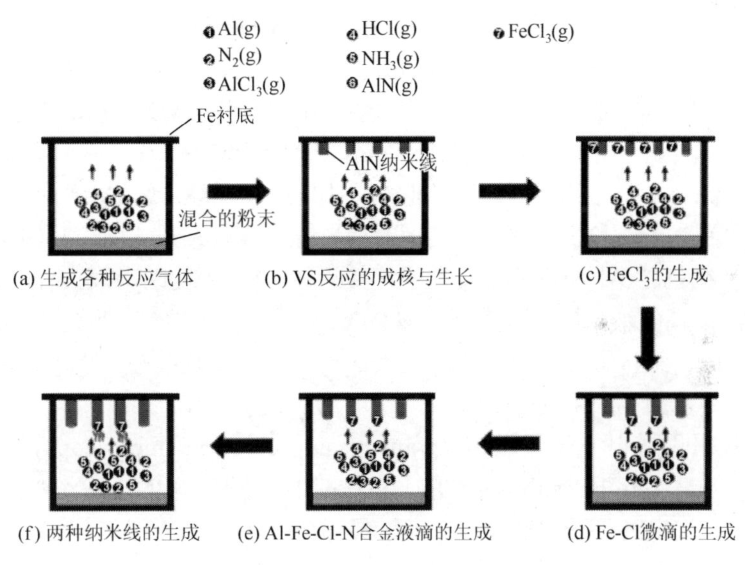

图 3-2　Fe 衬底上 AlN 纳米线的生长机制图[6]

在 1100℃氮化 3h 后，Al、NH_4Cl 和 $AlCl_3$ 混合物的 X 射线衍射（X-ray diffraction，XRD）图像［图 3-3（a）］显示除六方 AlN 外没有其他的晶相。五个主要强衍射峰对应六方纤锌矿 AlN 相（JCPDS 卡片编号 03-4235）。图 3-3（b）为其傅里叶变换红外光谱（Fourier transformation infrared spectroscopy，FT-IR），分别包括横向光学（transverse optics，TO）Al—N 伸缩振动峰（$615cm^{-1}$ 和 $671cm^{-1}$）[16] 和纵向光学（lengthways optics，LO）Al—N 伸缩振动峰（$788cm^{-1}$ 和 $841cm^{-1}$）[16, 17]，表明合成后的产物是良好结晶的 AlN。所有的结果都表明，所获得的产品仅包含结晶质量较好的 AlN。

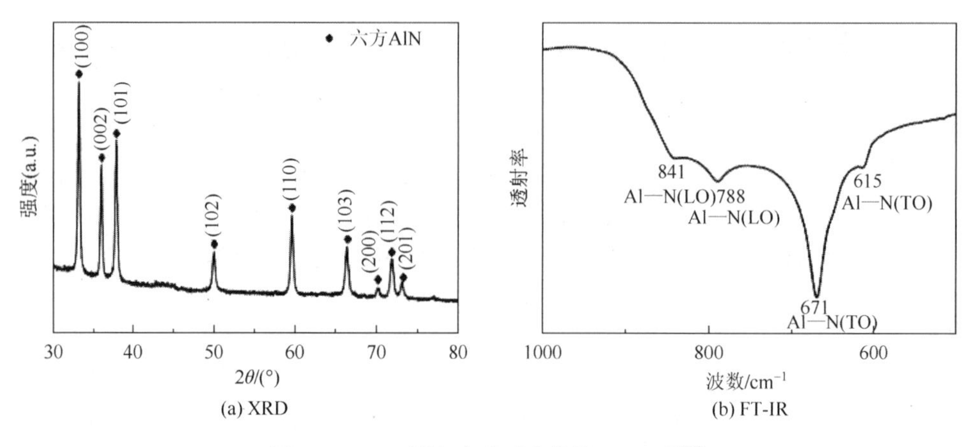

(a) XRD　　(b) FT-IR

图 3-3　XRD 图和合成后产物的 FT-IR 图[6]

纳米线的微观结构和能谱（energy disperse spectroscopy，EDS）分析如图 3-4 所示。扫描电子显微镜（scanning electron microscope，SEM）图像［图 3-4（a）］和光学照片［图 3-4（a）中插图］显示 Fe 衬底和刚玉舟内部按数量沉积的棉质纤维，这些高密度纤维是光滑的，长度超过 100μm。图 3-4（b）和（c）显示纳米线的直径为 20～100nm，并且它们的纵横比达到 500～1000。一些纳米线的尖端通过纳米颗粒附着，并且在纳米颗粒上观察到许多短的纳米线。EDS 结果［图 3-4（d）～（f）］描述了纳米线包含 Al 和 N，平均原子比接近 1∶1，表明纳米线具有高纯度。同时，纳米线顶端的纳米颗粒包含 Al、N、Fe、Cl 和 O 元素，表明这些颗粒由 AlN 和 $FeCl_3$ 组成。纳米颗粒中 Al 和 N 元素的检测意味着这些短 AlN 纳米线很可能是由 $FeCl_3$ 纳米颗粒产生的[18]。

进一步采用透射电子显微镜（transmission electron microscopy，TEM）和高分辨率 TEM（high resolution TEM，HRTEM）观察 AlN 纳米线的微观结构和详细形貌。TEM 图像［图 3-5（a）］显示纳米线的直径为 25～35nm，这与 SEM 图像一致［图 3-4（a）～（c）］。选区电子衍射（selected area electron diffraction，SAED）图案［图 3-5（a）中插图］显示纳米线呈现单晶六方晶系 AlN 结构，与 XRD 结果［图 3-3（a）］一致。HRTEM 图像［图 3-5（b）］也表现出缺陷少（0.5nm 厚）[19]的完美晶体结构，这是条纹间距为 0.249nm 的单晶纤锌矿生长取向为[002]的 AlN 结构的典型特征。用具有周期晶格结构的逆快速傅里叶变换（fast FT，FFT）模式［图 3-5（b）］进一步验证了六方 AlN 的单晶特征。根据 FT-IR［图 3-3（b）］、EDS［图 3-4（d）～（f）］和 HRTEM 分析，纳米线是单晶六方 AlN 纳米线。

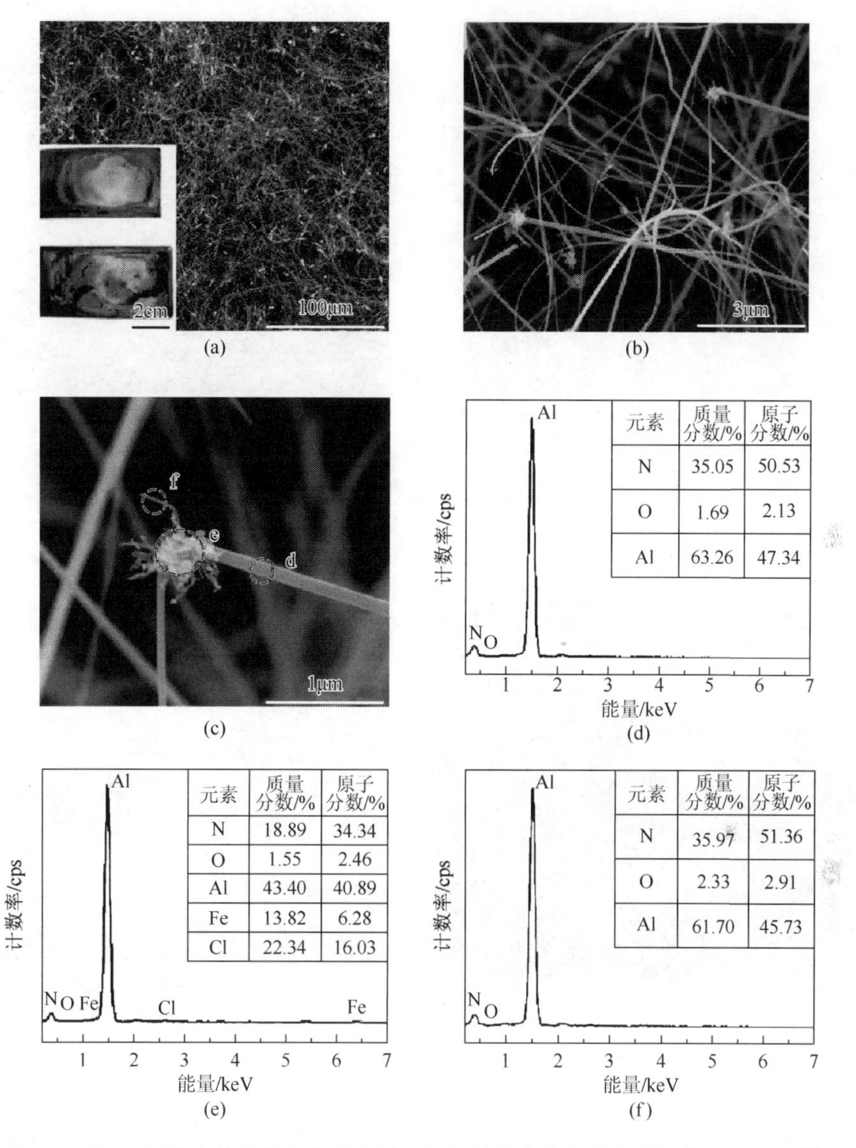

图 3-4　在 Fe 衬底上获得的产物形态以及标记的纳米线和纳米颗粒的 EDS 分析[6]

为了验证 $FeCl_3$ 纳米颗粒的存在，将部分产物用超声波清洗剂在乙醇中处理 5min，然后在 90℃下干燥 30min，最后用 SEM 和 EDS 检测。如图 3-5 所示，具有光滑表面的纳米线具有直的形态，这对应于图 3-5（a）中的 TEM 图像。然而，纳米线上的那些颗粒消失了。从 EDS 分析［图 3-6（b）和（c）］可以看出，清洗后纳米线的主体和尖端主要由 Al、N 和 O 元素组成。清洗后纳米线的顶端不存在 Fe 和 Cl 元素，证明消失的纳米颗粒是 $FeCl_3$ 颗粒。

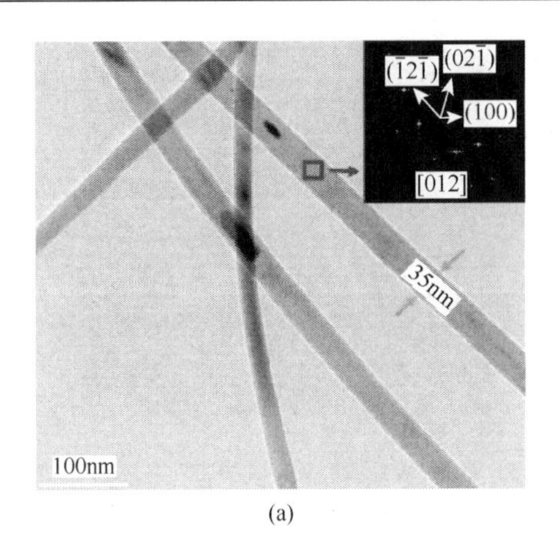

(a)

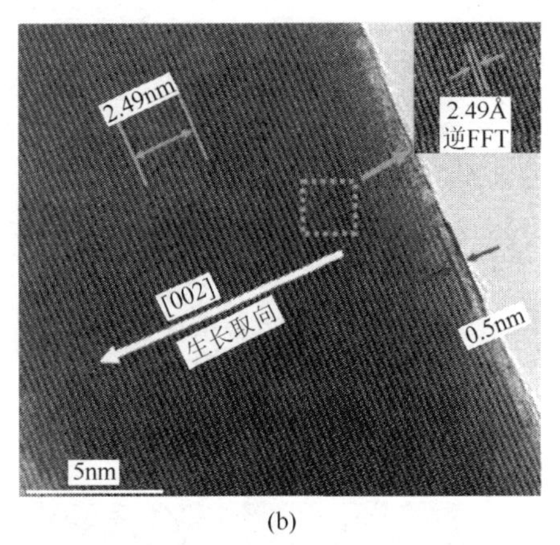

(b)

图 3-5　标记区域的 AlN 纳米线和 SAED 图案的典型 TEM 图像以及标记区域的 HRTEM 晶格图像和逆 FFT 图像[6]

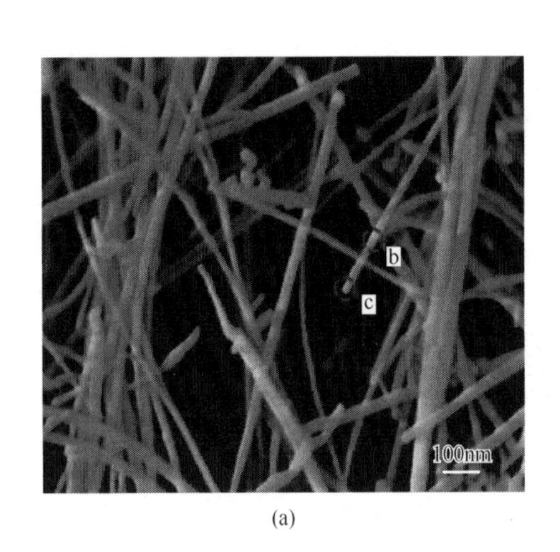

(a)

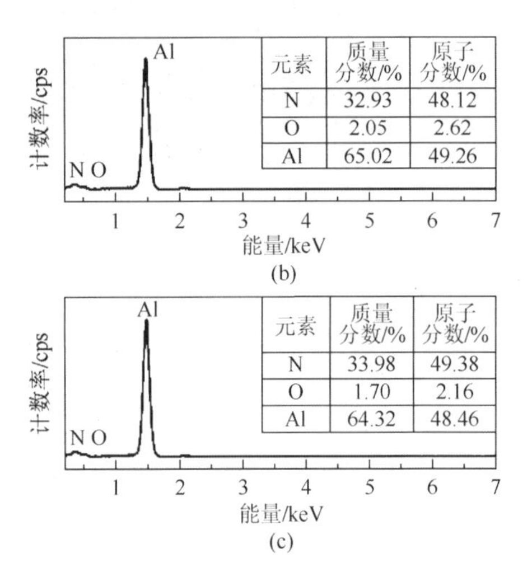

图 3-6　清洗后产品的 SEM 图像以及标记区域的 EDS 分析[6]

上述结果表明一些 $FeCl_3$ 纳米颗粒出现在纳米线的顶端，并且在 $FeCl_3$ 纳米颗粒上观察到一些较短的纳米线［图 3-4（c）］，基于 VLS[20]和 VS[19]机制，表明 VLS 机制参与了 AlN 纳米线的形成和生长过程，即自催化 VLS 工艺，因为在这项工作中没有使用催化剂。

使用 Al 粉作为起始材料，通过 NH_4Cl 和 $AlCl_3$ 辅助化学气相反应技术成功地大规模制备了 AlN 纳米线，并发现产生中间气相（AlCl 和 HCl）。NH_4Cl 和 $AlCl_3$ 可以极大地提升 AlN 纳米线的产量。同时，NH_4Cl 和 $AlCl_3$ 可以促进 $FeCl_3$ 的形成，$FeCl_3$ 作为催化剂促进 AlN 纳米线的外延生长。所获得的纵横比高达 1000 的单晶纤锌矿 AlN 相纳米线沿（002）面取向生长，以形成高密度超长纳米线。此外，在 $FeCl_3$ 催化作用下，AlN 纳米线的生长过程以 VLS 和 VS 机制为主。

3.1.2　直接氮化法

直接氮化法生长 AlN 纳米线是利用 Al 源在高温下直接和 N_2 反应的一种方法。利用直接氮化法可以合成高质量的具有六方晶体结构的 AlN 纳米线。通过表征发现这些合成的 AlN 纳米线具有光滑的表面，长度为 20～60μm。反应式如下：

$$2Al + N_2 \longrightarrow 2AlN \tag{3-19}$$

直接氮化法是一种有效且直接合成大规模的高纯度的 AlN 纳米线的方法，得到的 AlN 纳米线结晶良好，且产率高达 80%。

直接氮化法合成 AlN 纳米线是在卧式管式炉中进行的。首先将 1g 铝置于长度为 2cm 的氧化铝舟中。在用氨/氮（1∶1）气氛冲洗以除去氧化铝管中的剩余空气后，在 100sccm 的氨/氮流下将炉温升至 900℃。随后，将氧化铝舟快速放入炉子中心，在氨/氮流量为 80sccm 的条件下将炉子加热至 1250℃，然后在 1250℃保持 1h。在氨/氮气氛下将炉温冷却至室温后，从氧化铝管的内表面和氧化铝舟的表面获得灰白色产物。

用 XRD 图谱对其进行表征，表明样品主要是六方 AlN，如图 3-7 所示。可以由 X 射线光电子能谱（X-ray photo-electron spectroscopy，XPS）确定所制备样品的组成（图 3-8）。平均 Al/N 原子比为 1.121∶1，表明样品生长过程中处于缺氮条件或引入了氧杂质。

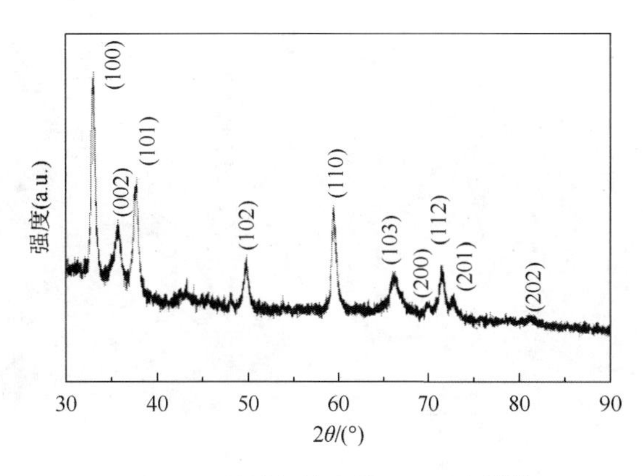

图 3-7　所制备样品的 XRD 图谱[21]

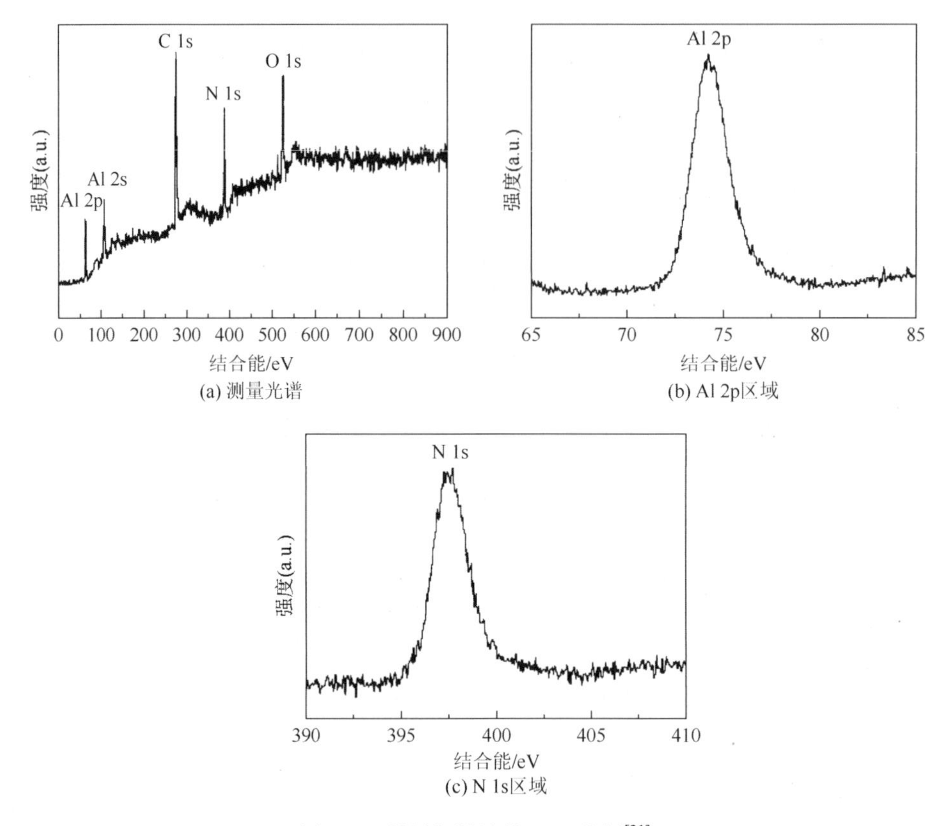

(a) 测量光谱

(b) Al 2p区域

(c) N 1s区域

图 3-8　所制备样品的 XPS 分析[21]

SEM 结果如图 3-9 所示，可以看出具有高密度的大规模 AlN 纳米线生长出来，这些纳米线的直径为 20～50nm，长度为几十微米，具有光滑的表面和良好的韧性。

(a)

(b)

图 3-9　AlN 纳米线的 SEM 图像[21]

用 TEM 表征单个直径约为 40nm 的 AlN 纳米线，纳米线沿一个方向生长，如图 3-10（a）所示。纳米线边缘的 HRTEM 图像［图 3-10（c）］显示纳米线表面上没有套鞘，并且没有发现位错、堆垛层错等缺陷，表明纳米线是高结晶的。HRTEM 的放大边缘清楚地显示晶格面的晶面间距为 0.270nm，这与六方 AlN 的（$10\bar{1}0$）晶格面的间距匹配。此外，在纳米线的尖端上没有催化剂，表明由于在反应过程中不存在催化剂，纳米线的生长机制不受 VLS 过程的控制，符合 VS 反应机理。这时 Al 蒸气首先与 NH_3 反应形成晶核，用于 AlN 纳米线的生长。

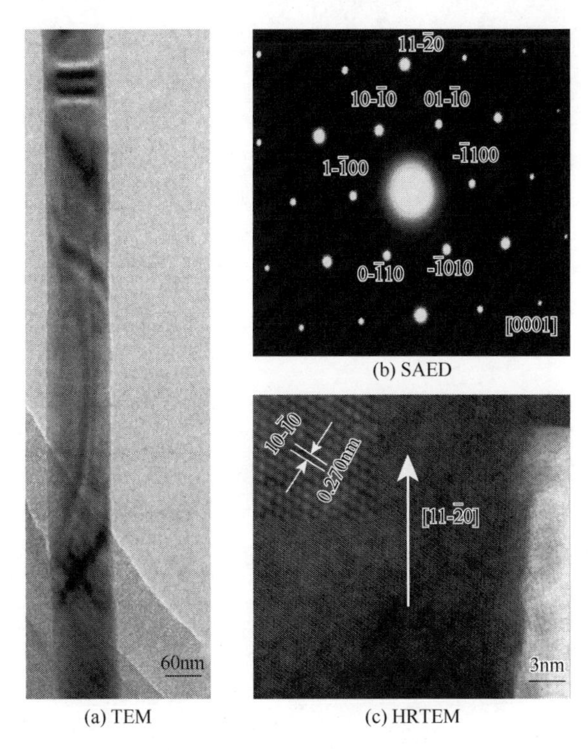

(a) TEM　(b) SAED　(c) HRTEM

图 3-10　单个 AlN 纳米线的典型 TEM 图像、AlN 纳米线的 SAED 图案及 HRTEM 图像[21]

进一步用拉曼散射光谱（简称拉曼光谱）研究 AlN 纳米线的结构信息，如图 3-11 所示。拉曼峰是纤锌矿 AlN 的特征。然而，发现与来自大量 AlN 数据的峰值相比，这五个峰转移到更低的波数（红移）。据报道，随着晶体尺寸的减小，在拉曼光谱中观察到红移[22]。此外，在一些 AlN 纳米带[23]、纳米环[24]、纳米针尖[25]和纳米颗粒结构[26]中也可以观察到这种红移现象。这些声子频率的红移是由尺寸限域和内部应力引起的。

AlN 纳米线的 PL 光谱如图 3-12 所示，其存在一个范围为 2.06eV（600nm）至 3.1eV（400nm）的宽发频率，中心位置为 2.66eV（466nm）。一些文献已经报道了 AlN

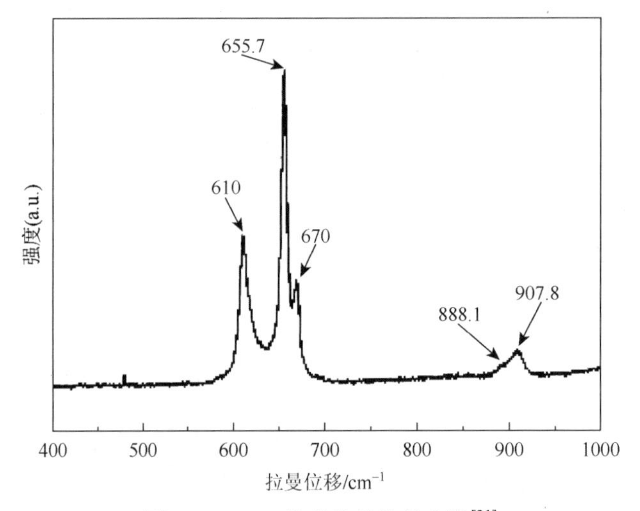

图 3-11　AlN 纳米线的拉曼光谱[21]

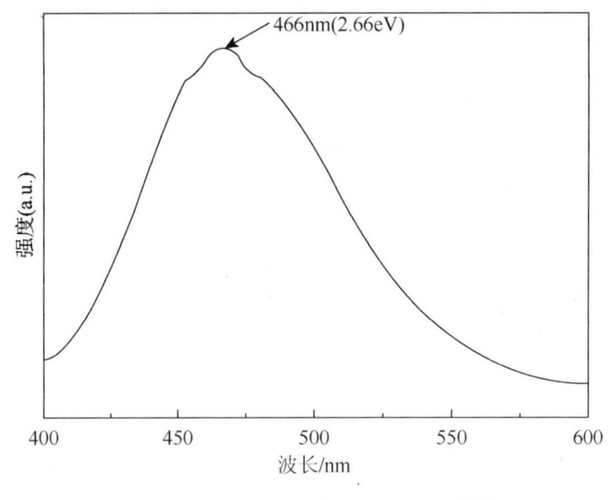

图 3-12　AlN 纳米线的 PL 光谱[21]

纳米颗粒和块状晶体的宽蓝色带的 PL 机制。例如，Hayes 等[27]报道了来自 AlN 纳米颗粒的最大波段为 2.8eV。人们认为 N 或 O 杂质的空位是导致宽蓝色带的关键因素，但没有进一步给出确切的解释。根据平面波赝势方法，Mattila 和 Nieminen[28]证明了 AlN 中的氧空位很容易取代 N 形成缺陷。他们进一步指出，V_{Al}^{3-}和 O_N^{+}是 AlN 材料中最有利的带电缺陷，并且证明了 V_{Al}^{3-}和 O_N^{+}缺陷复合物形成深层缺陷的可能性。之前在 AlN 纳米锥[29]、纳米棒[30]和纳米颗粒结构[31]中也观察到具有大半峰宽（full width at half-maximum，FWHM）的宽带。来自 AlN 纳米材料的强烈光发射通常归因于缺氮和光（或电子）产生的空穴与占据氮缺乏的电子的辐射复合[29, 30]。在这项工作中，通过 XPS 分析证实了 AlN 纳米线的氧杂质或缺氮条件，推断出一些氧原子由于半导体中深能级的亚稳态，具有可能涉及深层缺陷的较大 FWHM 的发光光谱[29]。

因此，直接氮化法可以实现大规模高纯度的六方 AlN 纳米线，直径为 20～50nm，长度为几十微米。AlN 纳米线表面光滑且韧性良好，并沿一个方向生长。AlN 纳米线的 PL 光谱显示出以 466nm 为中心的宽蓝色带，这可能与 V_{Al}^{3-} 和 O_N^+ 的深层缺陷有关。

虽然通过直接氮化法可以直接利用 Al 和 N_2（1atm）在 900～1100℃下反应得到 AlN，但是研究发现，只有纳米晶粉末在高温条件下才能完全氮化，并且最后得到等轴纳米颗粒和纳米晶须的数量取决于反应条件和起始 Al 粉末的尺寸和含量。为了生成高质量的 AlN，添加 $AlCl_3$ 可以有效促进纳米晶须的生长。其机理是通过在 Al 液滴的表面产生 AlN 纳米颗粒，在 $AlCl_3$ 的作用下使蒸气输送过程中 AlN 纳米晶须与 Al 液滴分开。

AlN 产物的形态取决于反应条件和起始 Al 粉末的性质。在氮化期间，其选择性受 $AlCl_3$ 的影响最大。在之前的许多文献中已经提到合成了纳米 AlN，然而研究者没有对它们之间的形态选择性进行对比研究。

实验用装置如图 3-13 所示，所有实验条件均在干燥的 N_2 下或使用手套箱和双歧管技术在真空中进行。封闭的管子是 MgO 管，在一些情况下，当使用新的 MgO 管时，纳米 AlN 产物被 MgO 和/或 $MgAl_2O_4$ 污染，但是在几次运行之后，AlN 的保护层积聚在管中，以防止污染。

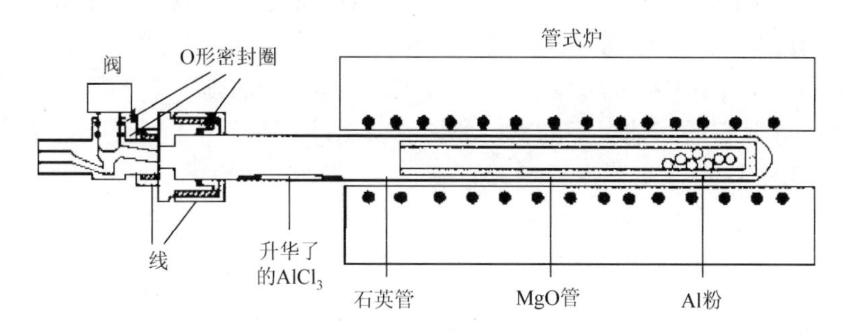

图 3-13　用于 Al 粉氮化的装置[11]

Al 粉的生成可利用 $LiAlH_4$ 还原 $AlCl_3$ 得到，反应过程如方程（3-20）所示，反应后需要用甲醇洗涤以除去 LiCl 副产物[28]。通过 XRD、TEM 和 SEM 测量，Al 微晶直径尺寸为（160±50）nm，并且产生的微晶高度聚集。元素分析证实，Al 中含有大约 4%的残留 $AlCl_3$。

$$3LiAlH_4 + AlCl_3 \xrightarrow[164℃]{1,3,5\text{-}Me_3C_6H_3} 4Al + 3LiCl + 6H_2 \qquad (3\text{-}20)$$

利用 $AlCl_3$ 得到的 Al 粉制备而成的纳米 AlN 的 TEM 图像显示其含有等轴［图 3-14（a）］和晶须［图 3-14（b）］纳米颗粒形态的混合物。在某些情况下，还观察到一小部分小板。采用其他方式氮化产生的含晶须或小板的等轴纳米 AlN 非常少，说明方程（3-20）中的 Al 粉含有一种独特的晶须生长促进剂。

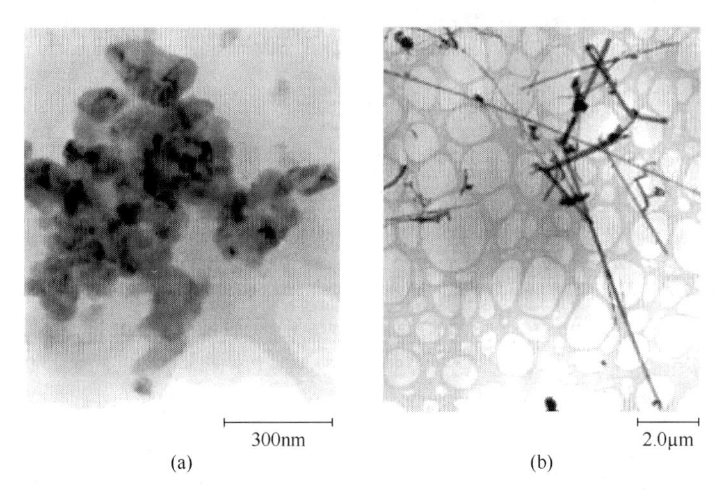

图 3-14 通过氮化 Al 粉末获得的典型 AlN 形态[11]

随着 $AlCl_3$ 含量的增加，颗粒形态分布的变化进一步证明了 $AlCl_3$ 在晶须形成中的作用。当没有将 $AlCl_3$ 加入 Al 粉末中时，仅获得了小的晶须［图 3-15（a）］；当加入 10%的 $AlCl_3$ 时，获得了较多的（约 50%）准直性较好的纳米晶须［图 3-15（b）］；而添加 93%的 $AlCl_3$ 产生了大量（约 90%）晶须和支链与梳状微晶［图 3-15（c）］。在 SEM 上也观察到大部分晶须［图 3-15（d）］，这表明晶须不是 TEM 样品制备的人工产物。除具有晶须情况下的支链和梳状微晶外，还获得了其他不寻常的形态。因此，$AlCl_3$ 被鉴定为晶须生长促进剂。

3.1.3 分子束外延法

利用 MBE 法直接在 Si（111）衬底上生长 AlN 纳米线的工艺如下：首先，通过 RCA 清洁工艺①处理 Si 衬底。然后，在 MBE 室中将衬底在 940℃下脱气 15min。接着，将衬底在 900℃下氮化以在表面上形成 Si_3N_4。最后，在富氮的条件下在 Si（111）衬底上生长无催化剂的 AlN 纳米线，但 AlN 纳米线的结晶质量较差。利用 GaN 纳米线阵列为模板［图 3-16（a）］。与 Si 或介电层 SiO_x 上的 AlN 直接成核相比[32]，纳米线模板可以更好地控制 AlN 纳米线的尺寸、密度和质量，并且与实现深

① RCA 清洗工艺称为“工业标准湿法清洗工艺”，由美国无线电公司（Radio Corporation of America，RCA）于 20 世纪 60 年代提出。

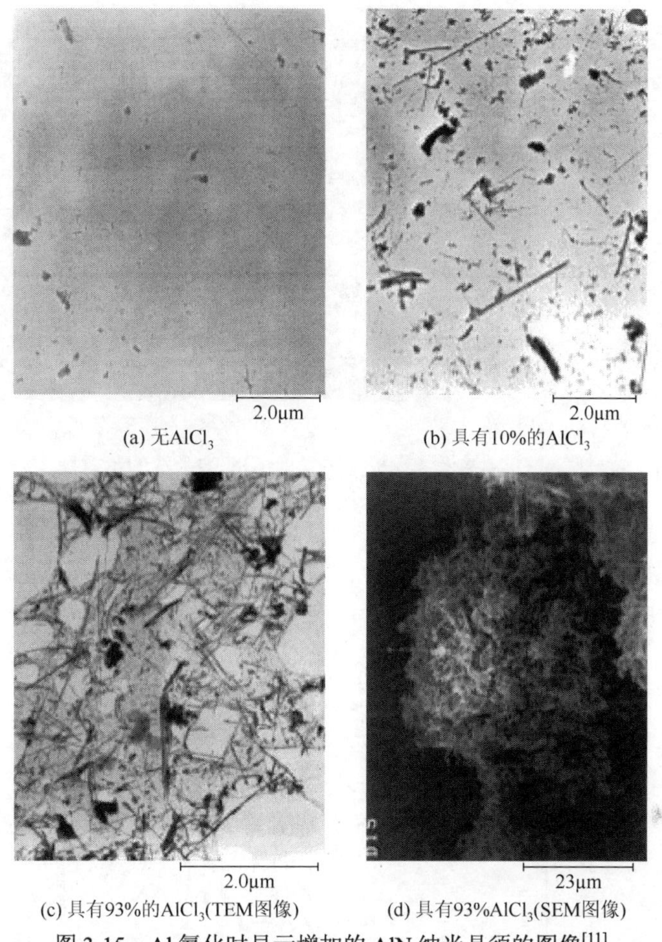

(a) 无$AlCl_3$　　(b) 具有10%的$AlCl_3$

(c) 具有93%的$AlCl_3$(TEM图像)　　(d) 具有93%$AlCl_3$(SEM图像)

图 3-15　Al 氮化时显示增加的 AlN 纳米晶须的图像[11]

紫外设备的工艺完全兼容。GaN 的生长条件如下：Si 衬底氮化后，温度下降到 750℃，Ga 通量为 6.4×10^{-8}Torr（1Torr≈133Pa），N_2 流速在 375W 射频功率下固定为 1.7sccm，由此得到 GaN 纳米线。随后在 GaN 纳米线上继续生长 AlN 纳米线，生长条件如下：将温度上升到 960℃，Al 通量为 8.1×10^{-8}Torr，N_2 流速在 375W 射频功率下固定为 2.5sccm。可以发现，生长方法在本质上仍为直接氮化法。用 MBE 法在 Si（111）衬底的 GaN 纳米线模板上生长出几乎无应变的 AlN 纳米线。这种纳米线在低温下表现出 6.03eV 的强自由激子（free excitons，FX）发射。PL 光谱线宽为 21meV，明显小于高质量 AlN 外延层测得的线宽（33meV），表明结晶质量得到显著改善。

从 AlN 纳米线的 SEM 图像［图 3-16（b）］可以看出，AlN 纳米线在 Si 衬底上垂直对准。AlN 纳米线的直径和密度分别为 100nm 和 $1\times10^{10}cm^{-2}$，这种纳米线几乎没有缺陷。

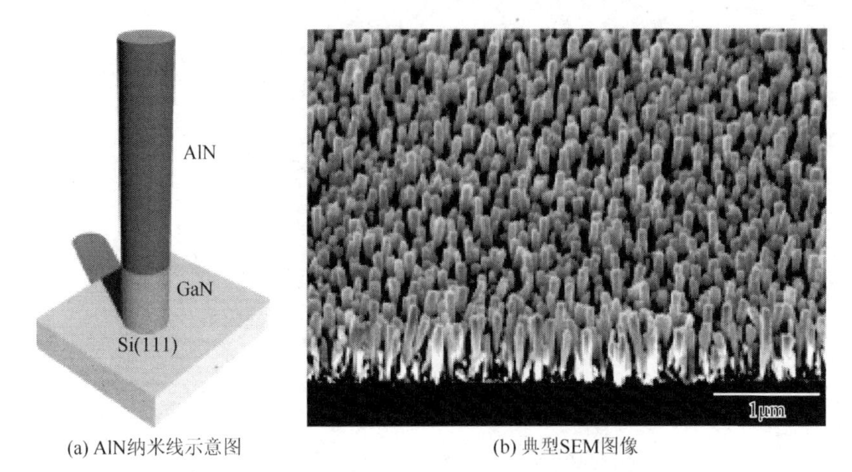

图 3-16　在 Si 衬底的 GaN 纳米线模板上生长的 AlN 纳米线的示意图，以及以 45°角拍摄的 AlN 纳米线的典型 SEM 图像[21]

由 PL 光谱表征（图 3-17）发现，与相同条件下在蓝宝石衬底上生长的高质量 AlN 外延层相比，AlN 纳米线的高度和 AlN 外延层的厚度均为 1μm。由于直径≤100nm

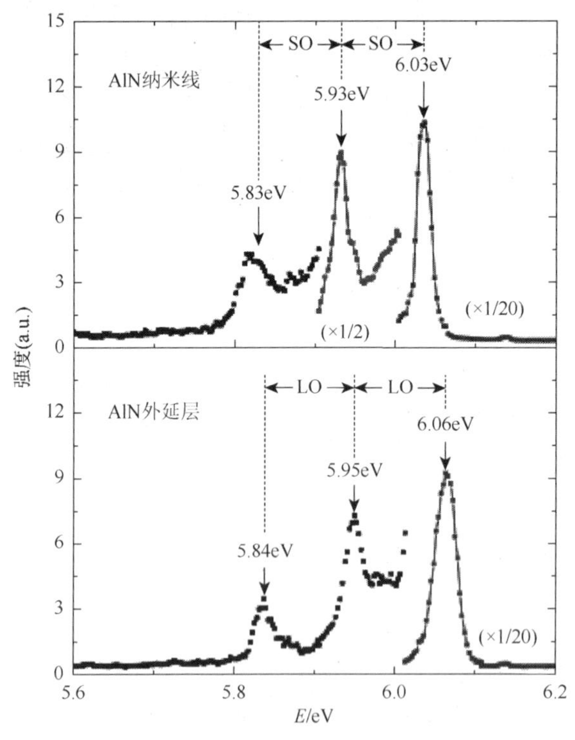

图 3-17　在 10K 下测量的 AlN 纳米线的 PL 光谱和在蓝宝石上生长的 AlN 外延层的 PL 光谱[21]

SO 指表面光学（surface-optical）声子；LO 指纵向光学（longitudinal-optical）声子

的纳米线中的量子限域效应可以忽略不计，可以直接比较纳米线和外延层中的激子跃迁。AlN 纳米线几乎没有应变，AlN 纳米线的结晶质量也大大提高。AlN 纳米线的表面缺陷/状态对激子复合动力学具有相对较小的影响。这主要归因于大的激子结合能（60meV）和 AlN 中激子非常小的玻尔半径（1.2nm）[33]。这种超稳定的激子在重组过程中占主导地位，并可以防止载流子被纳米线中的表面缺陷/状态捕获，从而有效地抑制表面相关的非辐射复合。微拉曼实验（图 3-18）也表明 AlN 纳米线几乎没有应变。

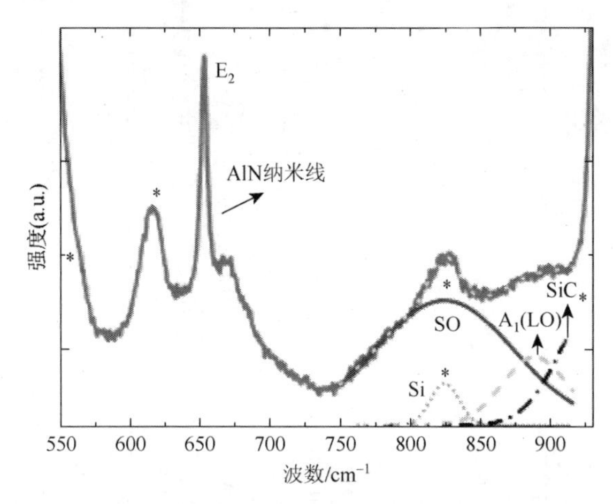

图 3-18　AlN 纳米线的典型室温微拉曼光谱[21]

*是 Si/SiO_2 衬底的信号

3.1.4　电弧放电法

采用电弧放电法制备的 AlN 纳米线是在氮/氩环境中通过直流电弧等离子体诱导的 Al 熔化后合成的。从熔融 Al 表面喷射的材料通量在高度非平衡条件下与 N 反应，随后在水冷表面上冷凝，得到纳米线和结晶立方 AlN 纳米颗粒的混合物。其实质还是直接氮化法。

实验采用 Al 盘作为靶材，在腔室内的真空度达到 5×10^{-6}Torr，以 3L/min 的流速引入 N_2 和 Ar 的气体混合物（1∶1），并且在 500～760Torr 下进行实验，通过施加 10～30V 的电压，在气冷钨阴极和水冷铝阳极之间产生电弧。在不同的实验中，电弧电流在 50～150A 变化。由于涉及高电流密度和等离子体温度，Al 靶材熔化并且从熔融表面喷射的原子与电离 N 反应，在氮氩混合气中均匀成核形成 AlN 相，随后反应生成的 AlN 沉降在冷凝板上。制备的 AlN 粉末呈现灰色并具有高度吸湿性，产率大于 3g/h。

在 50A、100A 和 150A 的电弧电流下合成的 AlN 粉末的 XRD 结果如图 3-19 所示，可以清楚地观察到两个 AlN 相的析出之间存在竞争。在较低的电弧电流下，立方 AlN 相占主导地位；而在较高的电弧电流下，立方 AlN 相的产量随着六方 AlN 相的增强而降低。同时可以发现 XRD 峰的线宽相当宽，表明存在纳米结晶。

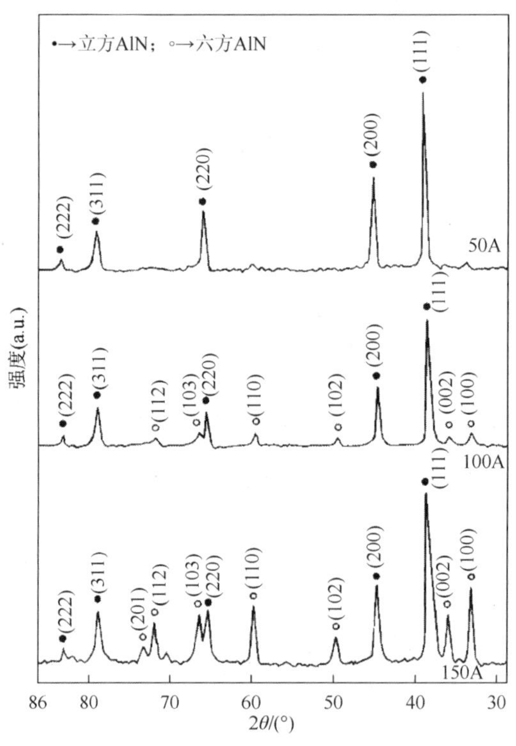

图 3-19 电弧等离子体在 50A、100A 和 150A 的电弧电流下合成的 AlN 的 XRD 图像[34]

图 3-20（a）为利用电弧法大量生长的 AlN 纳米线和纳米颗粒的 TEM 图像，AlN 纳米线的直径为 30～100nm（大多数为 30nm），并且长度为 500～700nm。图 3-20（b）为单根 AlN 纳米线的 HRTEM 图像。图 3-20（c）为 AlN 纳米颗粒

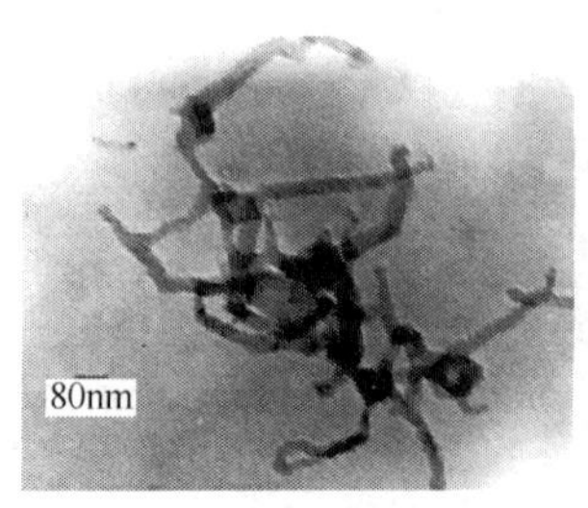

(a) 纳米线和纳米颗粒

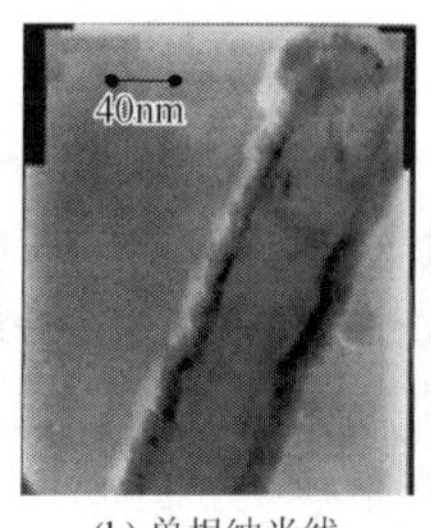

(b) 单根纳米线

(c) 纳米颗粒

(d) 纳米颗粒的SAED图案

图 3-20 立方 AlN[34]

的 HRTEM 图像，AlN 纳米颗粒为球形，粒径为 15～80nm。图 3-20（d）为 AlN 的 SAED 图案，显示了 2.34Å、2.03Å 和 1.43Å 的晶面间距（d），表明 AlN 纳米线呈现立方 AlN 相。随着电弧电流的增大，利用 TEM 和 SAED 图像可以发现存在立方 AlN，和低电弧电流生长的 AlN 颗粒相比，颗粒的分布情况是相似的，但是高电弧电流下生长的 AlN 颗粒的粒径更大。

电弧区的温度可以高达约 6000K。在此温度下，AlN 的热力学稳定相形成，因此有利于形成 AlN。立方 AlN 相的形成可以根据高度不平衡的电弧-等离子体工艺下的成核和生长以及尺寸效应来理解。立方 AlN 相是亚稳相，在高温条件下存在。从 Al 靶表面喷射的 Al 离子和（或）原子，与高密度等离子体中的大量 N 离子发生反应，因此它们的反应以高能量状态进行，有利于亚稳态立方 AlN 相的成核和生长。但是由于亚稳态相存在的时间有限，这些簇不能生长到形成纳米相沉淀的尺寸[35]，而是更有可能生成一维纳米结构，沿着纳米团簇中的缺陷或位错增强优选方向生长。在高能态下反应之后，反应产物在冷凝板上淬火，这使合成过程存在一定程度的非平衡态。鉴于在平衡六方 AlN 相和亚稳态立方 AlN 相之间存在的巨大势垒，淬火过程可以使亚稳态立方 AlN 相在正常的温度和压力条件下稳定。

纳米立方 AlN 的稳定性也得到尺寸效应理论的支持。有人认为，晶体物理尺寸的减小会导致晶格常数的变化。经过进一步预测，“离子系统”中晶体物理尺寸的减小将导致晶胞收缩，而在“共价体系”中晶胞将膨胀。如果单位晶胞中的扭曲足够大，则可能发生结构转变，产生更高对称性的相[36]。

有各种理论可以解释碳纳米管和非碳材料纳米管的生长。最常见的理论基于金属催化的 VLS 机制。然而，因为没有金属催化剂添加到反应靶或基板上，所以这种机理在此不适用。这些纳米结构由于气相中的均匀成核而形成。GaN 纳米线[37]具有与 AlN 类似的结构，VLS 机制也不适用。

由于在较高电弧电流下铝通量的喷射速率较大，簇的生长速率可能更高，从而导致更大的粒径。在更高的电弧电流下确实观察到更大的粒子（50A 时粒径为 15～40nm；100A 时粒径为 80nm，150A 时粒径为 100～180nm）。较大的 AlN 颗粒在凝聚过程中无法有效地淬火，从而转化为平衡态的六方 AlN 相。

3.1.5　碳热还原法

AlN 纳米线可以通过相对低成本、高效率的方法制备，其中 Al 和 Al_2O_3 粉末的混合物与碳纳米管一起在 NH_3 气氛中，在 1100℃高温下加热。如此获得的单晶纳米线具有 18～35nm 的直径，这取决于碳纳米管本身的直径。

在此，制备 AlN 纳米线所涉及的基本反应方程如下：

$$2Al(s)+2NH_3(g)+O_2(g)+2C(s) \longrightarrow 2AlN(s)+3H_2(g)+2CO(g) \quad (3\text{-}21)$$

C 在反应中起重要作用，这是因为它对于 AlN 的形成是必不可少的。在 Fe 催化剂与 C 一起存在的情况下，可以通过以下反应形成 AlN 纳米结构：

$$\begin{aligned}&2Al(s)+Fe_2O_3(s)+3C(s)+2NH_3(g)\\&\longrightarrow 2AlN(s)+2Fe(s)+3CO(g)+3H_2(g)\end{aligned} \quad (3\text{-}22)$$

VS 机制是在碳存在的情况下 AlN 纳米结构生长的原因。当存在 C 和 Fe 催化剂时，主要是 VS 机制和 VLS 机制共同作用。

碳热还原法制备 AlN 纳米线的具体装置如图 3-21 所示。在不同条件下，在 NH_3 气氛中加热 Al 粉末和 C 充分混合后的混合物。

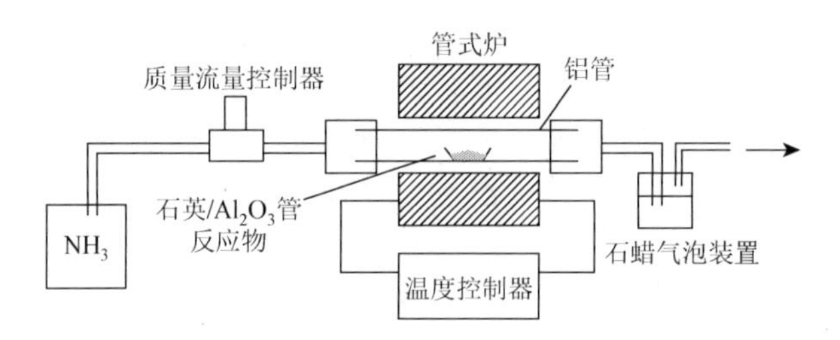

图 3-21　用于合成 AlN 纳米线的实验装置[38]

制备 AlN 纳米线的方法主要可以分为以下两种。第一种方法是将放置在 Al_2O_3 管或石英舟中的 Al 粉末和活性炭以 1∶1 进行混合，随后将混合物在 1300℃下于 NH_3 气氛中加热 5h。第二种方法类似第一种方法，唯一的区别在于添加 Fe 催化剂。

图 3-22 为分别利用两种方法获得的 AlN 纳米结构的 SEM 和 TEM 图像。图 3-22（a）显示了通过第一种方法获得的高产率的 AlN 纳米线的 SEM 图像。纳米线的长度延伸至几微米，而直径为 50～100nm。图 3-22（b）显示了利用第二种方法获得的具有不寻常螺旋结构的 AlN 纳米线的图像。其插图 b_1 中的 SAED 图案显示出对应于六方 AlN 的[110]面的衍射斑点，表明纳米线的单晶性质。图 3-22（b）中的插图 b_2 显示了通过第二种方法获得的具有珠状结构的纳米线的 TEM 图像。仔细研究该图像可以发现珠子连续融合在一起。单个珠子的平均直径为 15～20nm，而长度约为 1μm。一束珠的结构朝向一端逐渐变细，直径达到 10nm。图 3-22（c）为 Y 形 AlN 纳米线的 TEM 图像，纳米线直径为 50～100nm，纳米线之间的角度为 80°～150°。

(a)　(b)　(c)

图3-22　利用不同方法制备的AlN纳米线的SEM图像和TEM图像[38]

3.1.6　复分解反应法

根据VS机制，可以将$AlCl_3$与NaN_3在15mL的不锈钢反应釜中进行复分解反应制备六方AlN纳米线。此方法不需要昂贵的大型设备，反应温度较低（450～650℃），是降低AlN材料生长成本的一种比较好的途径。

1. 生长机制分析

化学反应方程如下：

$$AlCl_3 + 3NaN_3 \longrightarrow AlN + 3NaCl + 4N_2 \quad (3\text{-}23)$$

由于加热温度为450～650℃，远高于$AlCl_3$的升华温度（177.8℃）和NaN_3的分解温度（330℃），也高于$AlCl_3$二聚体的分解温度（440℃），在加热过程中，$AlCl_3$首先开始挥发，NaN_3随后开始分解，反应釜中充满了游离态Al^{3+}、Cl^-、Na^+、N^{3-}、$AlCl_3$、NaN_3。Na^+会与$AlCl_3$发生剧烈反应，置换出Al^{3+}，这些Al^{3+}与N^{3-}

结合生成 AlN 并产生副产物 NaCl，它们以分子或者分子团的形式形成反应釜中的高压过饱和气体，当反应温度为 450～650℃（低于 NaCl 的熔解温度 801℃）时，反应釜中为过饱和气体，在过饱和气体中存在大量游离态的带电离子或带电离子团，它们为晶体的形成提供了足够多的凝结核，也为 AlN 晶核的形成提供了必备条件。

由热力学原理可知，在自由能自发减小的过程中，气相系统的相变驱动力 ΔG 为

$$\Delta G = G_\alpha - G_\beta \approx RT\sigma \tag{3-24}$$

或

$$\Delta G \propto \sigma \tag{3-25}$$

式中，G_α 为系统初态摩尔自由能；G_β 为系统末态摩尔自由能；R 为气体常数；T 为热力学温度；σ 为气相过饱和度，与蒸气压强有关。相变驱动力足够大时，相变会自发进行。蒸发温度、气相过饱和度等因素决定晶核的形成，并影响着晶体的形成和生长过程。根据热力学统计物理中关于高压过饱和气体凝结的知识可知，AlN 晶核的临界半径 r 必须满足

$$r = \frac{2\gamma_{\mathrm{sv}} V^{\mathrm{s}}}{RT\ln(P_{\mathrm{e}} / P_0)} \tag{3-26}$$

式中，γ_{sv} 为晶体与气相间界面的比表面能；V^{s} 为晶体的摩尔体积；P_{e} 为平衡蒸气压；P_0 为饱和蒸气压。

在晶核和蒸气的界面上，当实际蒸气压小于 P_{e} 时，界面对晶核来说是不饱和的，晶核将继续生长；当实际蒸气压大于 P_{e} 时，界面对于晶核是过饱和状态，晶核趋于升华而消失。通过实际蒸气压和 P_{e} 的自控平衡过程，使晶核具有 1 个临界半径。从纳米线形貌特征可以看出晶核的临界半径可对应 1 个纳米线直径的最佳值，当直径达到最佳值时，生成的 AlN 纳米线均匀且光滑。但是由于个别区域有小幅度的温差，晶核的半径略有差异，故 AlN 纳米线的直径也略有差异。

改变气相系统的蒸气压强可以调节相变驱动力，进而控制结晶过程。晶核有严格的晶向，并且具有各向异性，即具有高表面能的晶核吸附成核基元的概率要大于具有低表面能的晶核，导致高表面能晶核的优先生长。在 AlN 择优取向动力学模型和热力学理论中，具有较低生长速率的晶核会在竞争中逐渐被淘汰，即不同的晶向生长速率决定不同的晶体择优取向。在复分解反应制备 AlN 的过程中，AlN 纳米线沿[001]方向生长，决定了纳米线具有[001]晶体择优取向；同时，在 AlN 纳米线生长的过程中，表面存在化学键配对时形成的悬键，并有序地吸附大

量具有不饱和键的原子或离子。曲率决定吸附速率，曲率小的地方悬键较多，更容易通过吸附外来的原子、离子或分子长成定向纳米线，而曲率大的地方吸收的原子、分子等较少，所以生长的速度就不一样，因此在不同的 AlN 之间产生了衔接，并在此基础上长成 AlN 纳米线。实验中，由于 AlN 生长在非平衡蒸气压下，其生长速率不均，加之局部温差的影响，形成了竹节状和立方体状纳米层的分级结构 AlN 纳米线。

2. 氮化铝纳米线表征

将无水 $AlCl_3$ 和 NaN_3 以质量比 3∶4 放入充满氮气的 15mL 自制小型不锈钢反应釜中，利用除氧剂除去反应釜中的残留物质；密封后将反应釜放入气氛烧结炉中，保温 24h（450℃）或 3h（650℃），随后自然冷却 6～8h，而后取出并在室温环境下继续冷却至室温；打开反应釜取出样品，利用去离子水冲洗反应物，滤去反应中的副产品 NaCl 等杂质，在 50～60℃的条件下自然干燥，即可得灰白色 AlN 粉末样品。

图 3-23 为 AlN 纳米线的 HRTEM 全貌图像。可以看出，样品呈光滑的长直形圆柱状，粗细均匀，无枝杈，直径为 70nm 左右，长度为微米量级。

图 3-24（a）为六方 AlN 纳米线的 HRTEM 图像，可以看出晶格常数 $a = 0.268$nm，$c = 0.498$nm。图 3-24（c）是图 3-24（b）的 SAED 花样谱，可以发现样品为六方单晶结构。图 3-25 为样品的 XRD 谱，可以看出 10 个明显的衍射峰，说明该材料为多晶结构。

图 3-23　AlN 纳米线的 HRTEM 全貌图像[39]

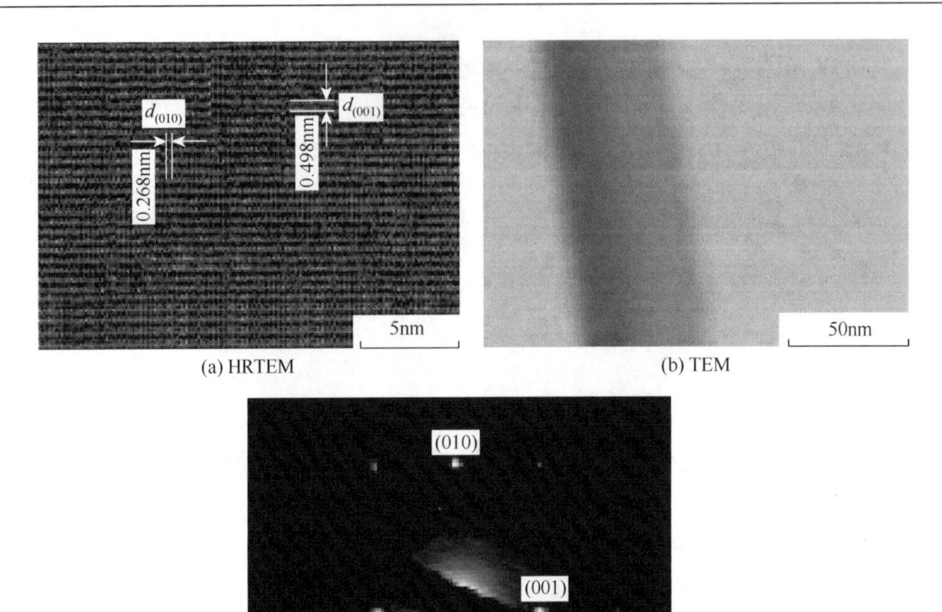

(a) HRTEM　(b) TEM

(c) SAED

图 3-24　AlN 纳米线的 TEM 图像和 SAED 花样[39]

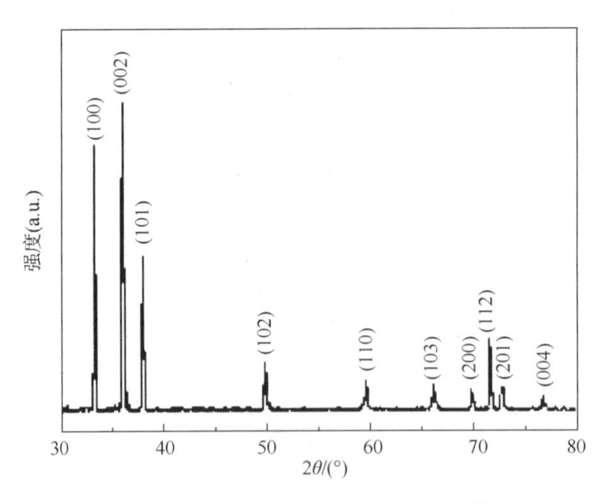

图 3-25　AlN 纳米线的 XRD 图像[39]

3.2　氮化铝纳米弹簧

3.2.1　生长机制分析

AlN 纳米弹簧可以利用 PVT 法生长得到。图 3-26 是物理气相生长的界面过程，可分为以下步骤：①气相分子与固体发生碰撞；②表面原子的吸附；③表面原子的脱附、面扩散或合并；④晶体生长。

在原料表面，AlN 的分解假设通过下面的反应方程进行[40]：

$$2AlN \longrightarrow 2\,Al(g) + N_2(g) \tag{3-27}$$

晶体在低温区的沉积由逆反应表示。在平衡状态下，用于此反应的气相组分可以由相应的平衡常数和热化学数据计算获得[41]：

$$K_p = P_{Al}(P_{N_2})^{1/2} = \exp\left(-\frac{\Delta G}{RT}\right) = \exp\left(\frac{\Delta S}{R} - \frac{\Delta H}{RT}\right) \tag{3-28}$$

式中，$P_i(i = Al, N_2)$ 是 AlN 原料上第 i 种物质的分压。各种气氛的分压满足

$$P_{Al} = 2P_{N_2} \tag{3-29}$$

式（3-28）可由 $P_i(i = Al, N_2)$ 表示为

$$K_p = 2^{-1/2} P_{Al}(P_{N_2})^{3/2} = 2(P_{N_2})^{3/2} \tag{3-30}$$

Slack 和 McNelly 提出了一种更一般性的公式，这个体系中包括 AlN(s)、Al(l)、Al(g)和 N_2(g)，并得到了如下结果：对于典型的 AlN 晶体生长的温度和气压（如 $P = 100$～800Torr、$T>1800$℃），AlN(g)是唯一可以凝结的晶体；在 2493℃以上，AlN(g)分解后将按照化学计量凝结成 Al(l)和 N_2(g)；在 2433℃以下，如在一个密闭的体系中，AlN(g)分解后的蒸气压将达到 1atm。

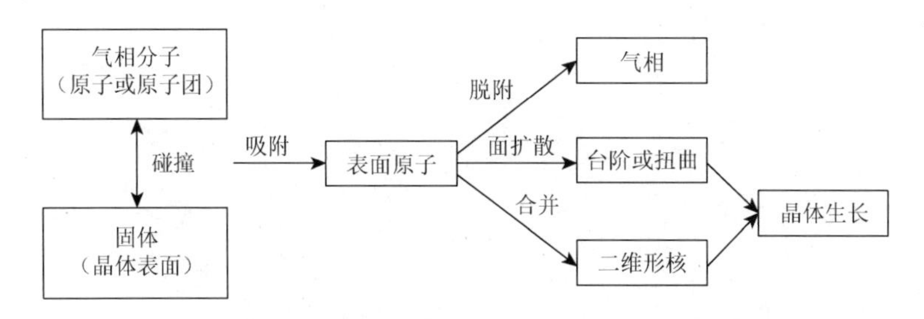

图 3-26　物理气相生长的界面过程

PVT 法生长 AlN 纳米线的过程可以看作 AlN(g)在高温的料面处与低温的籽晶处形成稳定的固体-气体平衡状态。反应气氛传输的驱动力由料面与籽晶之间的温

度梯度提供。AlN 纳米线生长通常在 N_2 气氛下进行，N_2(g)的分压是 Al(g)的很多倍，除此之外没有其他动力学限制，因此 Al(g)从料面处传输到籽晶的过程是动力学限制过程。鉴于此，AlN 纳米线的生长速率与气氛中 Al(g)的传输速率成正比，又与在料面处和籽晶处 Al(g)的压力差成正比。

表面动力学对 AlN 纳米线生长有很大的影响[41]。尤其是较低的氮气压力下，AlN 纳米线生长的动力学限制体现在 N_2 的黏度系数较小。伴随着 MOCVD 方法的研究，假设氮化物表面的物理吸附已经很好地解释了这一问题[41]。N_2 分子具有很高的解离能（9.76eV/mol）[42]，N 原子没有被认为是气相的一种成分。因此，N_2 吸附在生长过程中是一个必要的步骤。然而，N_2 分子在 AlN 纳米线表面的相互作用使纳米线表面质量下降。假设蒸发系数和黏度系数相同，那么原料表面和纳米线表面就处于平衡状态。通过朗缪尔自由蒸发理论，N_2 的黏度系数已经得到了测量。Karpov 等[43]建立了 N_2 的黏度系数随温度变化的公式：

$$a_e = 7.14 \times 10^8 \exp\left(-\frac{61272}{T}\right) \tag{3-31}$$

因此，可以通过升高温度来提高 N_2 的黏度系数；通过增加 N_2 分压，提高撞击概率来增加纳米线的生长速率。

气相形核的动力学分析则依据 Ruckenstein 和 Djikaev[44]提出的理论模型。如图 3-27 所示，在半径为 R 的原子团簇周围存在厚度为 η 的界面层，假定团簇为被液相包裹的球形颗粒，在其周围存在势阱，原子在势阱中的运动由 Nowakowski 和 Ruckenstein[45]方程控制：

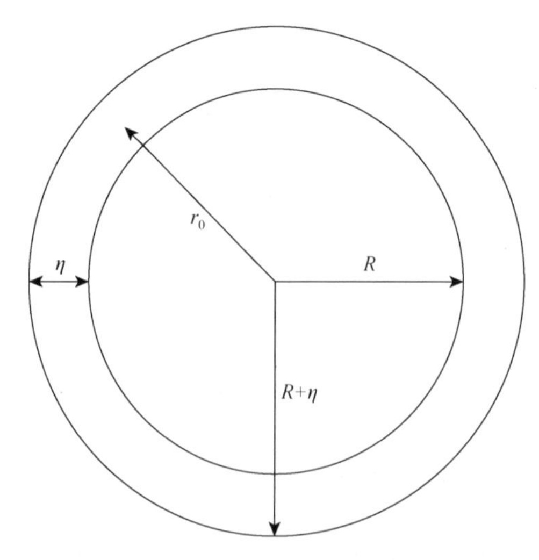

图 3-27　在半径为 R 的原子团簇周围存在厚度为 η 的界面层理论[39]

$$\frac{\partial n(r,t)}{\partial t}=D\frac{1}{r^2}\frac{\partial}{\partial r}\left[r^2\mathrm{e}^{-\Phi(r)}\frac{\partial}{\partial r}\mathrm{e}^{\Phi(r)}n(r,t)\right] \tag{3-32}$$

式中，$n(r, t)$为参与扩散的分子数密度；D 为扩散系数；$\Phi=\varphi/(k_BT)$，其中，φ 为团簇附近分子运动的势场，k_B 为玻尔兹曼常数。

异质形核理论认为，在母相中存在固相颗粒，新相依附于已有的固相颗粒表面形核，从而使形核功大大减小，形核过冷度也随之减小。

$$\cos\theta=\frac{\sigma_{\text{M-S}}-\sigma_{\text{N-S}}}{\sigma_{\text{M-N}}} \tag{3-33}$$

$$I_n'=\frac{Nk_BT}{h}\exp\left(-\frac{\Delta G_m^*}{RT}\right)\exp\left(-\frac{16\pi\sigma^3}{3RT(\Delta G_m)^2}f(\theta)\right) \tag{3-34}$$

图 3-28 是异质形核的原理。从图 3-28 中可以看出，异质形核的临界晶核半径与均质形核的临界晶核半径相同，但其体积减小，减小的幅度是由接触角 θ 决定的。随着 θ 的减小，形核功减小，形核率增大。θ 主要取决于母相与衬底的界面能 $\sigma_{\text{M-S}}$、晶核与衬底的界面能 $\sigma_{\text{N-S}}$ 及母相与晶核的界面能 $\sigma_{\text{M-N}}$。其中，$\sigma_{\text{M-S}}$ 与 $\sigma_{\text{N-S}}$ 是可以通过优选合适的衬底进行选择的参数，特别是 $\sigma_{\text{N-S}}$ 是控制异质形核重点考虑的因素。

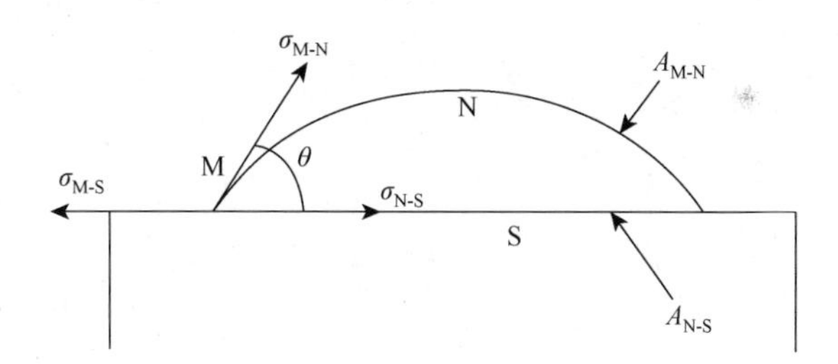

图 3-28　异质形核的原理[46]

3.2.2　氮化铝纳米弹簧生长工艺及表征

AlN 纳米弹簧的生长在感应加热 PVT 系统中进行，图 3-29 为其生长示意图，底部的高温区和顶部的低温区之间存在一个温度梯度：

$$\mathrm{Grad}(T)=\frac{T_1-T_2}{\delta} \tag{3-35}$$

式中，T_1 为底部高温区的温度；T_2 为顶部低温区的温度；δ 为高温区与低温区的距离，单位是 m。

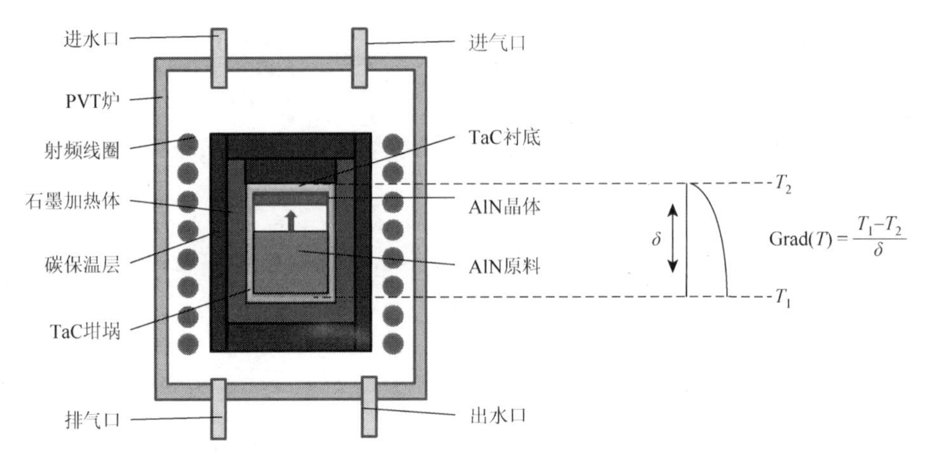

图 3-29　PVT 装置示意图与 AlN 纳米弹簧生长示意图[46]

生长过程中，底部的 AlN 原料经高温加热升华为蒸气，向顶部定向输运，形成过饱和蒸气压，在顶部凝结为纳米线或其他纳米结构。典型的纳米线生长实验在 1800～2350℃、氮气气氛中进行，生长气压为 60～90kPa，生长时间为 6～10h。

图 3-30 为利用 PVT 法生长 AlN 纳米弹簧的工艺，生长 AlN 纳米弹簧的工艺如下：温度为 1700℃，气压为 600000Pa，生长时间为 40min。整个生长过程没有催化剂。

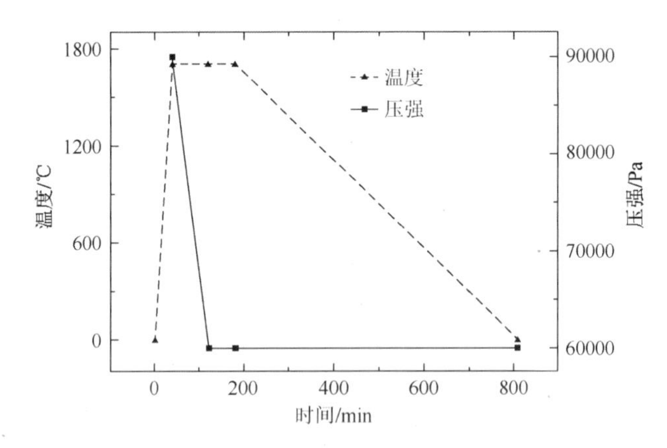

图 3-30　AlN 纳米弹簧生长工艺[46]

图 3-31（a）是生长的 AlN 纳米弹簧的 SEM 照片，图 3-31（b）和（c）为单根纳米弹簧的形貌，在整个体系内，构成纳米弹簧的纳米线的直径为 100～500nm，纳米弹簧的长度大都在 50μm。

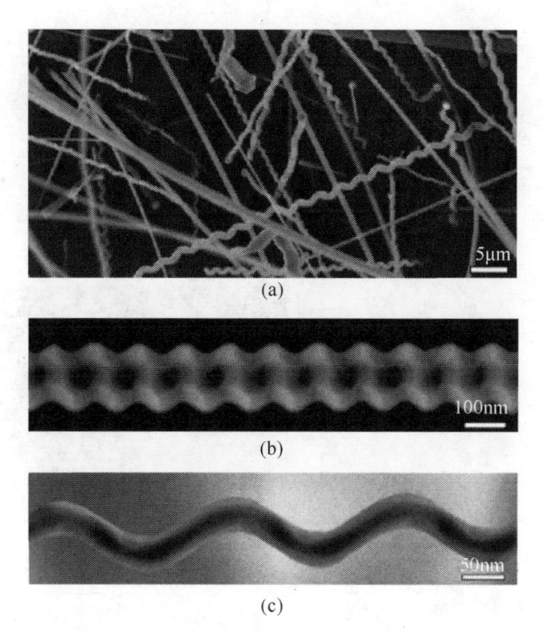

图3-31　生长的AlN纳米弹簧的SEM照片[46]

图3-32（a）是AlN纳米弹簧的XRD图谱，对应六方纤锌矿AlN，晶格常数$a=0.3114$nm和$c=0.4981$nm，该图谱没有其他物相出现，说明试样较纯。图3-32（b）是AlN纳米弹簧的拉曼光谱，其中的A_1(TO)、E_2(high)和E_1(TO)的振动峰分别为612.1cm^{-1}、657.7cm^{-1}和670.5cm^{-1}。

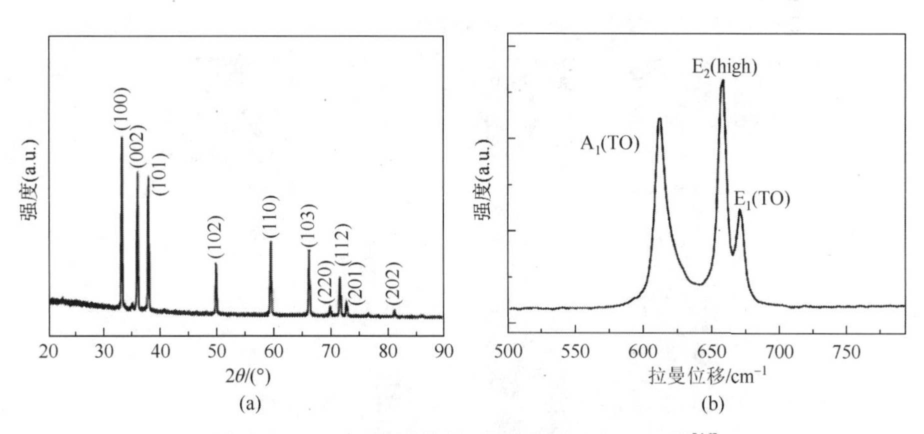

图3-32　AlN纳米弹簧的XRD图谱和拉曼光谱[46]

图3-33是AlN纳米弹簧的生长机制分析。图3-33（a）是组成纳米弹簧的基本单元，它是一个斜向$\{\bar{2}111\}$生长的斜六棱柱，包含两个$\{0\bar{1}10\}$等效棱面和四个$\{0\bar{1}11\}$棱面，上下表面为{0001}面。图3-33（c）显示了基本单元每次旋转60°。

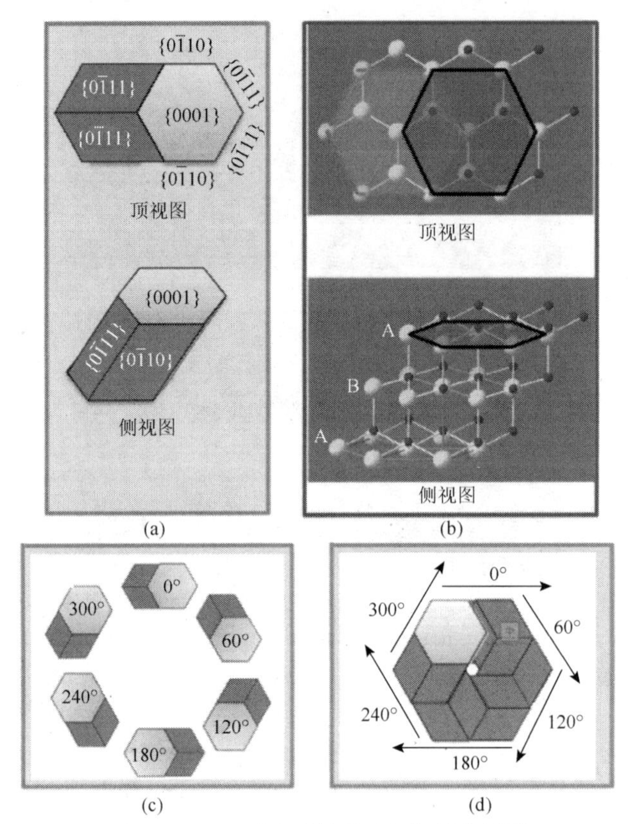

图 3-33　AlN 纳米弹簧的生长机制分析[47]

图 3-34 为 AlN 纳米螺旋的原子堆叠模型。

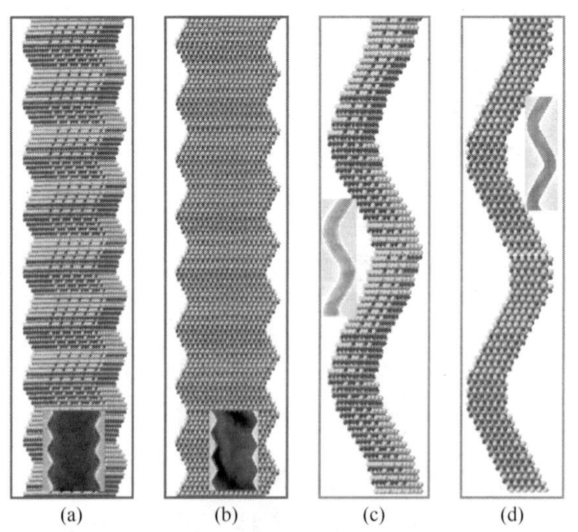

图 3-34　AlN 纳米螺旋的原子堆叠模型[46]

（a）和（b）锯齿形纳米弹簧；（c）和（d）弹簧状纳米弹簧

3.3　氮化铝纳米锥和纳米带

3.3.1　氮化铝纳米锥

AlN 纳米锥可利用 PVT 法制备，其反应示意图如图 3-35 所示。首先将 Al 粉平铺到钼舟中，并将 Si 衬底的抛光面向下扣置于钼舟中，使其处在铝源的正上方处；随后放入真空管式炉，并且通入反应气体，对 Al 粉进行氮化，最终得到 AlN 纳米锥。

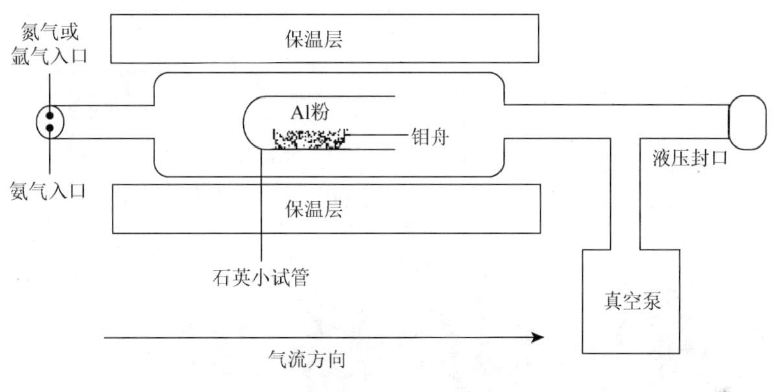

图 3-35　反应示意图[48]

将盛满 Al 粉的钼舟放入石英小试管可以有效提高反应区浓度、解决铝的蒸气压浓度比较低的问题；使用氨气可以提高氮源活性。另外，研究发现，只有在足够高的温度下才能完全生长出 AlN，所以选择在 1050℃合成 AlN 纳米结构。控制氨气流量观察 AlN 纳米锥的不同形貌，具体条件如表 3-1 所示。合成的 AlN 纳米结构的 SEM 图如图 3-36～图 3-38 所示。

表 3-1　1050℃合成的 AlN 纳米结构条件

实验参数	1	2	3
反应温度/℃	1050	1050	1050
氨气流量/sccm	50	10	100
反应时间/h	2	2	2
衬底	Si 衬底	Si 衬底	Si 衬底
衬底距离/mm	5	5	5
衬底朝向	沉积面向上	沉积面向上	沉积面向上

(a)　　　　(b)

图 3-36　1050℃/50sccm Si 衬底上 AlN 纳米颗粒的 SEM 照片[48]

(a)　　　　(b)

图 3-37　1050℃/10sccm Si 衬底上 AlN 纳米锥的 SEM 照片[48]

(a)　　　　(b)

图 3-38　1050℃/100sccm Si 衬底上 AlN 纳米锥的 SEM 照片[48]

当温度为 1050℃、气体流量为 50sccm 时，在 Si 衬底上可以生长得到 AlN 纳米颗粒。图 3-36（a）是低倍率 SEM 图，图 3-36（b）是图 3-36（a）的局部高倍率 SEM 图。从 SEM 图可以明显地看到大面积生长了高密度的无序排列 AlN 纳米颗粒，直径约为 1μm。

当温度为 1050℃、气体流量为 10sccm 时，在 Si 衬底上可以生长得到 AlN 纳米锥。图 3-37（a）是低倍率 SEM 图，图 3-37（b）是图 3-37（a）的局部高倍率 SEM 图。从 SEM 图可以明显地看到大面积生长了高密度的无序排列 AlN 纳米锥，其表面光滑，尺寸均匀，纳米锥大约长 500nm，底端直径约为 500nm，顶端直径变小。

当温度为 1050℃、气体流量为 100sccm 时，在 Si 衬底上可以生长得到 AlN 纳米锥。图 3-38（a）是低倍率 SEM 图，图 3-38（b）是图 3-38（a）的局部高倍率 SEM 图。从 SEM 图可以明显地看到大面积生长了高密度的无序排列 AlN 纳米锥，其表面光滑，尺寸均匀，纳米锥大约长 1μm，底端直径约为 1μm，顶端直径变小。

如图 3-39 所示，在 1050℃时仅有 E_2(high)（657.5cm^{-1}）振动模式可以清楚地被指认出来，而且 E_2(high)模式是 AlN 拉曼光谱中最容易观察到的振动模式，所以 1050℃制备出的 AlN 纳米锥结晶质量较好。

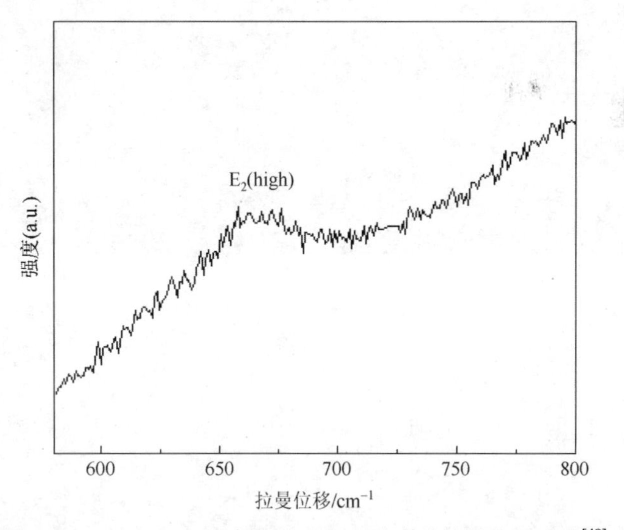

图 3-39　1050℃ Si 衬底上合成 AlN 纳米结构的拉曼光谱[48]

3.3.2　氮化铝纳米带

AlN 纳米带的制备过程如下：将高纯 Al 粉均匀沉积到钼舟中，用乙醇清洗 Si 衬底；然后在其抛光面上沉积一薄层均匀的 Al 粉，扣置于钼舟中 Al 源的正上方 5mm 处，放入直径 20mm 的石英小试管中（将此处作为反应区），再放入管式炉的正中央区域。启动自制真空沉积系统，利用机械真空泵开始抽真空；当真空系统的真空度达到 5Pa 时将流量为 1000sccm 的氩气通入系统中反复洗气；系统维持在 1atm 压力下，用水进行液封，接着以 30℃/min 的速度在混合气体（NH_3/Ar 的气流量比为 50sccm：50sccm）下对系统进行加热；当反应区温度达到 1050℃时继续维持这个流量，反应 2h 后停止加热系统；当温度下降至 680℃时关掉 NH_3，在 Ar 的保护气氛下自然冷却到室温。

图 3-40 是反应温度在 1050℃、氨气和氩气流量比为 50sccm：50sccm 时，Si 衬底上得到的 AlN 纳米锥的微观形貌。图 3-40（a）是低倍率 SEM 图，图 3-40（b）是图 3-40（a）局部高倍率 SEM 图；图 3-40（c）是低倍率 SEM 图，图 3-40（d）是图 3-40（c）局部高倍率 SEM 图。从低倍率 SEM 图可以明显地看到生长了大面积高密度的无序排列 AlN 纳米带，尺寸较均匀。从高倍率 SEM 图可以清晰地看出纳米锥形貌，其纳米带长约 2.5μm，大小均匀，底端直径约为 250nm，顶端直径约为 35nm。

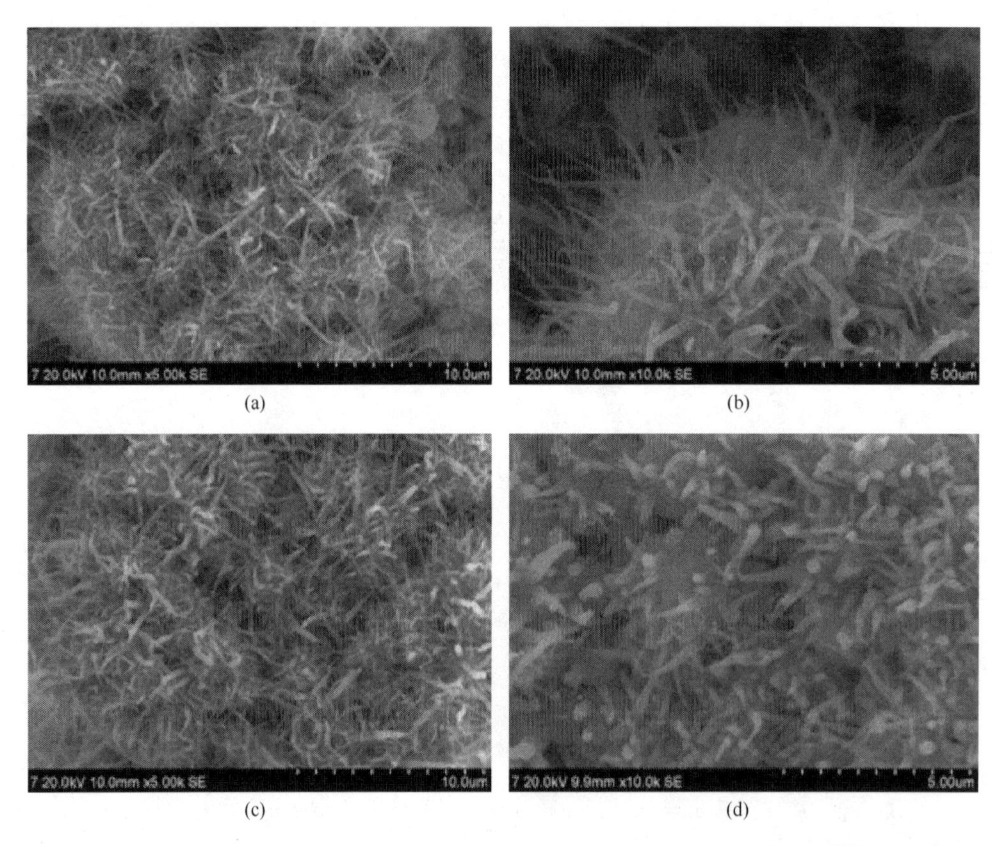

(a)　(b)　(c)　(d)

图 3-40　1050℃/50sccm：50sccm Si 衬底上 AlN 纳米锥的 SEM 照片[48]

XRD 图像（图 3-41）表明制备的样品是纯的纤锌矿 AlN，没有 Al 等其他杂质出现，而且衍射峰比较尖锐，表面结晶质量非常好。

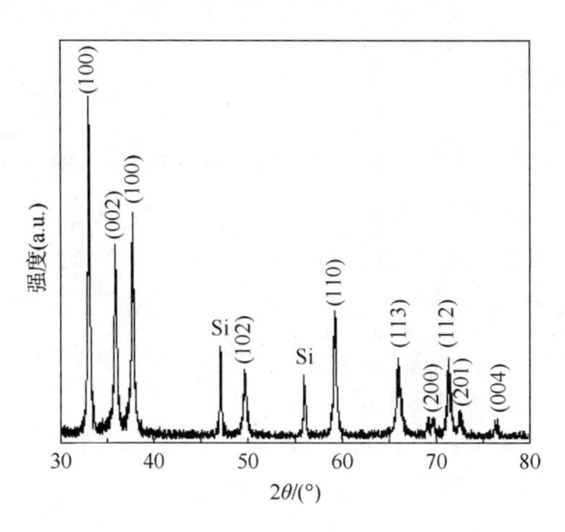

图 3-41　1050℃/50sccm：50sccm Si 衬底上样品的 XRD 图像[48]

在图 3-42 的拉曼光谱中，A_1(TO)（521.1cm^{-1}）、E_2(high)（659.3cm^{-1}）这两个振动模式可以清楚地被指认出来。拉曼光谱是测定纳米线结晶质量的一个非常有效的手段，它能够判别纳米材料中的应力和缺陷，而且可以研究声子的振动特性。拉曼光谱的测量使用的激发波长为 514.5nm，采用背散射配置。振动模式 A_1(TO)、E_2(high)是 AlN 拉曼光谱中最容易观察到的两个振动模式，所以通常用这两个模式的峰值来分析。

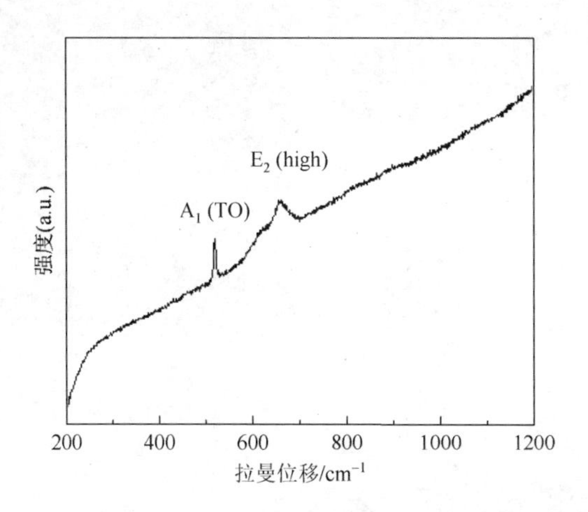

图 3-42　1050℃/50sccm：50sccm Si 衬底上 AlN 纳米带的拉曼光谱[48]

3.4 氮化铝纳米片

3.4.1 生长机制分析

图 3-43 是所制备的 AlN 纳米片生长机制分析图。图 3-43（c）是 AlN 纳米片生长的模型图，小 Al 核不断地吸收 Al 原子、N 原子，结合形成 AlN。通过对图 3-43（b）中的 HRTEM 图像进行分析，得出 AlN 纳米片的相邻条纹间距是 0.25154nm，对应（002）面间距，由此可以推断 AlN 纳米片的生长方向是[002]方向。因此由图 3-43（c）的生长模型图可以推断，AlN 不断地沿着[002]方向进行外延生长，最后形成 AlN 纳米片。

众所周知，纳米结构的生长机制有两种，分别是 VLS 机制和 VS 机制。这里生长的 AlN 纳米片中主要利用 VS 机制，并没有使用任何催化剂，而是通过金属 Al 粉直接氮化合成 AlN 纳米片。在较低的工艺温度下，直接利用 PVT 法，在 Al + NH_3 体系下的原料区，将金属 Al 粉直接氮化合成高密度的 AlN 纳米片，AlN 纳米片的长度约为 300nm，宽度约为 300nm，厚度约为 30nm。从 SEM 图中发现 AlN 纳米片顶端部分呈梯形生长，部分呈半圆形生长，部分呈三角状生长。这是由在氮化过程中 Al 的蒸气压逐渐减小而使顶端反应不均匀造成的。

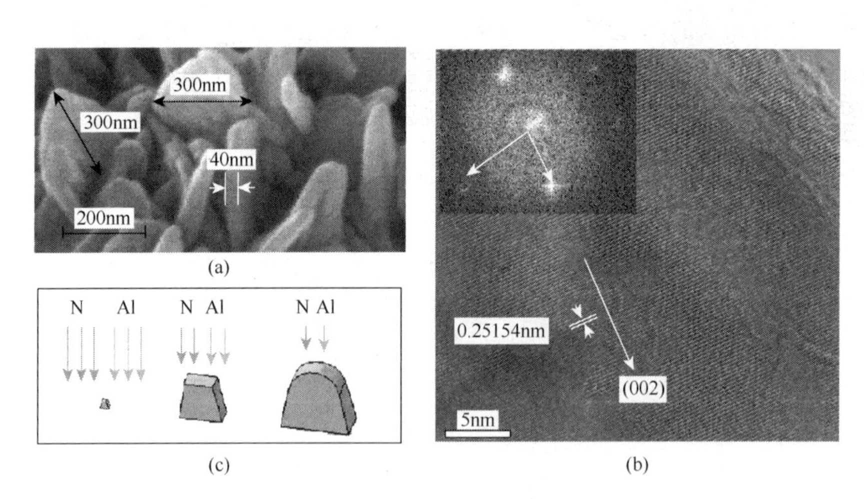

图 3-43 所制备的 AlN 纳米片生长机制分析图[48]

3.4.2 氮化铝纳米片生长工艺及表征

AlN 纳米片是通过 PVT 法制备的，将金属 Al 粉平铺在钼舟上并放到石英小试管中，再放到直径为80mm的真空系统中心处作为Al源。NH_3（纯度99.999%）和N_2（纯度99.999%）的混合气作为反应氮源。首先，用机械泵将真空管式炉抽真空至压力低于5Pa，用高纯N_2对真空沉积系统反复洗气3次，使真空系统中杂质气体的含量最小，关闭机械泵。之后，通入氨气和氮气（体积比1∶1），流量为50sccm，将排气口用水槽液封，保持管式炉内气体压力为10^5Pa左右，使整个管式炉形成一个流动气体的半开放体系。然后以30℃/min的速度将真空管式炉升温到900℃，反应2h后关闭系统，在氮气下冷却到室温。最后取出样品，在原料区收集灰白色样品。

使用场致电子发射SEM对AlN纳米片的形貌进行观察，如图3-44所示。图3-44（a）是低倍率SEM照片。从图中可以明显地看到大面积生长了高密度的无序排列AlN纳米片，其表面光滑，尺寸均匀。更详细的形貌可从高倍率SEM照片中得到，从图3-44（b）可以清晰地看出纳米片形貌类似圆头梯形，AlN纳米片长度约为300nm，宽度约为300nm，厚度约为40nm，底部比顶部略厚。

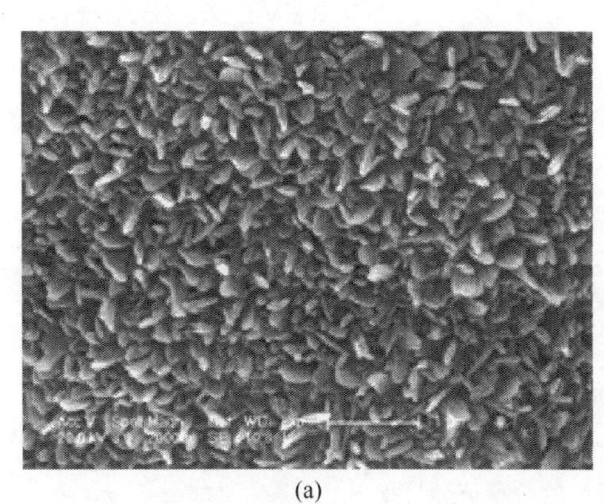
(a)

(b)

图3-44　AlN纳米片的场致电子发射SEM照片[48]

图3-45是900℃合成灰白色样品的XRD图谱。其晶格常数为$a = 0.3161$nm和$c = 0.4985$nm，说明金属Al在氮化后形成了六方AlN，空间群为$P6_3mc$。图中没有金属Al的衍射峰，说明金属Al完全被氮化，也没有其他杂质峰，可以断定产物为纯度高、结晶性好的AlN。在各个方向都有衍射峰且强度高，表明AlN的生长择优取向性较差。

图3-46是AlN纳米片的拉曼光谱。E_1(LO)（902.0cm^{-1}）、A_1(TO)（617.2cm^{-1}）、E_2(high)（655.5cm^{-1}）这3个振动模式可以清楚地被指认出来，A_1(LO)和E_1(LO)在拉曼频率为900.2cm^{-1}处叠加。拉曼光谱的测量使用的激发波长为514.5nm，采用背散射配置。

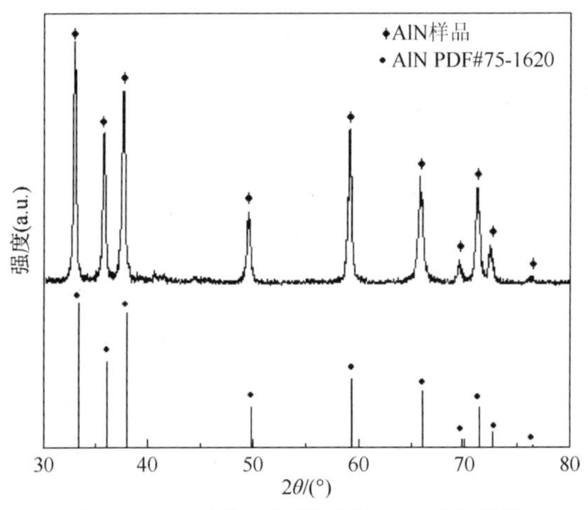

图 3-45　合成灰白色样品的 XRD 图谱[48]

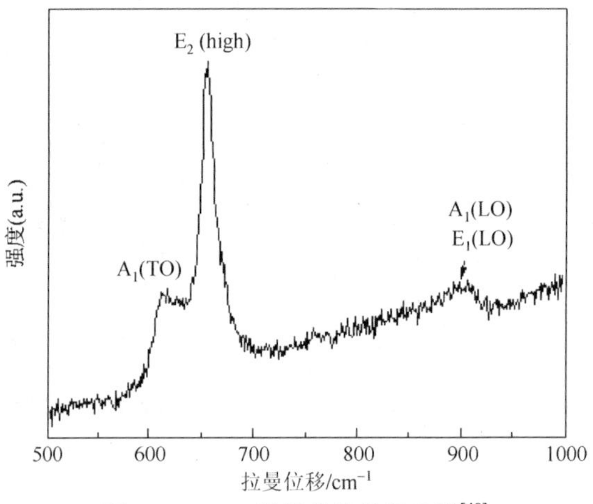

图 3-46　AlN 纳米片的拉曼光谱[48]

参 考 文 献

[1] Xu C K，Xue L，Yin C R，et al. Formation and photoluminescence properties of AlN nanowires[J]. Physica Status Solidi，2010，198（2）：329-335.

[2] Liu Q L，Tanaka T，Hu J，et al. Green emission from *c*-axis oriented AlN nanorods doped with Tb[J]. Applied Physics Letters，2003，83（24）：4939-4941.

[3] Taniyasu Y，Kasu M，Makimoto T. An aluminium nitride light-emitting diode with a wavelength of 210 nanometres[J]. Nature，2006，441（7091）：325-328.

[4] Li J，Fan Z Y，Dahal R，et al. 200nm deep ultraviolet photodetectors based on AlN[J]. Applied Physics Letters，2006，89（21）：3365-3366.

[5] Wang H B，Northwood D O，Han J C，et al. Combustion synthesis of AlN whiskers[J]. Journal of Materials Science，2006，41（6）：1697-1703.

[6] Zheng M Y，Zhu S Y，Jia Q L，et al. Synthesis and growth mechanism of aluminum nitride nanowires via a chloride-assisted chemical vapor reaction method[J]. Ceramics International，2019，45（4）：4520-4525.

[7] Nickel K G，Riedel R，Petzow G. Thermodynamic and experimental study of high-purity aluminum nitride formation from aluminum chloride by chemical vapor deposition[J]. Journal of the American Ceramic Society，2010，72（10）：1804-1810.

[8] Radwan M，Miyamoto Y. Growth of quasi-aligned ain nanofibers by nitriding combustion synthesis[J]. Journal of the American Ceramic Society，2010，90（8）：2347-2351.

[9] Sung M，Kuo Y M，Hsieh L，et al. Two-stage plasma nitridation approach for rapidly synthesizing aluminum nitride powders[J]. Journal of Materials Research，2017，32（7）：1279-1286.

[10] Koukitu A，Kumagai Y. Thermodynamic analysis of group Ⅲ nitrides grown by metal-organic vapour-phase epitaxy（MOVPE），hydride（or halide）vapour-phase epitaxy（HVPE）and molecular beam epitaxy（MBE）[J]. Journal of Physics Condensed Matter，2001，13（32）：6907-6934.

[11] Haber J A，Gibbons P C，Buhro W E. Morphologically selective synthesis of nanocrystalline aluminum nitride[J]. Chemistry of Materials，1998，10（12）：4062-4071.

[12] Kumagai Y，Takemoto K，Kikuchi J，et al. Thermodynamics on hydride vapor phase epitaxy of AlN using $AlCl_3$ and NH_3[J]. Physica Status Solidi，2006，243（7）：1431-1435.

[13] Lin C N，Chung S. Combustion synthesis of aluminum nitride powder using additives[J]. Journal of Materials Research，2001，16（8）：2200-2208.

[14] Netter P，Campros P. Oxidation resistant coatings produced by chemical vapor deposition：Iridium and aluminum oxynitride coatings[J]. MRS Proceedings，1989，168：247.

[15] Liu J H，Gu Y J，Li F L，et al. Catalytic nitridation preparation of high-performance Si_3N_4（w）-SiC composite using Fe_2O_3 nano-particle catalyst：Experimental and DFT studies[J]. Journal of the European Ceramic Society，2017，37（15）：4467-4474.

[16] Wang H H. properties and preparation of AlN thin films by reactive laser ablation with nitrogen discharge[J]. Modern Physics Letters B，2000，14（14）：523-530.

[17] Roskovcová L，Pastrňák J. The “Urbach” absorption edge in ALN[J]. Czechoslovak Journal of Physics B，1980，30（5）：586-591.

[18] Jung W，Joo H U. Catalytic growth of aluminum nitride whiskers by a modified carbothermal reduction and nitridation method[J]. Journal of Crystal Growth，2005，285（4）：566-571.

[19] Yazdi G R，Persson P O A，Gogova D，et al. Aligned AlN nanowires by self-organized vapor-solid growth[J]. Nanotechnology，2009，20（49）：495304.

[20] Wu Q，Hu Z，Wang X Z，et al. Extended vapor-liquid-solid growth and field emission properties of aluminium nitride nanowires[J]. Journal of Materials Chemistry，2003，13（8）：2024-2027.

[21] Wang Q，Zhao S，Connie A T，et al. Optical properties of strain-free AlN nanowires grown by molecular beam epitaxy on Si substrates[J]. Applied Physics Letters，2014，104（22）：223107.

[22] Tanaka A，Onari S，Arai T. Raman scattering from CdSe microcrystals embedded in a germanate glass matrix[J]. Physical Review B Condensed Matter，1992，45（12）：6587-6592.

[23] Wu Q，Hu Z，Wang A X，et al. Synthesis and optical characterization of aluminum nitride nanobelts[J]. Journal of Physical Chemistry B，2003，107（36）：9726-9729.

[24] Chen Y，Wang Z O，Ren Z G，et al. Solvothermal stepwise formation of Cu/I/S-based semiconductors from a three-dimensional net to one-dimensional chains[J]. Crystal Growth & Design，2009，9（11）：4963-4968.

[25] Shi S C，Chen C F，Chattopadhyay S，et al. Growth of single-crystalline wurtzite aluminum nitride nanotips with a self-selective apex angle[J]. Advanced Functional Materials，2010，15（5）：781-786.

[26] Cao Y，Chen X，Lan Y C，et al. Blue emission and Raman scattering spectrum from AlN nanocrystalline powders[J]. Journal of Crystal Growth，2000，213（1）：198-202.

[27] Hayes J M，Kuball M，Shi Y，et al. Temperature dependence of the phonons of bulk AlN[J]. Japanese Journal of Applied Physics，2000，39（7）：710-712.

[28] Mattila T，Nieminen R M. Ab initio study of oxygen point defects in GaAs，GaN，and AlN[J]. Physical Review B Condensed Matter，1996，54（23）：16676-16682.

[29] Liu C，Hu Z，Wu Q，et al. Synthesis and field emission properties of aluminum nitride nanocones[J]. Applied Surface Science，2005，251（1）：220-224.

[30] He J，Yang R S，Chueh Y，et al. Aligned AlN nanorods with multi-tipped surfaces：Growth，field-emission，and cathodoluminescence properties[J]. Advanced Materials，2006，18（5）：650-654.

[31] Lan Y Y，Chen X N，Cao Y，et al. Low-temperature synthesis and photoluminescence of AlN[J]. Journal of Crystal Growth，1999，207（3）：247-250.

[32] Landré O，Fellmann V，Jaffrennou P，et al. Molecular beam epitaxy growth and optical properties of AlN nanowires[J]. Applied Physics Letters，2010，96（6）：061912.

[33] Li J，Nam K B，Nakarmi M L，et al. Band structure and fundamental optical transitions in wurtzite AlN[J]. Applied Physics Letters，2003，83（25）：5163-5165.

[34] Balasubramanian C，Godbole V P，Rohatgi V K，et al. Synthesis of nanowires and nanoparticles of cubic aluminium nitride[J]. Nanotechnology，2004，15（3）：370-373.

[35] Oelhafen P. Practical surface analysis by auger and X-ray photoelectron spectroscopy[J]. Journal of Electron Spectroscopy & Related Phenomena，1984，34（2）：203.

[36] Lennard-Jones J E. Polar molecules polare molekeln[J]. Nature，1930，125（3140）：9-11.

[37] Peng H，Zhou X，Wang N，et al. Bulk-quantity GaN nanowires synthesized from hot filament chemical vapor deposition[J]. Chemical Physics Letters，2000，327（5）：263-270.

[38] Rao C，Gundiah G，Deepak F L，et al. Carbon-assisted synthesis of inorganic nanowires[J]. Journal of Materials Chemistry，2004，14（4）：440-450.

[39] 崔静雅，吕惠民，程赛. 氮化铝纳米线的气-固法制备及光学性能[J]. 硅酸盐学报，2011，39（12）：1898-1903.

[40] Winterhalter C，Chang H R，Gupta R N. Optimized 1200 V silicon trench IGBTs with silicon carbide Schottky diodes[C]. Industry Applications Conference，Rome，2000：2928-2933.

[41] Zhao J，Alexandrov P，Li X Q. Demonstration of the first 10kV 4H-SiC Schottky barrier diodes[J]. IEEE Electron Device Letters，2003，24（6）：402-404.

[42] Nishio J，Ota C，Hatakeyama T，et al. Ultralow-Loss SiC floating junction Schottky barrier diodes（super-SBDs）[J]. IEEE Transactions on Electron Devices，2008，55（8）：1954-1960.

[43] Karpov S Y，Zimina D，Makarov Y N，et al. Sublimation growth of AlN in vacuum and in a gas atmosphere[J]. Physica Status Solidi，1999，176（1）：435-438.

[44] Ruckenstein E，Djikaev Y. Recent Developments in the kinetic theory of nucleation[J]. Advances in Colloid and Interface Science，2005，118（1）：51-72.

[45] Nowakowski B，Ruckenstein E. Rate of nucleation in liquids for FCC and icosahedral clusters[J]. Journal of Colloid and Interface Science，1990，139（2）：500-507.

[46] 赵超亮. 氮化镓和氮化铝晶体及纳米结构的合成与力学性质表征[D]. 哈尔滨：哈尔滨工业大学，2017.

[47] Noveski V，Schlesser R，Mahajan S，et al. Mass transfer in AlN crystal growth at high temperatures[J]. Journal of Crystal Growth，2004，264（1-3）：369-378.

[48] 王楠. 准一维 AlN 纳米材料的制备和发光性能研究[D]. 沈阳：沈阳理工大学，2013.

第 4 章　氮化铝薄膜制备方法研究

AlN 薄膜作为宽禁带的直接禁带半导体，禁带宽度达 6.2eV，可用于制备蓝光、紫外、深紫外波段发光器件以及光电探测器件。2006 年，日本电报电话株式会社 Taniyasu 等[1]在 AlN 中掺入 Si 或 Mg，获得了 n 型或 p 型的 AlN，并基于 AlGaN/AlN 量子阱制备了首个商业化的深紫外 LED，可激发出波长 210nm 的深紫外光。同年，Li 等[2]通过在 AlN 表面淀积叉指电极，形成 MSM 结构，对 207nm 的深紫外光有较强的响应。2009 年，新加坡 Zhao 等[3]则报道了一种结构相当简单的 AlN 基深紫外 LED，通过将未掺杂的弱 n 型 AlN 与 p 型 Si 组合形成异质结，可在正向偏压下发出短波长为 283nm 的蓝紫光，这是一种结构较为简单的 AlN 基紫外 LED。2015 年，Jusoff 等[4]在 Si 衬底上通过 MBE 法制备了不同比例的 $Al_xGa_{1-x}N$ 薄膜，基于此的 MSM 结构紫外探测器在氙气灯的照射下产生了不同的光电流，对不同波长的紫外光有所响应。

同时，AlN 薄膜的热膨胀系数与 GaN 的热膨胀系数相近，利用 AlN 薄膜作为衬底制备 GaN 基 LED 器件，可以有效解决其晶格失配的问题，提高 GaN 发光器件的性能和使用寿命。AlN 薄膜电阻率高、热导性能好、击穿场强大，可作为集成电路封装材料，解决漏电流大、散热性能差等问题。AlN 薄膜机械强度高、硬度大，可用于耐磨涂层。AlN 薄膜沿 *c* 轴方向表现出极高的声表面波（surface acoustic wave，SAW）传播速度，是制备 SAW 器件的不二选择。此外，AlN 薄膜的热稳定性高，高温下的氧化产物可以有效避免 AlN 继续受到氧化，因此 AlN 薄膜在高温和高功率条件下依然可以保持良好的性能。

由于 AlN 薄膜具有许多优异的物理化学特性，它一直活跃在 SAW 器件、微电子、光电子、机械、高频宽带通信系统等领域。

本章将围绕 AlN 薄膜的性质及其制备方法展开介绍。

4.1　氮化铝薄膜的基本性质

AlN 是重要的Ⅲ-Ⅴ族化合物，具有稳定的纤锌矿结构的 AlN 薄膜有较宽的禁带（约为 6.2eV）。因此，高质量的 AlN 薄膜常用于制作紫外波段发光器件[1]。特别是由于 AlN 薄膜材料与其他Ⅲ-Ⅴ族化合物的晶格失配度小，在制备 GaN、AlGaN 等Ⅲ-Ⅴ族薄膜材料时，AlN 薄膜材料常用作缓冲层，以降低晶格失配对薄膜质量的影响。AlN 薄膜不仅可以实现在 Si 衬底上的择优生长，还可以在各种金属底电极上生长，因此在制备 MEMS 时具有良好的工艺兼容性[5, 6]。

与 ZnO、PZT 压电陶瓷等材料相比，AlN 薄膜材料的压电性较低，沿 c 轴方向生长的 AlN 薄膜的压电常数 d_{33} = 5～6pm/V。但 AlN 薄膜材料的声波速度较高（纵波速度可达 11000m/s，横波速度约为 6000m/s），这使 AlN 薄膜材料可以用来制作 GHz 高频谐振器、滤波器件。AlN 材料在 1200℃的高温下依旧能够保持压电性，同时具备良好的热传导特性。因此，AlN 薄膜可以作为压电薄膜器件在高温环境下工作，并且 AlN 制作的声波器件不会因工作时产生的热量而使器件的使用寿命降低。另外，AlN 薄膜良好的化学稳定性也使 AlN 压电薄膜器件适合在腐蚀性工作环境中使用。

可以预见，AlN 薄膜凭借其优异的物理化学性能将在半导体、传感器、MEMS 等领域得到越来越广泛的应用。表 4-1 为 AlN 薄膜的基本参数。

表 4-1　AlN 薄膜的基本参数

性质	参数
晶格常数	a = 0.3111nm，c = 0.4982nm
熔点/℃	2800
声波速度	横波 6000m/s，纵波 11000m/s
杨氏模量/GPa	344.83
禁带宽度/eV	6.2
电阻率/(Ω·cm)	10^7～10^{13}
密度/(g/cm³)	3.28
折射率	2.15

4.2　氮化铝薄膜的制备方法

AlN 薄膜最早是在 1968 年由 Wauk 和 Winslow[7]往真空室中通入 N_2 和 NH_3、利用真空蒸发法蒸镀铝而制得的，其衬底为表面镀有金属的蓝宝石条。同年，Noreika 和 Ing[8]采用化学气相沉积法在 Si 衬底上制备了 AlN 薄膜。1980 年，Shiosaki 等[9]采用射频磁控溅射法在玻璃和蓝宝石衬底上沉积出（002）晶面择优取向的 AlN 薄膜。1991 年 Meng 等[10]采用直流磁控溅射法制备了 AlN 薄膜。1992 年，MacMillan 等[11]采用 MOCVD 法在 Si 衬底上制备了 AlN 薄膜。1993 年，Yang 等[12]在 Si（111）衬底上采用离子束辅助沉积法制备了多晶 AlN 薄膜。1999 年，Huang 等[13]

采用电子束蒸发法制备了 AlN 薄膜。1997 年，Daudin 和 Widmann[14]采用 MBE 法制备了 c 轴取向的 AlN 薄膜。而在 MBE 技术的基础上又发展出了激光诱导 MBE[15]、等离子体辅助 MBE[16]等方法来制备晶面择优取向的 AlN 薄膜。除离子束辅助沉积外，离子束增强沉积[17]、双离子束沉积[18]等方法也用来制备 AlN 薄膜。表 4-2 为制备 AlN 薄膜的主要方法比较。

表 4-2　制备 AlN 薄膜的主要方法比较

制备方法	优点	缺点
反应磁控溅射法	高速低温溅射，薄膜均匀性好、致密且纯度高，是目前应用较广泛的方法之一	生长的薄膜基本上是多晶
MBE 技术	精确控制膜厚、组分，易生长极薄的单晶薄膜，并实现高效掺杂	对真空度的要求很高，沉积速率较低
PLD 法	沉积速度较快，衬底温度要求低，同时工艺参数少，调节方便	容易形成小颗粒，大尺寸生长困难
MOCVD 法	技术成熟，单晶薄膜纯度高、利于大面积均匀快速生长	原料有毒，存在寄生预反应

4.2.1　反应磁控溅射法

反应磁控溅射（reactive magnetron sputtering，RMS）法是目前 AlN 薄膜生长沉积研究较广泛的方法之一，根据电源类型分为射频反应磁控溅射法、直流反应磁控溅射法和中频反应磁控溅射法。其主要原理是利用高电压和高功率对靶材粒子进行高能量的激发，被激发的靶材粒子与腔体内的活性气体发生化学反应而沉积在衬底表面。在生长沉积过程中，反应室处在高真空状态，并且靶材和活性反应气体纯度都非常高，薄膜制备过程中受到的环境污染小，所以制备的 AlN 薄膜具有均匀性好、沉积速率快等特点。通过在靶表面施加特定方向的磁场，被激发的电子被束缚在靶表面周围，使电子无法对衬底进行直接轰击，可以避免衬底温度急剧上升，从而保持整个制备过程中工艺条件一致、薄膜生长周期一致，保证薄膜质量。在沉积 AlN 过程中，控制工艺参数可以对薄膜的成分进行调节，从而让 AlN 薄膜向需要的方向进行择优取向生长。

1. *反应磁控溅射原理*

反应磁控溅射仪器的主要工作原理是利用电子在极高压电场作用下快速运动，从而与惰性氩原子发生碰撞，使其电离产生 Ar^+和 e^-，出现起辉放电现象。因为靶材是阴极、衬底是阳极，所以 Ar^+加速向阴极靶材源运动，e^-加速向阳极衬底运动。Ar^+在获得足够的动能后轰击靶材表面，使靶材表面的粒子被溅射出来。

在此过程中，腔体中的 Ar 原子、Ar^+、电子等粒子会不断地产生碰撞使放电过程持续发生，而被溅射出来的靶材粒子会在衬底上形成连续的薄膜。如果在溅射过程中加入一个平行于靶材表面的磁场，电子在运动过程中将会受到洛伦兹力而改变运动轨迹，其轨迹会因为洛伦兹力变得弯曲甚至呈螺旋状，使运动轨迹变长，这样就会增加电子与 Ar 原子的碰撞次数，使溅射粒子的数量增多，这样也将增加溅射效率。在加入磁场后，溅射粒子数量的增多一方面可以弥补低压工作环境下的溅射粒子能量不足的缺点，另一方面提高了单个溅射粒子轰击到衬底表面时所携带的能量。图 4-1 为反应磁控溅射原理示意图。

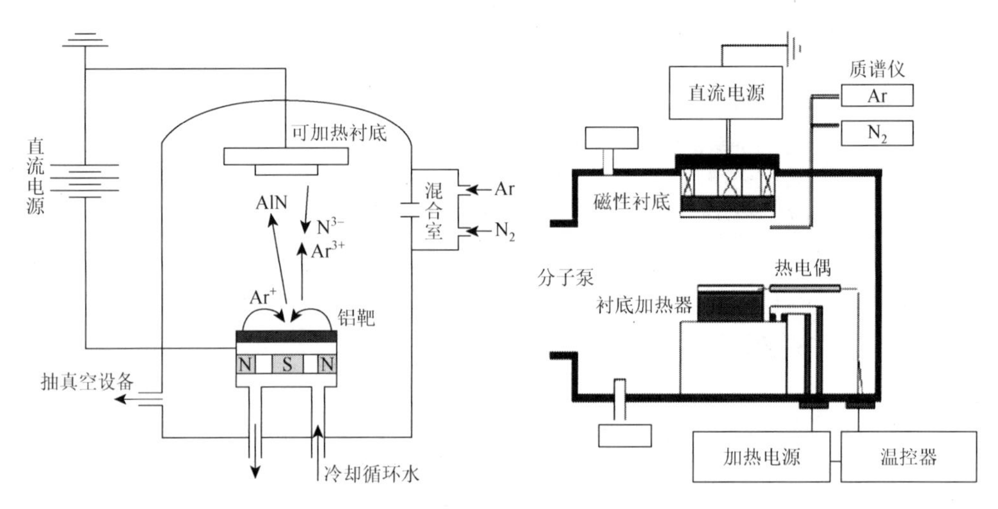

图 4-1　反应磁控溅射原理示意图[19]

AlN 薄膜也可以由 AlN 块体作为靶材制备，但是磁控溅射的过程中靶材往往因为能量过高而发生分解或者气化等现象，这会对薄膜的沉积产生很大影响，导致薄膜分布不均匀、不连续甚至产生非化学计量比产物。因此，一般不采用 AlN 块体作为靶材进行直接溅射，而是利用 Al 原子和 N 原子发生化学反应来沉积 AlN 薄膜，即采用反应磁控溅射法。随着反应溅射的持续进行，在衬底表面发生的化学反应以及溅射粒子不断地对靶材进行轰击，腔体内的温度则会不断地提升，腔体内粒子的活性也会提升，使溅射速率提高。同时，需要注意的是在溅射过程中，在靶表面溅射出来的 Al 粒子也会与 N_2 发生化学反应，使 AlN 沉积在靶材表面上。如果腔体中 N_2 所占的比例过高，则会导致在靶表面沉积 AlN 的速率高于靶材激发 Al 粒子的速率，此时会进入“中毒态”；相反，如果腔体中 Ar 所占比例过高，N_2 所占的比例过低，则会导致靶材表面激发的粒子速率远远大于在衬底表面沉积 AlN 的速率，此时靶会进入“金属态”。无论是“中毒态”还是“金属态”，都不利于高质量 AlN 薄膜的生长，所以在制备过程中精确调整氮气与氩气之间的比例是至关重要的。

2. 直流磁控溅射和大功率脉冲磁控溅射

直流磁控溅射（DC magnetron sputtering，DCMS）是以靶材作为阴极、样品台作为阳极的二级溅射系统。DCMS 就是在二级直流溅射的基础上在阴极与阳极之间施加固定的磁场以实现物质沉积的方法。DCMS 克服了起辉气压偏大以及靶材升温过高的缺点，可以实现金属的高速低温沉积。采用 DCMS 沉积半导体及绝缘体时，靶材表面不断积累电荷引发打火，导致沉积表面大颗粒的附着，对薄膜的结晶质量有极大的破坏效果。因此，DCMS 方法通常用于沉积导电良好的金属材料。为实现 AlN 薄膜的沉积，科研人员提出了使用 Al 靶作为靶材并在溅射气氛中通入氮气的反应 DCMS 方法。

图 4-2 为 DCMS 设备原理图。采用 DCMS 方法制备的 AlN 薄膜 c 轴与衬底表面垂直。通过改变溅射气压、靶基距以及溅射功率制备具有不同取向的 AlN 薄膜。在溅射过程中，N 浓度的增加会降低溅射的速率。在低溅射压力和纯 N_2 气氛下沉积，会获得 c 轴择优取向度高的 AlN 薄膜。此外，在低溅射压力下生长的 AlN 薄膜的表面粗糙度和氧污染值均为最低[20]。直流溅射输入功率高时沉积的 AlN 薄膜晶粒尺寸大，c 轴择优取向度高，具有较大的压应力[21]。利用 DCMS 在不同衬底上沉积的 AlN 晶相存在较大差异：Si（111）衬底上沉积的 AlN 薄膜同时含有六方 AlN 及少量的立方 AlN；玻璃衬底上沉积的 AlN 薄膜为六方 AlN[22]。

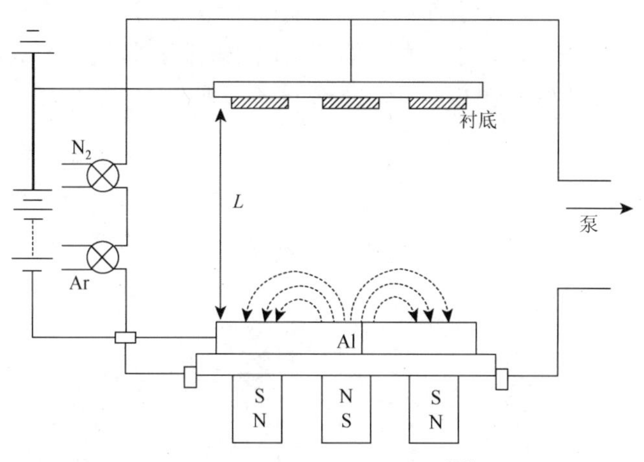

图 4-2　DCMS 设备原理图[23]

大功率脉冲磁控溅射（high power impulse magnetron sputtering，HiPIMS）是等离子体溅射技术中的一项技术，是由著名的已故俄罗斯科学家 Vladimir Kouzentsov 开发的。HiPIMS 技术的主要特点是离化率高、堆积致密和镀膜性好。顾名思义，这是指用非常大的电压产生的脉冲撞击靶材表面而使靶材离化率大幅度增加的技术，但是发射大功率脉冲对电极是极大的考验。所以，这种大功率的发射不是连续的，而是在电极的可承受范围内断续而高频地发射。这种方法既能增加靶材的离化率，又能相对延长电机的使用寿命。由于击中衬底的带正电荷的粒子能量和方向均受到施加于衬底的负电压（偏压）的有利影响，所以与传统的 DCMS 相比，HiPIMS 具有较大的优势。

3. 中频磁控溅射

DCMS 装置工作过程中，若所沉积薄膜为绝缘体，阳极的导电性会逐渐变低，甚至变成绝缘体而发生打火击穿现象，严重影响薄膜的生长。目前在科学研究中多使用中频溅射和射频溅射，即使用交流电源取代直流电源。射频溅射的电源频率很高，所以溅射粒子无法通过电场的作用获得更高的能量，从而导致薄膜沉积速率低，而且射频电源在溅射过程中会产生电磁辐射，需要特定的装置来进行屏蔽。中频磁控溅射（mid-frequency magnetron sputtering，MFMS）集合了直流溅射和射频溅射的优点，采用孪生靶的方式进行工作，可以有效地缓解“靶中毒”现象，而且具有与直流溅射相当的沉积速率、薄膜沉积质量高等优点，是反应磁控溅射技术未来发展的方向之一。

MFMS 系统需要两个尺寸和外形完全相同并且并排放置的孪生靶，电源电压输出模式为正弦或者对称方波。在溅射过程中，当靶表面的电压为负半周时，Ar^+ 会在电场作用下加速轰向靶表面；当靶表面电压为正半周时，电子受到电场的牵引作用，会被吸引到靶面，中和靶表面积累的正电荷，抑制了打火现象发生，使溅射过程能够持续进行。图 4-3 为 MFMS 设备原理图。

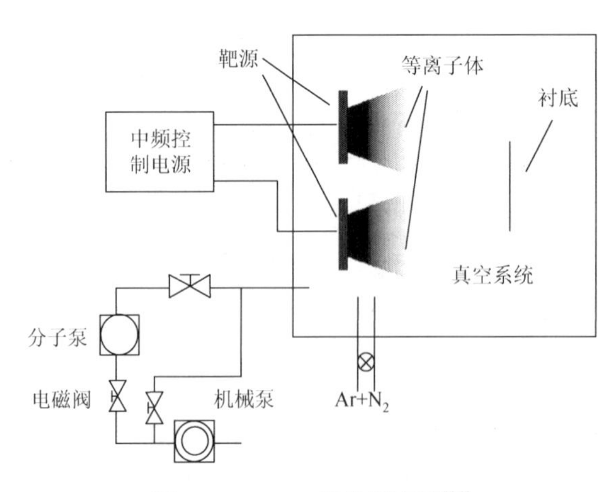

图 4-3　MFMS 设备原理图[24]

4. 反应射频磁控溅射

反应射频磁控溅射（RF magnetron sputtering，RFMS）是在阴极靶材与阳极样品台之间施加射频电源的薄膜沉积方法。一般来说，射频区间为5～30MHz，国际上通常采用的射频大多为美国联邦通信委员会推荐的13.56MHz。在采用RFMS沉积薄膜的过程中，射频电压周期性地改变每个电极的电位，因此可以有效减少靶材表面的电荷积累，降低靶材表面打火的概率。因此，RFMS适用于各种金属和非金属材料的沉积。

1980年，日本Shiosaki等首次采用RFMS法低温制备了单晶AlN薄膜，第一次实现了AlN在金属薄膜叉指电极上的生长。研究表明，溅射气压及分压、溅射功率以及衬底温度等沉积条件对薄膜器件有重要的影响[25]。利用RFMS还可以在Si（100）衬底上制备具有蚕状形貌的AlN薄膜，如图4-4所示[26]。

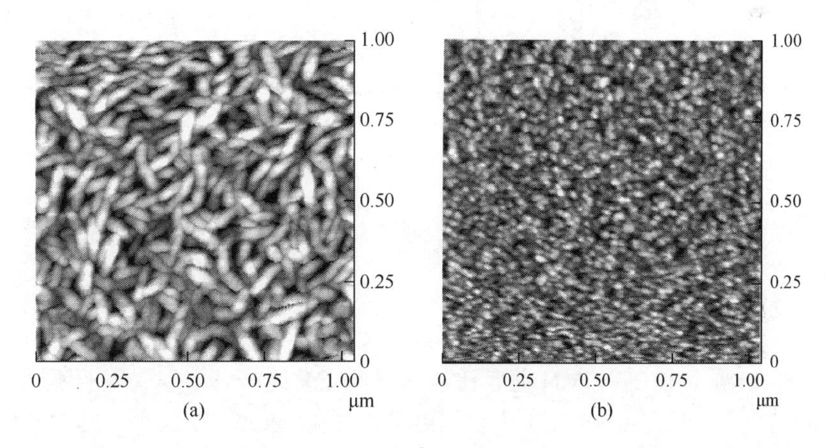

图4-4　利用RFMS分别在（a）4.4×10^{-3}Torr和（b）4.0×10^{-4}Torr下沉积的蚕状形貌的AlN薄膜的AFM图像[26]

5. 反应脉冲磁控溅射

反应脉冲磁控溅射（reactive pulse magnetron sputtering，RPMS）采用矩形波电压的脉冲电源代替传统直流电源进行磁控溅射沉积。RPMS技术可以有效地抑制电弧的产生，进而消除由此产生的薄膜缺陷，同时具有提高溅射沉积速率、降低沉积温度等一系列显著优点。

2003年，Elmazria等[27]采用脉冲DCMS法在金刚石表面沉积AlN薄膜并制成SAW器件，机电耦合系数比1989年预测的高两倍。Martin等[28]采用RPMS法沉积了不同厚度的AlN薄膜，发现当膜厚小于2μm时，（0002）衍射峰FWHM随着膜厚的增加而减小。Benetti等[29]采用RPMS法在金刚石表面制备AlN薄膜并对其进行研究，发现温度对 c 轴择优取向生长起到了极其重要的作用。Hoang 和 Chung[30]采用 RPMS 法在 Si 衬底上制备了高质量的 AlN 薄膜，表面均方根粗糙度为 9.3nm，X 射线摇摆曲线（0002）取向晶面衍射峰 FWHM 仅为 1.3°，如图 4-5 所示。2010 年，Iriarte 等[31]对采用 RPMS 法合成 c 轴择优取向 AlN 薄膜进行了综述，重点论述了不同工艺参数对 AlN 薄膜质量的影响。

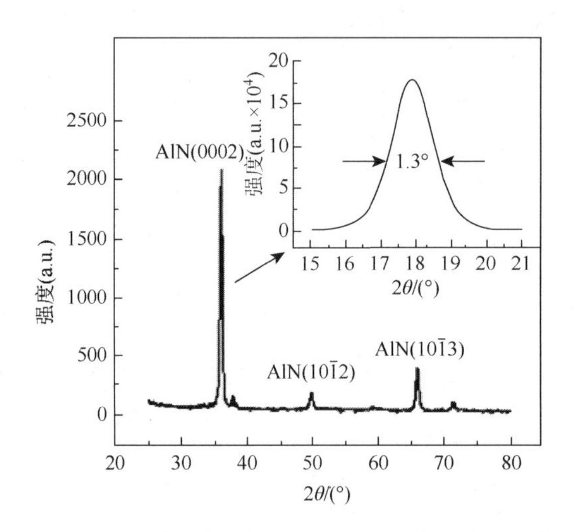

图 4-5　AlN/SiC 结构的 XRD 谱图和（0002）反射前后的摇摆曲线（插图）[26]

4.2.2　金属有机化学气相沉积法

MOCVD 是目前制备 AlN 薄膜比较成熟的工艺之一，根据气压的不同分为常压 MOCVD 法、低压 MOCVD 法和等离子体增强 MOCVD 法等。其主要原理是在衬底表面发生化学反应来沉积 AlN 薄膜，其过程大致包含三步：一是形成挥发性物质；二是将气相物质转移到沉积薄膜区域；三是在衬底表面发生化学反应沉积生成薄膜。MOCVD 法制备的薄膜因为是在气态下沉积生成的，所以薄膜的致密性很高且与衬底结合力较强，适合批量生产。MOCVD 的反应温度为 900～2000℃，要求衬底材料是耐高温材料。

1. 工艺流程和化学反应式

MOCVD 外延生长 AlN 薄膜的简要工艺流程如下。

（1）Si 衬底的前期处理。Si 原子暴露在空气中极容易被氧化或污染，对后续 AlN 的生长造成影响，因此生长前需要对 Si 衬底进行表面预处理。主要步骤如下：首先，在有机溶液中超声除去表面有机污染物；然后，用氢氟酸（HF）稀溶液将 Si 衬底表面的氧化膜去除；最后，用去离子水清洗、吹干。

（2）AlN 外延薄膜生长过程。将清洗干净的 Si 衬底放置于石墨盘上，之后将 Si 衬底送入 MOCVD 反应室，保持反应室气压为 50Torr。在外延生长前，首先升高温度对 Si 衬底进行高温退火以去除衬底表面的氧化层。退火结束后，降低温度至外延生长温度，开始进行 AlN 外延层的生长。生长结束后，关闭加热丝降低腔体温度，取出外延片并对其进行相关测试。

在 MOCVD 反应室内发生的化学反应包括在气相中进行的均相反应和在衬底表面进行的异相反应（表面反应）。在气相中进行的、采用三甲基铝（TMAl）和 NH_3 为源生长 AlN 的均相反应如下。

（1）TMAl 和 NH_3 发生不可逆反应：

$$\mathrm{TMAl} \longrightarrow \mathrm{MMAl} + \mathrm{CH_3} \tag{4-1}$$

$$\mathrm{TMAl} + \mathrm{NH_3} \longrightarrow \mathrm{TMAl \cdot NH_3} \tag{4-2}$$

（2）$TMAl{\cdot}NH_3$ 失去 CH_4：

$$\mathrm{TMAl \cdot NH_3} \longrightarrow \mathrm{DMAl \cdot NH_2} + \mathrm{CH_4} \tag{4-3}$$

（3）$DMAl{\cdot}NH_2$ 发生聚合反应，生长二聚物或者环状三聚物分子：

$$2\mathrm{DMAl \cdot N_2} \longrightarrow [\mathrm{DMAl \cdot NH_2}]_2 \tag{4-4}$$

$$3\mathrm{DMAl \cdot N_2} \longrightarrow [\mathrm{DMAl \cdot NH_2}]_3 \tag{4-5}$$

$$n\mathrm{DMAl \cdot N_2} \longrightarrow [\mathrm{DMAl \cdot NH_2}]_n \tag{4-6}$$

（4）二聚物或者环状三聚物分子在气相中生成 AlN 颗粒，被带离反应室：

$$[\mathrm{DMAl \cdot NH_2}]_2 / [\mathrm{DMAl \cdot NH_2}]_3 \longrightarrow \mathrm{AlN}（颗粒） \tag{4-7}$$

在衬底表面进行的采用 TMAl 和 NH_3 为源生长 AlN 的表面反应如下。

（1）TMAl、$TMAl{\cdot}NH_3$、MMAl 吸附在 N 原子表面（用 s 表示）变成 Al^*并释放出 CH_3：

$$\mathrm{TMAl} + \mathrm{s} \longrightarrow \mathrm{Al^*} + 3\mathrm{CH_3} \tag{4-8}$$

$$\mathrm{TMAl \cdot NH_3} + \mathrm{s} \longrightarrow \mathrm{Al^*} + 3\mathrm{CH_3} + \mathrm{NH_3} \tag{4-9}$$

$$\mathrm{MMAl} + \mathrm{s} \longrightarrow \mathrm{Al^*} + \mathrm{CH_3} \tag{4-10}$$

（2）$DMAl{\cdot}NH_2$、$[DMAl{\cdot}NH_2]_2$ 等吸附在 N 原子表面变成 AlN^*并释放出 CH_4：

$$\mathrm{DMAl \cdot NH_2} + \mathrm{s} \longrightarrow \mathrm{AlN^*} + 2\mathrm{CH_4} \tag{4-11}$$

$$[\mathrm{DMAl \cdot NH_2}]_2 + \mathrm{s} \longrightarrow 2\mathrm{AlN^*} + 4\mathrm{CH_4} \tag{4-12}$$

从上述 AlN 生成过程的动力学方程中也可以看出，AlN 的并入效率和源流量、反应室温度、气压等密切相关。

2. 氮化铝薄膜生长现状

基于 MOCVD 外延生长 AlN 薄膜，国内外团队都做了大量的研究工作，并取得一系列重要的研究进展。目前主要的技术手段包括高温生长技术、迁移增强技术、多步

AlN 层设计以及图形化衬底横向外延生长（lateral epitaxy overgrowth，LEO）技术。

1）高温生长技术

与其他薄膜生长不同，要想实现 AlN 的二维生长，必须升高外延生长温度，为 Al 原子的迁移提供足够的能量。根据运动学理论，在某个特定生长条件下外延层的生长模式（二维或三维）由表面吸附原子的扩散长度 λ 决定，λ 由式（4-13）和式（4-14）给出：

$$\lambda = \sqrt{D\tau} \tag{4-13}$$

$$D = D_0 \exp[-E/(k_B T)] \tag{4-14}$$

式中，τ 为吸附原子在生长面上的平均停留时间；D 为吸附原子的表面扩散系数；D_0 为扩散常数；E 为吸附原子表面扩散能垒；k_B 为玻尔兹曼常数；T 为生长温度。Al 原子的黏滞系数较高，因此提高生长温度有利于增强 Al 原子的表面扩散。目前研究者普遍认为当生长温度高于 1200℃时才能显著提高 Al 原子的迁移率[32, 33]。Imura 等[34, 35]在 2006 年和 2008 年利用高温 MOCVD 生长系统，分别在 1300℃和 1600℃的条件下在蓝宝石衬底和 SiC 衬底上生长出约 2μm 厚且表面光滑的高质量 AlN 薄膜。相比于中低温生长，高温能够促进位错闭合成环，最终 AlN 薄膜的位错密度分别为 $2\times10^9\text{cm}^{-2}$ 和 $7\times10^8\text{cm}^{-2}$，明显低于低温生长的 AlN 薄膜的位错密度。

然而，高温生长（＞1300℃）往往需要设计特殊的 MOCVD 反应室以及加热器[36, 37]。这是因为对传统水平的反应器而言，高温会导致反应器上下壁间存在较大温差，极易产生强烈的热对流，影响 AlN 薄膜的厚度和成分的均匀性。高温生长还会加剧 AlN 前驱体的寄生预反应，大大降低生长速率，这些气相寄生产物容易在反应器壁面上发生聚集和冷凝，在薄膜表面形成缺陷。此外，高温生长会影响 Si 衬底的稳定性以及在降温过程中导致较大的热失配。因此，目前 Si 衬底上外延 AlN 材料不适宜采用过高的温度生长，常用温度为 1000～1200℃。

2）多步氮化铝层设计

为了避免高温生长 AlN 时所带来的一系列问题，研究者更多地探索中低温（＜1300℃）条件下生长 AlN 的技术，期望能够降低 AlN 中的高失配位错。对 AlN 材料，引入低温成核层已经被证实可以有效地提高外延材料的质量[38]。实验证明，在利用“两步法”生长 AlN 的过程中，过低的生长温度不利于 Al 吸附原子表面迁移，成核晶粒尺寸太小，过高的生长温度又会使晶粒取向发生偏移[32, 39]，优化后的成核层生长温度约为 950℃。

Sun 等[40]在蓝宝石衬底上以 950℃生长 50nm 的 AlN 低温成核层，后升高温度生长约 1μm 的 AlN 外延层，外延层的 X 射线摇摆曲线（0002）取向的 FWHM 降低至 60arcsec（1arcsec = 0.01592°）。“两步法”生长的 AlN 在 SiC 衬底上同样被证实能有效提高外延层的质量。AlTahtamouni 等[41]以高低温度“两步法”生长的 AlN 为缓冲层，进一步生长出约 1μm 的 AlN 外延层，其 X 射线摇摆曲线（0002）

取向的 FWHM 为 40arcsec，位错密度仅为 $3\times10^6cm^{-2}$，相比“单步法”生长的 AlN 外延层位错密度（$3\times10^7cm^{-2}$）降低了一个数量级。

在“两步法”生长过程中，反应时 N 和 Al 含量之比Ⅴ/Ⅲ对整个外延层质量影响也很大。Ⅴ/Ⅲ越低，AlN 的生长速率越高，易呈现二维生长模式[42]。2006 年，Bai 等[43]通过调整Ⅴ/Ⅲ和源流量来改变 AlN 在蓝宝石衬底上的生长模式，研究表明当 AlN 呈二维生长时，有利于位错闭合与湮灭，大大降低了位错密度。目前，研究者已经从最初的高低温度“两步法”，延伸出高低Ⅴ/Ⅲ“两步法”[44]和高低气压“两步法”[45]，普遍应用的 AlN 的二维生长规律是高温、低Ⅴ/Ⅲ；反之，低温、高Ⅴ/Ⅲ时 AlN 呈三维岛状生长[46, 47]。这些技术的主要特点可以归结为，先生长一层三维成核层来释放失配应力，随后通过生长条件的改变切换到二维生长模式引导位错闭合，最终获得高质量的平整薄膜。

对 Si 衬底而言，除了采用常见的“两步法”生长，由于 Si 与 N 容易反应生成无定形的 Si_xN_y 界面层，2000 年之后研究者开始在 AlN 外延层生长前引入一层预铺 Al 层[48, 49]。一方面，预铺 Al 会提高 AlN 在 Si 衬底上的润湿性，促进 AlN 的二维生长；另一方面，预铺 Al 已经被证实能够有效阻止无定形 Si_xN_y 界面层的形成[50]。Cao 等[51]和 Bak 等[52]分别采用预铺 Al 技术，研究预铺 Al 时间对 AlN 外延层性能的影响，发现预铺 Al 时间不宜过长，否则衬底容易形成三维的 Al 岛，造成 Al 堆积。图 4-6 为 Bao 等[50]研究不同预铺 Al 时间下生长的 AlN 外延薄膜表面 SEM 图片。

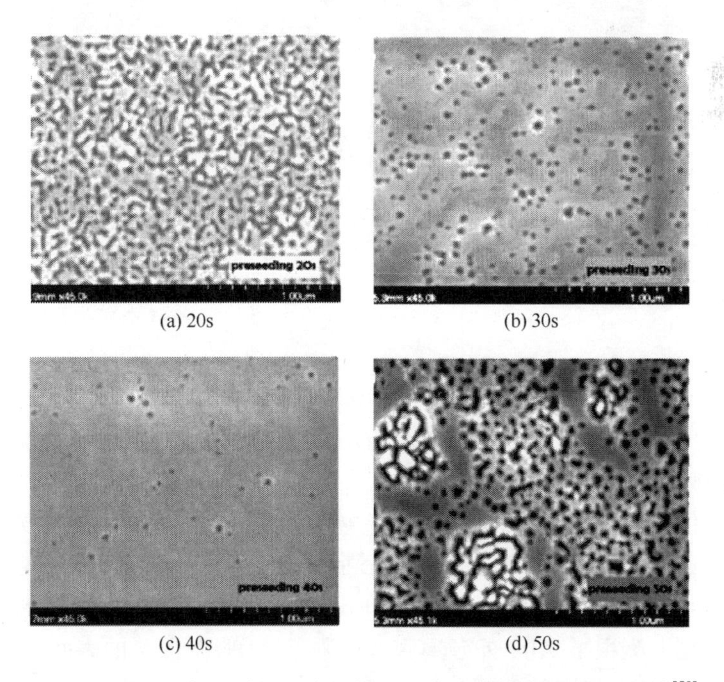

(a) 20s　(b) 30s　(c) 40s　(d) 50s

图 4-6　不同预铺 Al 时间下生长的 AlN 外延薄膜表面 SEM 图片[50]

随着对 AlN 生长模式及位错控制机制研究的不断深入，研究者又提出了其他多层 AlN 设计的思路。Chen 等[53]在 SiC 衬底上采用 AlN 的二维与三维不同生长模式交替生长约 1.5μm 的 AlN 层。这种方法可以有效引导穿透位错闭合，使失配应力在生长过程中逐级释放，获得（0002）取向的 FWHM 为 86arcsec、表面粗糙度仅为 0.132nm 的高质量薄膜。如图 4-7 所示，Zhang 等[54]也采用类似方法在蓝宝石衬底上重复 3 个高低温 AlN 周期生长，得到的 AlN 晶体质量随生长周期的增加而改善，由原位的反射率曲线监测发现 AlN 的二维与三维生长模式随温度变化而交替进行，最终约 1.5μm 的 AlN 层（0002）取向的 FWHM 为 311arcsec，表面粗糙度仅为 0.149nm。此外，还有研究者在生长设计中引入插入层。Lee 等[55]发现 Al 插入层对 AlN 外延薄膜中针孔的形成有抑制作用，他们用 KOH 腐蚀法证明该 Al 插入层是 AlN 层的 N 极性和 Al 极性转换的关键影响因素，Al 插入后 AlN 外延薄膜的表面是光滑平整的 Al 极性面。Wang 等[56]也在 Si 衬底的高温 AlN 层后引入 Al 插入层，通过对 Al 插入层处进行不同时间的氮化后发现 Al 插入层还能有效提高 Al 吸附原子表面迁移率。最终在最佳氮化时间（25s）下，AlN 的表面粗糙度从未插入 Al 层的 5.1nm 降低至 1.91nm，位错密度也降为 $3\times10^7cm^{-2}$。

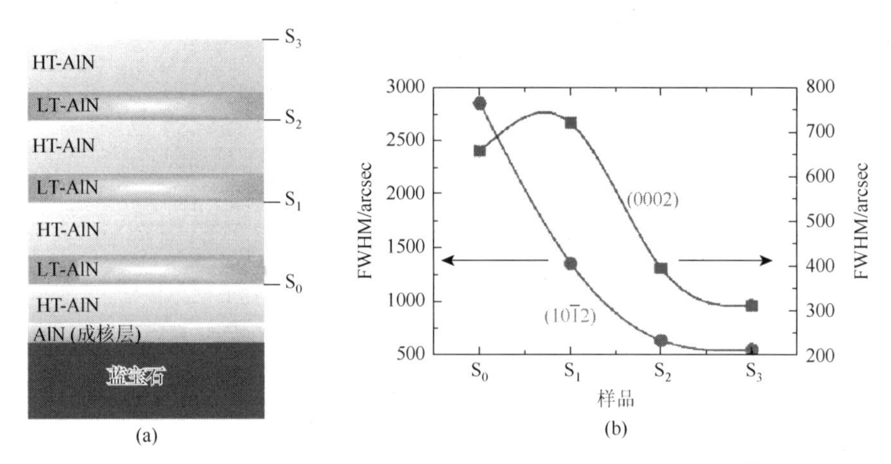

图 4-7　多层 AlN 结构示意图和样品 S_0～S_3 的 AlN（0002）与（10$\bar{1}$2）面 X 射线摇摆曲线的 FWHM[54]

3）迁移增强技术

减小并抑制 MOCVD 反应室内的寄生预反应现象，进一步提高 Al 吸附原子在生长面上的迁移率也是研究外延生长高质量 AlN 的重要课题。1992 年，Khan 等[57]首次提出使用脉冲原子层沉积（pulsed atomic layer deposition，PALD）技术在蓝宝石衬底上沉积了 AlN 外延薄膜，增强了 Al 吸附原子的表面迁移率。这种技术又称为迁移增强外延（migration enhancement epitaxy，MEE）技术[58]，主要特点是 Al 源和 N 源以脉冲模式交替进入反应室，使 Al 吸附原子与 N 原子在结合前有充足时间移动到成核点，促进二维生长并缩短 TMAl 和 NH_3 同时滞留在反应室内的相遇时间，降低寄生预反应概率。实验证实采用这种技术能够在比传统的低压 MOCVD 温度低 200～300℃条件下生长出较高质量外延层[59, 60]。以该技术生长的 AlN 外延薄膜先作为蓝宝石衬底上的缓冲层，再连续生长 1.2μm 厚、位错密度降低为 $2.1\times10^8cm^{-2}$ 的 AlN 外延层。TEM 结果表明在两种方法生长的 AlN 层间存在一层能改变应力状态并有效引导位错湮灭的界面层，这个界面层对外延层质量的提升具有重要的意义[61]。这一技术还被成功地应用于制备 AlInGaN、AlGaN 等材料。

随着对 MEE 技术［图 4-8（a）］的深入研究，发现在采用 MEE 技术前是否增加一个传统连续法的生长阶段对 AlN 成核层的生长模式影响较大[62]。于是，研究者重新调整了 MEE 技术，通过结合传统连续法和 MEE 技术的特点，提出了改进 MEE（modified MEE，MMEE）技术。图 4-8（b）是 MMEE 技术示意图，每个周期中包含了 1 个周期 MEE 生长和 1 个周期连续法生长[63]。结果表明，采用 MMEE 技术在蓝宝石衬底上得到的 600nm 的 AlN 外延层的(0002)取向的 FWHM 为 43arcsec，位错密度约 $4.0\times10^6cm^{-2}$。同时通过对比发现，分别采用传统连续法、MEE 技术和 MMEE 技术生长的 AlN 成核层中三维成核岛尺寸依次是传统连续法（约 15nm）＜MMEE 技术（约 25nm）＜MEE 技术（约 50nm），表明 Al 吸附原子迁移率依次增强。

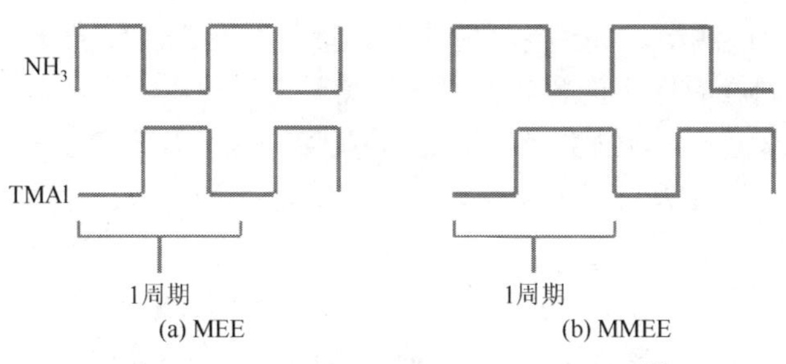

图 4-8　MEE 和 MMEE 脉冲生长示意图[45]

这是因为 MEE 技术虽然能有效地提高 Al 吸附原子在生长面上的迁移率，但是与传统连续法相反，这时的 Al 吸附原子常常迁移到主要成核点即台阶前端，并在台阶处与 NH_3 发生反应生成 AlN。经过周期性脉冲生长之后，就会在表面形成垂直于台阶方向的层状表面，且 AlN 成核岛尺寸较大，使生长表面变得不平整。图 4-9 是采用 MEE 技术、MMEE 技术以及传统连续法在蓝宝石衬底上生长 AlN 成核状态示意图。该生长规律与实验现象完美契合[64]，MEE 技术能够有效地促进 AlN 的二维生长和晶粒尺寸的增大，但是过长的脉冲时间同时导致生长不均匀和较高的晶粒间应力；相反地，传统连续法中 Al 吸附原子由于表面迁移率低倾向于混乱堆叠在生长表面，过长的连续生长后容易形成多个成核点，使 AlN 呈现出三维生长，造成粗糙表面。因此，采用 MMEE 技术能够有效平衡 AlN 的二维和三维生长，可以将位错密度降低至 10^6cm^{-2}，得到表面平整且质量较高的 AlN 外延层。

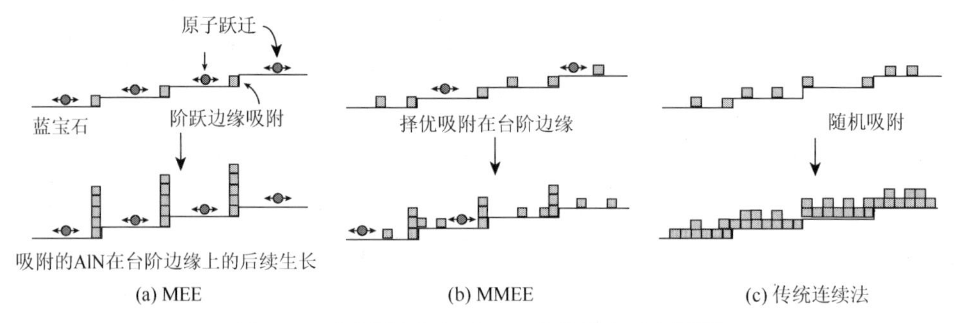

图 4-9 不同生长方式下 AlN 成核状态示意图[45]

4）图形化衬底 LEO 技术

为了满足器件发展的需要，尤其是基于高质量 AlN 外延层的紫外 LED 器件的制备，近年来研究人员开始探索借鉴 GaN 材料中经常采用的 LEO 技术，开展 AlN 材料的 LEO 技术研究，进一步降低位错密度。

GaN 的 LEO 技术的基本过程是先沉积 SiO_2 或 Si_xN_y 掩模层，然后利用光刻技术形成图形化的衬底，从而达到选择性外延的效果。因为 GaN 前驱体会优先在有图形的衬底窗口区成核，并进行外延生长，而抑制在无图案的掩模区衬底表面成核。当 GaN 材料在有图形的衬底窗口区长满后，便会开始侧向生长，且此时的横纵向生长速率都比较大，直到整个 GaN 外延层连成一片[65, 66]。然而，与 GaN 材料 LEO 不同，由于 Al 吸附原子在生长表面上的迁移率低，AlN 材料在 SiO_2 或 Si_xN_y 掩模层上也容易成核，无法实现选择外延。因此，AlN 的 LEO 技术一般先长一层薄 AlN 外延层后刻蚀图形，再进行侧向外延生长，如 SEM 图片［图 4-10（a）］所示，衬底图形多是微米级沟槽。这种技术的最大优势在于外延层产生横向生长后，线缺陷的一部分在横向生长区被截断而消失，另一部分向横向生长区弯曲 90°而阻止向上延伸，因此有效降低位错密度。从 SEM 图片［图 4-10（b）］观察到 LEO 中位错的形成和愈合机制，结果表明这种技术能使穿透位错密度降低 2～3 个数量级，AlN 材料中位错密度由台阶处直接生长时的 $10^{10}cm^{-2}$ 降低至 10^8cm^{-2}[67]。

但是，由于 AlN 横向生长相对困难，LEO 过程中需要与高温生长技术或脉冲生长技术相结合。通过高温生长和 LEO 技术的结合，在微米级沟槽型 AlN/蓝宝石衬底模板上生长出了愈合完整的 AlN 外延薄膜，其 AlN 的（0002）X 射线摇摆

(a) 沟槽型AlN/Si衬底的SEM图

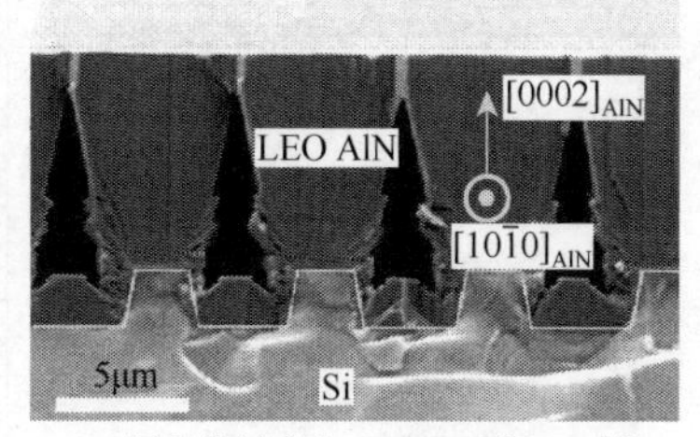

(b) 图形化衬底上LEO-AlN的SEM图

图 4-10　沟槽型 AlN/Si 衬底和图形化衬底上 LEO-AlN 的 SEM 图[54]

曲线 FWHM 只有 148arcsec，穿透位错密度降低至 10^7cm^{-2}[33]；结合 NH_3脉冲通入技术和 LEO 技术在微米级沟槽型 AlN/蓝宝石衬底模板上可使 AlN 的穿透位错密度降低到 10^8cm^{-2}，并实现最大光输出 2.7mW 级的 270nm 的紫外 LED[68]。在 Si（111）衬底上通过高温生长结合 LEO 技术生长 4μm 厚、表面平整且（0002）取向的 FWHM 为 780arcsec 的 AlN 外延层。这一晶体质量的结果虽然与蓝宝石上外延的 AlN 尚有一定的差距，但仍有效支撑了后续 256～278nm 的深紫外 LED 的外延制备[69]。

在微米级沟槽型模板的基础上，图形开始由单一的沟槽型向圆柱形等发展。2015 年，Tran 等[70]首次采用微圆柱图案 Si 衬底促进横向外延生长，如图 4-11 所示。该工艺在图形化 Si 衬底上直接生长 AlN 材料，简化了传统工艺。制备出 8μm 厚 AlN 材料，其（0002）X 射线摇摆曲线 FWHM 为 14.45arcsec，相比普通微米级图形，虽然晶体质量尚有一定差距，但是工艺简化且最高生长速率达到 66nm/min，这也是目前较高的生长速率。同时，图形尺寸开始由微米级向纳米级发展。进一步降低图形尺寸，采用纳米图形化蓝宝石衬底（nano-patterned sapphire substrate，NPS）外延生长，能够有效地提高 AlN 材料的质量。该技术由自组装光刻技术和干湿法结合的刻蚀工艺结合而成，结果表明 AlN 在厚度为 2.5μm 时即可实现 AlN 外延层的充分合并，（0002）X 射线摇摆曲线 FWHM 进一步降低到 69.4arcsec。相比普通微米级图形，其外延效果更好。尽管图形化 LEO 技术是目前 AlN 异质外延生长中广泛采用的技术之一，在降低缺陷密度方面有很大优势，但是该技术还存在光刻工艺复杂、窗口区位错密度高、晶向倾斜等问题，需要进一步优化。

4.2.3　分子束外延法

MBE 技术由 20 世纪 50 年代的真空蒸发技术发展而来，主要原理是让靶材暴露在高压放电、高温等极端环境中发生物理化学变化并产生分子束，然后分子束与衬底表面进行能量交换，靶材溅射粒子在衬底表面失去能量形成薄膜。在薄膜生

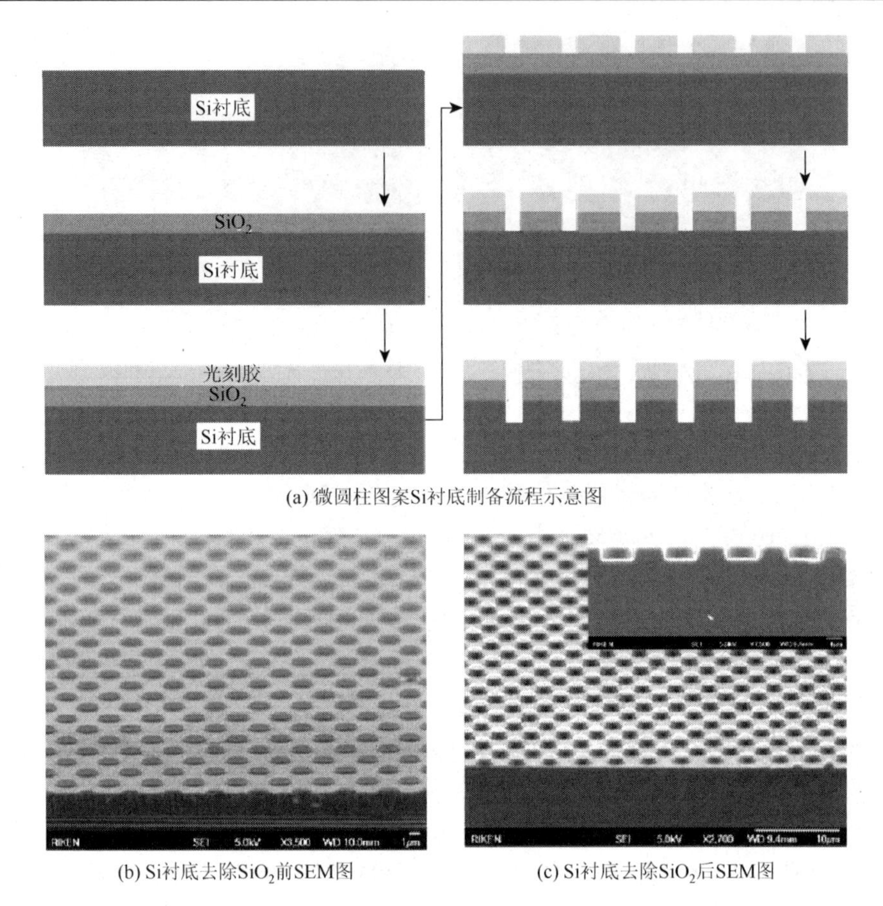

(a) 微圆柱图案Si衬底制备流程示意图

(b) Si衬底去除SiO_2前SEM图　　(c) Si衬底去除SiO_2后SEM图

图 4-11　微圆柱图案 Si 衬底制备流程及去除 SiO_2 前后 SEM 图[55]

长过程中，衬底温度、生长速率、薄膜厚度等工艺参数能够进行实时观察并且调控，所以沉积的 AlN 薄膜晶粒大小均匀、厚度可控、平整度高，可以沉积出高质量的 AlN 薄膜。但 MBE 设备对薄膜生长环境的维护条件比较苛刻，需要液氮来维持超高真空状态，维护成本较高；薄膜生长速率较为缓慢，无法进行大面积薄膜生长。

1. 分子束外延法原理

由于 MOCVD 采用气体原材料，在利用 MOCVD 方法生长 AlN 过程中存在源互扩散性严重的问题，且由于原材料中含有大量的氢元素，容易造成掺杂，导致样品不纯。此外，根据生长相图计算，AlN 的平衡态生长由于需要极高的生长温度（1600℃以上），传统的 MOCVD 设备很难满足这个要求。而 MBE 系统可以实现在低温非平衡态的生长，且在 MBE 生长 AlN 过程中的超高真空生长环境可以有效减少非故意掺杂的发生，为生长高晶体质量和表面平整的 AlN 提供了一种有效的途径。MBE 技术是于 1968 年由美国贝尔实验室的 Arthur 等提出，并于 1971 年由卓以和等发展起来的一种比较成熟和优越的超薄材料生长技术。原理是在不锈钢制成的超高真空系统（压强低于 10^{-7}Torr，极限真空可以达到 10^{-11}Torr）中加热原材料，原材料通过高温蒸发、辉光放电离子化、气体裂解、电子束加热蒸发等方法产生分子束流，入射分子束与衬底交换能量后，经吸附、再蒸发、迁移、成核、生长成膜。图 4-12 是 MBE 生长薄膜的示意图。

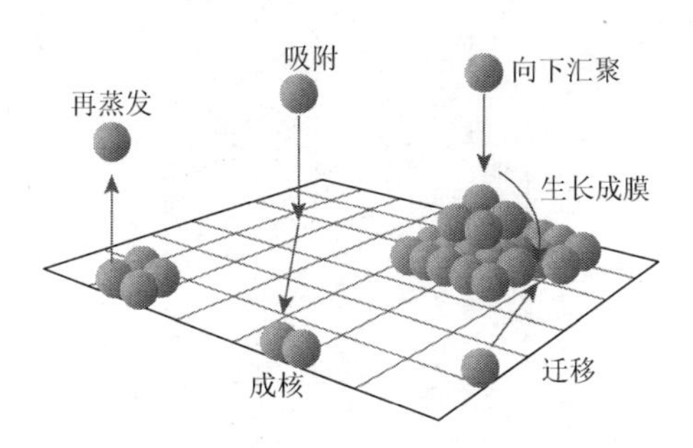

图 4-12　入射分子束表面吸附、再蒸发、迁移、成核、生长成膜示意图[71]

MBE 技术的主要优点如下：

（1）具有超高真空生长环境，外延材料的纯度特别高，同时为表面分析技术的应用提供了条件。

（2）蒸发源和衬底分开加热，可以分别加以控制和调整。

（3）生长速率为 0.1～1nm/s，可以精确控制薄膜厚度。

（4）生长温度较低，可以避免生长过程中衬底或外延层中的扩散问题，获得非常陡峭的界面，适合生长超晶格等特殊材料，同时可以避免高温热缺陷的产生。

（5）非热力学平衡生长模式使外延层的表面原子量级光滑，也易于实现掺杂。

（6）反射式高能电子衍射仪（reflective high energy electron diffractometer，RHEED）的原位监测技术使整个外延生长过程得到严格的监视与控制。

以上优点保证了人们可以利用 MBE 技术生长出不同元素、不同组分、不同掺杂浓度及厚度的材料，满足科研和实际应用的需要。

2. 分子束外延法装置设备

MBE 生长系统一般配有 RHEED，可对表面的生长状况进行实时检测。MBE 生长速率相对较低，因此可以精确地控制薄膜的厚度、组分和掺杂。目前，主要有两种 MBE 系统用于Ⅲ-Ⅴ族半导体材料的制备，即等离子体辅助（plasma assisted）

MBE（P-MBE）和激光辅助（laser assisted）MBE（L-MBE）。这两种方法的主要区别是 L-MBE 用激光靶代替 P-MBE 的束源炉。根据等离子体源的产生方式，P-MBE 又可以分为射频等离子体辅助（radio frequency plasma assisted）MBE（RF-MBE）和微波电子回旋共振等离子体辅助（electron cyclotron resonance plasma assisted）MBE（ECR-MBE）。

图 4-13 为 MBE 生长示意图。在Ⅲ-Ⅴ族化合物生长过程中，N 源通过等离子辅助激发与其他源的原子在衬底处发生反应，形成目的产物，RHEED 实时监测样品表面生长状况。

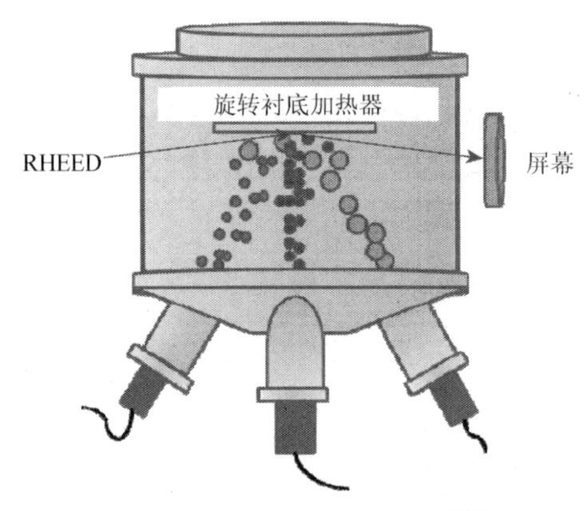

图 4-13 MBE 生长示意图[71]

MBE 系统是一个复杂而精密的系统，调节不同的参数可以改变外延薄膜的生长条件，实时监测设备可以反馈薄膜材料的表面特性。在Ⅲ-Ⅴ族化合物的 MBE 过程中，精确控制半导体材料的生长温度、金属源和 N 源的束流等条件，同时通过 RHEED 实时监测样品表面的平整度和生长时的富 Al、富 N 情况。基于以上原因，MBE 系统能有效调控Ⅲ-Ⅴ族化合物薄膜的生长进程。由于各源束流可以控制得很小，有利于实现单层原子精度的调控制备。

3. 分子束外延机制

以 TMAl 和 NH_3 为源、Si 为衬底，采用金属有机分子束外延（metal organic MBE，MOMBE）法生长 AlN 薄膜，气体源的差异对 AlN 薄膜的生长影响较大。

首先，在高 NH_3 通量的情况下，生长速率大幅度下降，同时随着温度的升高，下降速率加快。其次，AlN 薄膜的粗糙度随着温度的升高而增大。

在 MOMBE 中，为了使 Al 成键，必须失去一个甲基，测得的甲基自由基的解析能为（13±2）kcal/mol。然而，只有在容易失去电子（如 Al）的金属表面或者电负性较强的元素（如 N）存在时，才会观察到如此低的能量。在钝化表面 Al—C 键的断裂能较高，为 50～70kcal/mol，而且 Al 只能通过热解离释放。当温度为（715±10）℃时，被 H 钝化的 AlN 表面的 H 解析能为 55kcal/mol，TMAl 和 NH_3 制备的 AlN 的 NH 顶端温度约为 780℃。因此，在 NH 顶端表面不太可能发生 TMAl 的分解。相反，Al 稳定表面提供了 TMAl 和 NH_3 的分解场所，因此在（715±10）℃这些表面没有钝化 H。在这些表面上 H 的解析能为 17kcal/mol，比 N 稳定表面降低了 2/3。假设生长 AlN 时，N 的使用率约为 10%，可以认为 NH_3 的分子束等效压力（beam equivalent pressures，BEP）为 8×10^{-6}Torr 时，撞击表面的气流约为 $0.4\times10^{16}cm^{-2}\cdot s^{-1}$。在生长温度约为 840℃时，$NH_3$ 的表面覆盖率为负值，不构成限速过程。另外，H 可以大量覆盖生长表面。

在较高的温度下，H 的钝化程度或者 H 的表面覆盖率较低。在高 NH_3 流量时，尤其在高注入温度下，H 表面覆盖率增加，导致生长速率降低。也就是说，Al 必须和剩余的 H 竞争，和 N 在表面结合成键。这种竞争关系导致在 NH_3 流量增加时生长速率降低。图 4-14 为不同的 NH_3 流量导致的三种状态的 AlN 生长速率。在第一区域，低氨通量反映了氨的有限增长，这个生长区域可以称为 NH_3-limited。在第二区域，中值氨通量下生长速率受 Al 的通量限制，这个生长区域可以称为 Al-limited。在第三区域，高氨通量下生长速率受 H 钝化程度和生长表面可用氮键的双重限制，这个生长区域可以称为 N-limited。

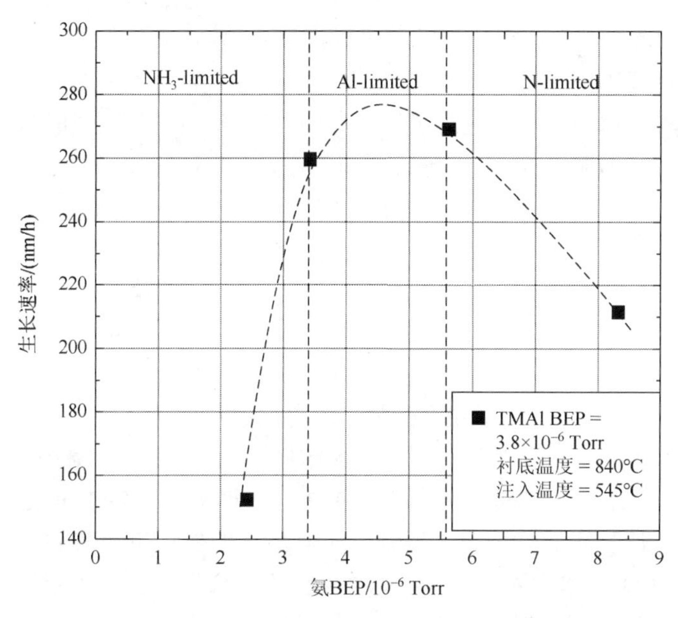

图 4-14　高注入温度下 NH_3 流量对生长速率的影响[72]

一般来说，在生长过程中，材料本身的高迁移率与高生长温度有利于降低其表面的粗糙度。借助表面活性剂，可以在低温下降低材料的表面粗糙度，促进低温下的二维生长。例如，H 原子作为表面活性剂在 GaAs 生长过程中促进了二维生长模式。但是利用 MOMBE 生长 AlN 时，由于 H 的表面覆盖率较低，AlN 薄膜的表面粗糙度较大。H 的来源主要有两种：一个来源是表面 TMAl 和 NH_3 分子的分解，AlN 的生长速率对温度的依赖性较弱，假设源分子的裂解速率具有同样的弱依赖性，但是在较高的生长温度下，H 的脱附速率增加，导致表面覆盖率降低，粗糙度增加；另一个来源就是氨的注入，在较高的注入温度下，可用 H 的数量逐渐增加[72]。

4.2.4 脉冲激光沉积法

PLD 法[73, 74]的主要原理是利用高能量激光对靶材进行直射轰击，靶材粒子在被高能量激发后形成等离子体区域，在这个区域的高能靶材粒子会在衬底表面逐渐沉积成薄膜。PLD 法生长 AlN 薄膜具有沉积速率快、实验周期短、实验维护简单等优点，但是存在无法大面积生长 AlN 薄膜和靶材的熔融小颗粒溅射到衬底表面等问题，因此目前只适合进行科学研究。

早在 1997 年，Vispute 等[75]就已经利用 PLD 法在 α-Al_2O_3、Si 和 6H-SiC 衬底上生长了 AlN 外延薄膜。2005 年，Basillais 等[74]发现在 PLD 制备 AlN 薄膜的过程中，如果加入射频等离子体辅助，可以进一步提高 AlN 的结晶质量。2013 年，He 等[76]首先在真空中预沉积一定厚度的 AlN 薄膜，而后通入 N_2，在 N_2 气氛下继续生长外延 AlN 薄膜，有效改善了外延薄膜的质量，获得了更加接近本征禁带宽度和结构的 AlN 薄膜。

1. 脉冲激光沉积原理

激光是具备很强的相干性、稳定的方向性、高单位能量密度的一种新兴的单色光源，因而在诸多领域获得了广泛的应用。在高功率激光束的照射下，固态物质表面温度能在瞬间升至沸点，蒸发并在其附近形成一个发光的等离子区域。利用激光将材料蒸发并沉积在衬底上以获得薄膜，这就是激光镀膜的概念。1965 年，Smith 和 Turner[77]首次成功利用红宝石激光制备薄膜，但分析发现：薄膜和电子束蒸发的镀膜相近，没有明显的优势。直到 1987 年，贝尔实验室 Dijkkamp 等[78]突破性地利用短波长脉冲准分子激光器制备了高质量的钇钡铜氧（$YBa_2Cu_3O_7$）超导薄膜。从此 PLD 技术作为一种重要的薄膜制备技术受到了广泛的研究和改进。伴随着更高相干性、更高效率激光源的成功研制，PLD 技术成为一项极具竞争力的薄膜制备技术，在掺杂、铁电、介电、磁阻、二维等薄膜，以及 pn 结、异质结、超晶格、复合薄膜等结构的制备上都显示出广阔的应用前景。

PLD 法生长薄膜的过程通常分三个阶段。

（1）激光与靶材相互作用产生等离子体。激光束被透镜汇聚在靶材的表面，当激光的单位能量密度达到一定强度时，在较短的脉冲时间内，靶材吸收激光能量迅速升温并超过材料的蒸发温度。靶材被激光烧蚀至高温汽化，发射出分子、原子、电子、离子等。这些从靶材表面逸出的物质再次被激光烧蚀加热，使其温度再次升高，形成具有特定形状的高温、高密度的等离子体。

（2）等离子体在空间中进行输运。等离子体形成后，在激光的辐照作用下继续被电离。等离子体本身的压强和温度快速地升高，在沿靶材表面的法线上具有陡峭的压强和温度梯度变化，导致在沿该方向向外做等温膨胀（激光作用时）和绝热膨胀（激光终止后）时，等离子的非线性分布同时形成强大加速电场。等离子体迅速地扩张，在此特殊的情况下，将会产生一个垂直切线向外的火焰形的等离子体羽辉。羽辉的体积形状主要取决于生长的温度和气压，而其颜色与靶材的组分相关。

（3）等离子体在衬底上成核长大并形成薄膜。溅射出的等离子体的高能量粒子冲击到衬底上时，会对衬底产生不同强度的辐射式损伤，这些损伤中最多的为原子溅射。新溅射到的粒子会在衬底已沉积的粒子上造成热化，只有新溅射的粒子的凝聚速度大于已沉积粒子的飞溅速率，才可以在外延衬底上产生薄膜生长核。随着脉冲数的积累，越来越多的粒子运动到衬底上面，生长核不断变大并形成生长岛，生长岛继续增大进而互相合并，最终形成完整的薄膜。晶核的形成和长大取决于等离子体的温度、密度、离化度和衬底温度等诸多因素[79]。

2. 不同衬底上生长的影响

提高 AlN 基器件的效率、降低其制造成本并实现广泛应用，最根本的办法就是研发低成本、大面积、高热导率的衬底上的 AlN 薄膜基器件，因此选取大面积外延衬底很重要。目前适用于外延衬底的材料很多，其中 AlN、6H-SiC 块体单晶成本很高；MgO、$MgAl_2O_4$、$LiAlO_2$、金属单晶目前还没有实现 2in 大尺寸化，也不易进行大面积外延生长。目前市场上已经量产的有 2in α-Al_2O_3 和 2in Si 衬底，可以实现大面积的外延生长。

1）α-Al_2O_3

α-Al_2O_3 单晶性能稳定，是目前应用最为广泛的衬底材料，经常应用于外延生长氮化物薄膜。1995 年，Vispute 等[80]首次采用脉冲激光烧蚀化学计量比的 AlN 陶瓷靶材，在 α-Al_2O_3 衬底上外延生长了高品质的 AlN 薄膜。1997 年，Feiler 等[81]采用 PLD 法在 α-Al_2O_3 上首次同时外延生长 AlN、GaN 和 InN 薄膜，并研究了 AlN、GaN 和 InN 薄膜的生长取向。Okamoto 等[82]同样在 α-Al_2O_3 衬底上生长了 AlN 薄膜，并研究了氮气压力与 AlN 薄膜生长取向的关系。

2）Si

目前，由于 Si 衬底具有高热导率的优势和更加广泛的发展趋势，世界上不少研究机构对在其上进行外延生长展现了浓厚的研究兴趣。单晶 Si 相对于 α-Al_2O_3 衬底具有三大优势：第一，单晶 Si 衬底具有更低的成本，单晶尺寸更大；第二，Si 衬底具有更好的导电及导热性能，可解决高功率器件的散热不良问题；第三，Si 工艺技术成熟且已经实现大规模生产，有望实现光电子和微电子的集成。

利用 Si 衬底生长 AlN 薄膜的研究有很多。1997 年，Ogawa 等[83]通过等离子体辅助 PLD，在 Si（100）衬底上采用烧结的 AlN 陶瓷靶材生长了 AlN（0002）薄膜，但是所获得的薄膜质量较差。Ren 等[84]采用 N 离子辅助 PLD，在 Si（100）衬底上采用烧蚀六方 AlN 靶材的方法生长出立方 AlN 薄膜，沉积得到的 AlN 薄膜具有良好的晶体性质，因此证实了 N 离子能有效促进 Al—N 键的形成，有利于提高沉积的 AlN 薄膜的结晶性能。Vispute 等[85]首次采用 PLD 法，利用激光烧蚀 AlN 陶瓷，在 Si（111）衬底上生长出了 AlN 单晶外延薄膜，薄膜的 c 轴垂直于 Si（111）面。Bakalova 等[86]通过研究，发现利用 PLD 法生长 AlN 薄膜时，氮气压力的增加会使 AlN 薄膜表面粗糙度和晶粒尺寸降低，因此增加氮气压力会得到更小的晶粒和更平滑的薄膜表面，但是薄膜会变为多晶结构。

参 考 文 献

[1] Taniyasu Y，Kasu M，Makimoto T. An aluminium nitride light-emitting diode with a wavelength of 210 nanometres[J]. Nature，2006，441（7091）：325-328.

[2] Li J，Fan Z Y，Dahal R，et al. 200nm deep ultraviolet photodetectors based on AlN[J]. Applied Physics Letters，2006，89（21）：213510.

[3] Zhao J，Tan S，Iwan S，et al. Blue to deep UV light emission from a p-Si/AlN/Au heterostructure[J]. Applied Physics Letters，2009，94（9）：093506.

[4] Yusoff M M，Hassan Z，Hassan H A，et al. $Al_xGa_{1-x}N$/GaN/AlN heterostructures grown on Si（111）substrates by MBE for MSM UV photodetector applications[J]. Materials Science in Semiconductor Processing，2015，34：214-223.

[5] Caliendo C，Imperatori P，Cianci E. Structural，morphological and acoustic properties of AlN thick films sputtered on Si（001）and Si（111）substrates at low temperature[J]. Thin Solid Films，2003，441（1-2）：32-37.

[6] Liu H Y，Zeng F，Tang G S，et al. Enhancement of piezoelectric response of diluted Ta doped AlN[J]. Applied Surface Science，2013，270：225-230.

[7] Wauk M T，Winslow D K. Vacuum deposition of AlN acoustic transducers[J]. Applied Physics Letters，1968，13（8）：286-288.

[8] Noreika A，Ing D. Growth characteristics of AlN films pyrolytically deposited on Si[J]. Journal of Applied Physics，1968，39（12）：5578-5581.

[9] Shiosaki T，Yamamoto T，Oda T，et al. Low-temperature growth of piezoelectric AlN film by rf reactive planar magnetron sputtering[J]. Applied Physics Letters，1980，36（8）：643-645.

[10] Meng W，Heremans J P，Cheng Y. Epitaxial growth of aluminum nitride on Si（111）by reactive sputtering[J].

Applied Physics Letters，1991，59（17）：2097-2099.

[11] MacMillan M F，Devaty R P，Choyke W J. Infrared reflectance of thin aluminum nitride films on various substrates[J]. Applied Physics Letters，1993，62（7）：750-752.

[12] Yang J，Wang C，Yan X S，et al. Polycrystalline AlN films of fine crystallinity prepared by ion-beam assisted deposition[J]. Applied Physics Letters，1993，62（22）：2790-2791.

[13] Huang J P，Wang L W，Shen Q W，et al. Preparation of AlN thin films by nitridation of Al-coated Si substrate[J]. Thin Solid Films，1999，340（1-2）：137-139.

[14] Daudin B，Widmann F. Layer-by-layer growth of AlN and GaN by molecular beam epitaxy[J]. Journal of Crystal Growth，1997，182（1-2）：1-5.

[15] Ferro G，Okumura H，Yoshida S. Growth mode of AlN epitaxial layers on 6H-SiC by plasma assisted molecular beam epitaxy[J]. Journal of Crystal Growth，2000，209（2-3）：415-418.

[16] Ferro G，Okumura H，Ide T，et al. RHEED monitoring of AlN epitaxial growth by plasma-assisted molecular beam epitaxy[J]. Journal of Crystal Growth，2000，210（4）：429-434.

[17] Song Z W，Yu Y N，Shen D S，et al. Dielectric properties of AlN thin films formed by ion beam enhanced deposition[J]. Materials Letters，2003，57（30）：4643-4647.

[18] Chen H Y，Han S，Cheng C H，et al. Effect of argon ion beam voltages on the microstructure of aluminum nitride films prepared at room temperature by a dual ion beam sputtering system[J]. Applied Surface Science，2004，228（1-4）：128-134.

[19] 毕晓猛. 氮化铝压电薄膜的反应磁控溅射制备与性能表征[D]. 长春：中国科学院大学（中国科学院长春光学精密机械与物理研究所），2014.

[20] Ababneh A，Schmid U，Hernando J，et al. The influence of sputter deposition parameters on piezoelectric and mechanical properties of AlN thin films[J]. Materials Science and Engineering：B，2010，172（3）：253-258.

[21] Kusaka K，Taniguchi D，Hanabusa T，et al. Effect of input power on crystal orientation and residual stress in AlN film deposited by DC sputtering[J]. Vacuum，2000，59（2-3）：806-813.

[22] Khanna A，Bhat D G. Effects of deposition parameters on the structure of AlN coatings grown by reactive magnetron sputtering[J]. Journal of Vacuum Science & Technology A：Vacuum，Surfaces，and Films，2007，25（3）：557-565.

[23] Ishihara M，Li S J，Yumoto H，et al. Control of preferential orientation of AlN films prepared by the reactive sputtering method[J]. Thin Solid Films，1998，316（1-2）：152-157.

[24] 汪振中. AlN 薄膜中频溅射制备及体声波谐振器研制[D]. 成都：电子科技大学，2011.

[25] Krishnaswamy S V，Hester W A，Szedon J R，et al. RF-magnetron-sputtered AlN films for microwave acoustic resonators[J]. Thin Solid Films，1985，125（3-4）：291-298.

[26] Wang B，Wang M，Wang R Z，et al. The growth of AlN films composed of silkworm-shape grains and the orientation mechanism[J]. Materials Letters，2002，53（4-5）：367-370.

[27] Elmazria O，Mortet V，El Hakiki M，et al. High velocity SAW using aluminum nitride film on unpolished nucleation side of free-standing CVD diamond[J]. IEEE Transactions on Ultrasonics，Ferroelectrics，and Frequency Control，2003，50（6）：710-715.

[28] Martin P，Muralt P，Cantoni M，et al. Re-growth of *c*-axis oriented AlN thin films[J]. IEEE Ultrasonics Symposium，2004，1：169-172.

[29] Benetti M，Cannata D，di Pietrantonio F，et al. Growth and characterization of piezoelectric AlN thin films for diamond-based surface acoustic wave devices[J]. Thin Solid Films，2006，497（1-2）：304-308.

[30] Hoang S H，Chung G S. Surface acoustic wave characteristics of AlN thin films grown on a polycrystalline 3C-SiC buffer layer[J]. Microelectronic Engineering，2009，86（11）：2149-2152.

[31] Iriarte G F，Rodríguez J G，Calle F. Synthesis of *c*-axis oriented AlN thin films on different substrates：A review[J]. Materials Research Bulletin，2010，45（9）：1039-1045.

[32] Balaji M，Ramesh R，Arivazhagan P，et al. Influence of initial growth stages on AlN epilayers grown by metal organic chemical vapor deposition[J]. Journal of Crystal Growth，2015，414：69-75.

[33] Imura M，Nakano K，Kitano T，et al. Microstructure of epitaxial lateral overgrown AlN on trench-patterned AlN template by high-temperature metal-organic vapor phase epitaxy[J]. Applied Physics Letters，2006，89（22）：221901.

[34] Imura M，Nakano K，Kitano T，et al. Microstructure of thick AlN grown on sapphire by high-temperature MOVPE[J]. Physica Status Solidi A，2006，203（7）：1626-1631.

[35] Imura M，Sugimura H，Okada N，et al. Impact of high-temperature growth by metal-organic vapor phase epitaxy on microstructure of AlN on 6H-SiC substrates[J]. Journal of Crystal Growth，2008，310（7-9）：2308-2313.

[36] Li X H，Wang S，Xie H，et al. Growth of high-quality AlN layers on sapphire substrates at relatively low temperatures by metalorganic chemical vapor deposition[J]. Physica Status Solidi B，2015，252（5）：1089-1095.

[37] Kakanakova-Georgieva A，Ciechonski R R，Forsberg U，et al. Hot-wall MOCVD for highly efficient and uniform growth of AlN[J]. Crystal Growth and Design，2009，9（2）：880-884.

[38] Lorenz K，Gonsalves M，Kim W，et al. Comparative study of GaN and AlN nucleation layers and their role in growth of GaN on sapphire by metalorganic chemical vapor deposition[J]. Applied Physics Letters，2000，77（21）：3391-3393.

[39] Chen Y R，Song H，Li D B，et al. Influence of the growth temperature of AlN nucleation layer on AlN template grown by high-temperature MOCVD[J]. Materials Letters，2014，114：26-28.

[40] Sun X J，Li D B，Chen Y R，et al. In situ observation of two-step growth of AlN on sapphire using high-temperature metal-organic chemical vapour deposition[J]. CrystEngComm，2013，15（30）：6066-6073.

[41] Al Tahtamouni T M，Lin J，Jiang H. High quality AlN grown on double layer AlN buffers on SiC substrate for deep ultraviolet photodetectors[J]. Applied Physics Letters，2012，101（19）：192106.

[42] Ohba Y，Sato R. Growth of AlN on sapphire substrates by using a thin AlN buffer layer grown two-dimensionally at a very low Ⅴ/Ⅲ ratio[J]. Journal of Crystal Growth，2000，221（1-4）：258-261.

[43] Bai J，Dudley M，Sun W H，et al. Reduction of threading dislocation densities in AlN/sapphire epilayers driven by growth mode modification[J]. Applied Physics Letters，2006，88（5）：051903.

[44] Lin Y H，Yang M J，Wang W L，et al. High-quality crack-free GaN epitaxial films grown on Si substrates by a two-step growth of AlN buffer layer[J]. CrystEngComm，2016，18（14）：2446-2454.

[45] Li D W，Diao J S，Zhuo X J，et al. High quality crack-free GaN film grown on Si（111）substrate without AlN interlayer[J]. Journal of Crystal Growth，2014，407：58-62.

[46] Xi Y，Chen K，Mont F W，et al. Very high quality AlN grown on（0001）sapphire by metal-organic vapor phase epitaxy[J]. Applied Physics Letters，2006，89（10）：103106.

[47] Kim J，Pyeon J，Jeon M，et al. Growth and characterization of high quality AlN using combined structure of low temperature buffer and superlattices for applications in the deep ultraviolet[J]. Japanese Journal of Applied Physics，2015，54（8）：081001.

[48] Zang K Y，Wang L S，Chua S J，et al. Structural analysis of metalorganic chemical vapor deposited AlN nucleation layers on Si（111）[J]. Journal of Crystal Growth，2004，268（3-4）：515-520.

[49] Chen P，Zhang R，Zhao Z，et al. Growth of high quality GaN layers with AlN buffer on Si（111）substrates[J]. Journal of Crystal Growth，2001，225（2-4）：150-154.

[50] Bao Q L，Luo J，Zhao C. Mechanism of TMAl pre-seeding in AlN epitaxy on Si（111）substrate[J]. Vacuum，2014，101：184-188.

[51] Cao J X，Li S T，Fan G H，et al. The influence of the Al pre-deposition on the properties of AlN buffer layer and GaN layer grown on Si（111）substrate[J]. Journal of Crystal Growth，2010，312（14）：2044-2048.

[52] Bak S J，Mun D H，Jung K C，et al. Effect of Al pre-deposition on AlN buffer layer and GaN film grown on Si（111）substrate by MOCVD[J]. Electronic Materials Letters，2013，9（3）：367-370.

[53] Chen Z X，Newman S，Brown D F，et al. High quality AlN grown on SiC by metal organic chemical vapor deposition[J]. Applied Physics Letters，2008，93（19）：191906.

[54] Zhang X Z，Xu F，Wang J M，et al. Epitaxial growth of AlN films on sapphire via a multilayer structure adopting a low-and high-temperature alternation technique[J]. CrystEngComm，2015，17（39）：7496-7499.

[55] Lee S T，Park B G，Kim M D，et al. Control of polarity and defects in the growth of AlN films on Si（111）surfaces by inserting an Al interlayer[J]. Current Applied Physics，2012，12（2）：385-388.

[56] Wang X，Li H Q，Wang J，et al. The effect of Al interlayers on the growth of AlN on Si substrates by metal organic chemical vapor deposition[J]. Electronic Materials Letters，2014，10（6）：1069-1073.

[57] Khan M A，Skogman R A，van Hove J M，et al. Atomic layer epitaxy of GaN over sapphire using switched metalorganic chemical vapor deposition[J]. Applied Physics Letters，1992，60（11）：1366-1368.

[58] Zhang J P，Wang H M，Sun W H，et al. High-quality AlGaN layers over pulsed atomic-layer epitaxially grown AlN templates for deep ultraviolet light-emitting diodes[J]. Journal of Electronic Materials，2003，32（5）：364-370.

[59] Zhang J，Kuokstis E，Fareed Q，et al. Pulsed atomic layer epitaxy of quaternary AlInGaN layers[J]. Applied Physics Letters，2001，79（7）：925-927.

[60] Kröncke H，Figge S，Aschenbrenner T，et al. Growth of AlN by pulsed and conventional MOVPE[J]. Journal of Crystal Growth，2013，381：100-106.

[61] Sang L W，Qin Z X，Fang H，et al. Reduction in threading dislocation densities in AlN epilayer by introducing a pulsed atomic-layer epitaxial buffer layer[J]. Applied Physics Letters，2008，93（12）：122104.

[62] Takeuchi M，Ooishi S，Ohtsuka T，et al. Improvement of Al-polar AlN layer quality by three-stage flow-modulation metalorganic chemical vapor deposition[J]. Applied Physics Express，2008，1（2）：021102.

[63] Banal R G，Funato M，Kawakami Y. Initial nucleation of AlN grown directly on sapphire substrates by metal-organic vapor phase epitaxy[J]. Applied Physics Letters，2008，92（24）：241905.

[64] Soomro A M，Wu C P，Lin N，et al. Modified pulse growth and misfit strain release of an AlN heteroepilayer with a Mg-Si codoping pair by MOCVD[J]. Journal of Physics D：Applied Physics，2016，49（11）：115110.

[65] Tourret J，Gourmala O，Trassoudaine A，et al. Low-cost high-quality GaN by one-step growth[J]. Journal of Crystal Growth，2008，310（5）：924-929.

[66] Polyakov A Y，Smirnov N B，Yakimov E B，et al. Electrical，luminescent，and deep trap properties of Si doped n-GaN grown by pendeo epitaxy[J]. Journal of Applied Physics，2016，119（1）：015103.

[67] Mei J，Ponce F，Fareed R Q，et al. Dislocation generation at the coalescence of aluminum nitride lateral epitaxy on shallow-grooved sapphire substrates[J]. Applied Physics Letters，2007，90（22）：221909.

[68] Hirayama H，Norimatsu J，Noguchi N，et al. Milliwatt power 270 nm-band AlGaN deep-UV LEDs fabricated on ELO-AlN templates[J]. Physica Status Solidi C，2009，6（2）：474-477.

[69] Dong P，Yan J C，Wang J X，et al. 282-nm AlGaN-based deep ultraviolet light-emitting diodes with improved

performance on nano-patterned sapphire substrates[J]. Applied Physics Letters，2013，102（24）：241113.

[70] Tran B T，Hirayama H，Maeda N，et al. Direct growth and controlled coalescence of thick AlN template on micro-circle patterned Si substrate[J]. Scientific Reports，2015，5：14734.

[71] 李瑶. 高 Al 组分 AlGaN 薄膜的分子束外延生长及其表征[D]. 重庆：重庆师范大学，2012.

[72] Gherasoiu I，Nikishin S，Kipshidze G，et al. Growth mechanism of AlN by metal-organic molecular beam epitaxy[J]. Journal of Applied Physics，2004，96（11）：6272-6276.

[73] Xu X H，Wu H S，Zhang C J，et al. Morphological properties of AlN piezoelectric thin films deposited by DC reactive magnetron sputtering[J]. Thin Solid Films，2001，388（1-2）：62-67.

[74] Basillais A，Benzerga R，Sanchez H，et al. Improvement of the PLD process assisted by RF plasma for AlN growth[J]. Applied Physics A，2005，80（4）：851-859.

[75] Vispute R D，Narayan J，Budai J. High quality optoelectronic grade epitaxial AlN films on α-Al_2O_3，Si and 6H-SiC by pulsed laser deposition[J]. Thin Solid Films，1997，299（1-2）：94-103.

[76] He H，Huang L R，Xiao M，et al. Effect of AlN buffer layer on the microstructure and bandgap of AlN films deposited on sapphire substrates by pulsed laser deposition[J]. Journal of Materials Science：Materials in Electronics，2013，24（11）：4499-4502.

[77] Smith H M，Turner A F. Vacuum deposited thin films using a ruby laser[J]. Applied Optics，1965，4（1）：147-148.

[78] Dijkkamp D，Venkatesan T，Wu X D，et al. Preparation of Y-Ba-Cu oxide superconductor thin films using pulsed laser evaporation from high T_c bulk material[J]. Applied Physics Letters，1987，51（8）：619-621.

[79] Treece R E，Horwitz J S，Claassen J H，et al. Pulsed laser deposition of high-quality NbN thin films[J]. Applied Physics Letters，1994，65（22）：2860-2862.

[80] Vispute R D，Wu H，Narayan J. High quality epitaxial aluminum nitride layers on sapphire by pulsed laser deposition[J]. Applied Physics Letters，1995，67（11）：1549-1551.

[81] Feiler D，Williams R S，Talin A A，et al. Pulsed laser deposition of epitaxial AlN，GaN，and InN thin films on sapphire（0001）[J]. Journal of Crystal Growth，1997，171（1-2）：12-20.

[82] Okamoto M，Yamaoka M，Yap Y K，et al. Epitaxial aluminum nitride thin films grown by pulsed laser deposition in various nitrogen ambients[J]. Diamond and Related Materials，2000，9（3-6）：516-519.

[83] Ogawa T，Okamoto M，Mori Y，et al. Aluminum nitride thin films grown by plasma-assisted pulsed laser deposition[J]. Applied Surface Science，1997，113：57-60.

[84] Ren Z M，Lu Y F，Ni H Q，et al. Room temperature synthesis of c-AlN thin films by nitrogen-ion-assisted pulsed laser deposition[J]. Journal of Applied Physics，2000，88（12）：7346-7350.

[85] Vispute R D，Narayan J，Wu H，et al. Epitaxial growth of AlN thin films on silicon（111）substrates by pulsed laser deposition[J]. Journal of Applied Physics，1995，77（9）：4724-4728.

[86] Bakalova S，Szekeres A，Cziraki A，et al. Influence of in situ nitrogen pressure on crystallization of pulsed laser deposited AlN films[J]. Applied Surface Science，2007，253（19）：8215-8219.

第5章　氮化铝晶体制备方法研究

AlN 晶体是生长 GaN、AlGaN 以及 AlN 等外延薄膜的理想衬底。与蓝宝石或 SiC 衬底相比，AlN 与 GaN 热匹配和化学兼容性更高、衬底与外延层之间的应力更小，因此 AlN 晶体作为 GaN 外延衬底时可大幅度降低器件中的缺陷密度、提高器件的性能[1]，在制备高温、高频、高功率电子器件方面有很好的应用前景。此外，AlN 晶体因具有较大的禁带宽度，在光学领域也具有独特的优势。在 255～280nm 波段，AlN 高频器件可用于光刻；在紫外波段～400nm 波段，AlN 基器件可用于蓝光-紫外固态激光二极管以及激光器等，也可应用于高密度存储和卫星通信等系统中[2, 3]。此外，AlN 基器件在饮用水消毒、空气净化、生命科学、环境监测、食品加工等方面也有重要应用，如可以用作微型高效的生物病毒探测器和消毒器件。

然而，高质量 AlN 单晶制备困难，其应用前景受限，因此实现高质量、大尺寸 AlN 单晶的制备在世界范围内很受重视。目前，制备 AlN 单晶的主要方法包括 PVT 法[4]、氢化物气相外延（hydride vapor phase epitaxy，HVPE）法[5]、直接氮化法、液相法。本章将对不同的 AlN 晶体生长方法进行详细的介绍。

5.1　物理气相传输法

PVT 法的原理是在真空条件下，将晶体生长所需的原材料在高温条件下气化成原子、分子或部分电离成离子，并通过低压气体（或等离子体），在衬底表面沉积出特定材料。目前，PVT 法主要用于沉积金属膜、合金膜、化合物陶瓷、聚合物膜和单晶等材料。在制备单晶材料时，PVT 法特别适合生长高熔点、高蒸气压材料的单晶。因此，利用 PVT 法可以获得高质量的 AlN 单晶。

5.1.1　理论基础和实验过程

PVT 法晶体生长过程包括气源形成、气相传输和晶体生长三个主要环节。首先从理论上解释在近似热力学平衡状态下 AlN 晶体生长的动态过程。

在 PVT 法生长 AlN 晶体过程中，原料升华过程为化学反应方程（5-1）的正向过程，AlN 晶体在低温表面的沉积为化学反应方程（5-1）的逆过程：

$$2\text{AlN(s)} \Longleftrightarrow 2\text{Al(g)} + \text{N}_2\text{(g)} \tag{5-1}$$

理想的平衡气相成分通过热力学平衡常数 K 给出：

$$K = P_{\text{Al}} P_{\text{N}_2}^{1/2} = K(T) \propto \exp\frac{\Delta G}{RT} = \exp\left(\frac{\Delta S}{R} - \frac{\Delta H}{RT}\right) \tag{5-2}$$

式中，P_{Al}为 Al 蒸气分压；P_{N_2} 为 N_2 蒸气分压；ΔS 为熵变；ΔH 为焓变；ΔG 为吉布斯自由能变；R 为气体常数；T 为热力学温度。

在 AlN 晶体生长过程中，N_2 除了来源于原料分解，大部分来源于腔体内充入的 N_2，因此 Al 蒸气的形成与扩散将影响晶体生长过程，Al 蒸气的扩散通量 J_{Al} 为

$$J_{\text{Al}} = -D_{\text{Al}}\left(\frac{\text{d}C_{\text{Al}}}{\text{d}Z}\right) \tag{5-3}$$

式中，D_{Al} 为气氛中 Al 蒸气的扩散系数；C_{Al} 为 Al 蒸气浓度；Z 为沿轴线坐标。

假定气相中温度分布为轴向线性，则坩埚内部温度 T 可表示为

$$T = T_{\text{S}} - Z\frac{T_{\text{S}} - T_{\text{C}}}{\delta} = T_{\text{S}} - Z\frac{\Delta T}{\delta} \tag{5-4}$$

式中，T_{S} 为料面温度；T_{C} 为晶体表面温度；δ 为料面间距。

结合线性分布的浓度梯度和理想气体方程得到

$$\frac{\text{d}C_{\text{Al}}}{\text{d}Z} = -\frac{\text{d}C_{\text{Al}}}{\text{d}T}\frac{\Delta T}{\delta} = -\frac{\text{d}\left(\dfrac{P_{\text{Al}}}{RT}\right)}{\text{d}T}\frac{\Delta T}{\delta} = -\left(\frac{1}{RT}\frac{\text{d}P_{\text{Al}}}{\text{d}T} - \frac{P_{\text{Al}}}{RT^2}\right)\frac{\Delta T}{\delta} \tag{5-5}$$

式（5-5）中由于 T 很大、P_{Al} 很小，忽略 $\dfrac{P_{\text{Al}}}{RT^2}$ 项。假定 Al 蒸气分压远小于 N_2 蒸气分压，N_2 蒸气分压等于生长腔内 N_2 压强，则有

$$\frac{\text{d}P_{\text{Al}}}{\text{d}T} \propto \frac{\exp\left(\dfrac{\Delta S}{R} - \dfrac{\Delta H}{RT}\right)}{T^2 P^{\frac{1}{2}}}\frac{\Delta H}{R} \tag{5-6}$$

结合动力学给出的扩散系数方程，则 Al 蒸气的扩散系数为

$$D_{\text{Al}} = D_{\text{Al}}^0\left(\frac{T}{T^0}\right)^{1.8}\left(\frac{P_0}{P}\right) \tag{5-7}$$

式中，D_{Al}^0 为T^0、P_0下 Al 蒸气的扩散系数。

结合上述公式最终得到 Al 蒸气的扩散通量为

$$J_{\text{Al}} = \frac{D_{\text{Al}}^0 P_0}{T_0^{1.8}}\frac{\Delta H}{R}\frac{\exp\left(\dfrac{\Delta S}{R} - \dfrac{\Delta H}{RT}\right)}{T^{1.2}P^{1.5}}\frac{\Delta T}{\delta} \tag{5-8}$$

设 AlN 的摩尔质量和密度分别为 M_{AlN} 和 ρ_{AlN}，则晶体生长速率为

$$V_G = J_{\mathrm{Al}} \frac{M_{\mathrm{AlN}}}{\rho_{\mathrm{AlN}}} = \frac{D_{\mathrm{Al}}^0 P_0}{T_0^{1.8}} \frac{\Delta H}{R} \frac{M_{\mathrm{AlN}}}{\rho_{\mathrm{AlN}}} \frac{\exp\left(\frac{\Delta S}{R} - \frac{\Delta H}{RT}\right)}{T^{1.2} P^{1.5}} \frac{\Delta T}{\delta} = \lambda \frac{\exp\left(\frac{\Delta S}{R} - \frac{\Delta H}{RT}\right)}{T^{1.2} P^{1.5}} \frac{\Delta T}{\delta} \tag{5-9}$$

式中，λ 为生长速率常数。从式（5-9）分析，我们可以粗略地得到生长速率与晶体到料面的温度梯度成正比、与生长气压的 1.5 次方成反比，以及当温度升高时生长速率随之增大的结论。上述结论为晶体生长提供定性的指导。

气相中生长出晶体的驱动力来源于气相和固相的化学平衡势能之差，即

$$\Delta\mu = \mu_{\mathrm{g}} - \mu_{\mathrm{s}} \tag{5-10}$$

式中，μ_{g} 为气相的化学势能；μ_{s} 为固相的化学势能。

结晶过程中气-固体系的自由能下降，促进了晶体生长。当高温区的原料升华时，蒸气向低温区（籽晶）传输；当体系达到平衡时，低温区蒸气处于过饱和状态，晶体开始生长。此时晶体表面过饱和度定义如下：

$$\sigma = \frac{P - P_{\mathrm{eq}}}{P_{\mathrm{eq}}} \tag{5-11}$$

式中，P 为晶体表面实际蒸气压；P_{eq} 为此温度下晶体表面的平衡压之差。

假设气体为理想气体，则化学势差 $\Delta\mu = \mu_{\mathrm{g}} - \mu_{\mathrm{s}}$ 可以表示为

$$\Delta\mu = \mu_{\mathrm{g}} - \mu_{\mathrm{s}} = k_{\mathrm{B}} T \ln\left(\frac{P}{P_{\mathrm{eq}}}\right) = k_{\mathrm{B}} T \ln(1+\sigma) \approx k_{\mathrm{B}} T \sigma \tag{5-12}$$

式中，k_{B} 为玻尔兹曼常数；T 为晶体表面温度；σ 为过饱和度。

从式（5-12）可以看出，晶体生长的驱动力与过饱和度近似呈线性关系。Hertz-Knudsen-Langmuir 方程从动力学角度给出了晶体表面蒸气通量方程：

$$\varPhi = \frac{\alpha(P - P_{\mathrm{eq}})}{\sqrt{2\pi m k_{\mathrm{B}} T}} \tag{5-13}$$

式中，α 为气体粒子被晶体表面吸附的概率（黏度系数）；m 为气相物质的质量。

假设黏度系数 $\alpha = 1$，忽略气相在晶体表面与原料表面的扩散，PVT 法生长晶体的最大生长速率为

$$v_{\max} = \frac{\varOmega(P - P_{\mathrm{eq}})}{\sqrt{2\pi m k_{\mathrm{B}} T}} = C\sigma \tag{5-14}$$

即

$$C = \frac{\varOmega P_{\mathrm{eq}}}{\sqrt{2\pi m k_{\mathrm{B}} T}} \tag{5-15}$$

式中，$\varOmega$ 为原子体积。

从中可以看出最大生长速率与过饱和度呈线性关系。

PVT 法晶体生长过程包括气源形成、气相传输和晶体生长三个主要环节。PVT 晶体生长炉加热原理为电磁感应加热，图 5-1（a）和（b）分别为 PVT 晶体生长炉和炉内结构示意图。PVT 晶体生长炉主要包括生长室和加热体、真空系统和气路、电源系统、加热控制系统、提拉装置、动态控压系统和冷却系统。

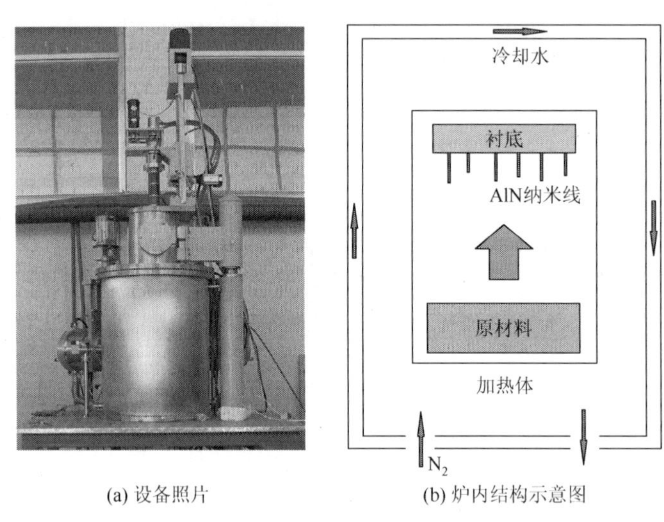

(a) 设备照片　　(b) 炉内结构示意图

图 5-1　PVT 晶体生长炉[①]

PVT 法生长 AlN 晶体时，生长环境（生长温度>2000℃、Al 蒸气气氛）要求 AlN 坩埚具有耐 Al(g)、N_2、AlN 和其他杂质气氛（如 C 和 O）的性能，同时坩埚材料必须具有耐高温性能，在负压环境下热稳定温度>2300℃。AlN 晶体的生长实验一开始是在石墨坩埚中进行的，之后科研人员尝试使用外壁有 SiC 和 TaC 保护层的石墨坩埚和 BN 坩埚进行 AlN 晶体的生长实验。但是由于石墨坩埚和 BN 坩埚的抗热冲击性能较差，获得的晶体中会富集大量杂质。

目前，只有在 W 坩埚和 TaC 坩埚中获得了具有低缺陷密度的 AlN 晶体。

TaC 坩埚由 Ta 坩埚在碳粉环境中加热到 2000℃下碳化而成，具体碳化工艺为：①在 Ar 气气氛下，以 25℃/min 的升温速率将温度升至 450～500℃，保温 0.5～1h；②以 25℃/min 的升温速率将温度升至 1200～1250℃，保温 0.5～1h；③以 10℃/min 的升温速率将温度升至 1800～2000℃，保温 4～6h；④以小于 10℃/min 的降温速率将温度降至 1000℃，之后自然冷却至室温。在 Ta 坩埚碳化过程中，Ta 元素与 C 元素反应，在坩埚表面生成金黄色 TaC。TaC 坩埚制备所需材料如表 5-1 所示。

---

① 图（a）取自作者团队拍摄照片，之前类似照片曾发表在如下文章里：

Liu M T，Wang X J，Yao T，et al. 2020. Ultrahigh gain of a vacuum-ultraviolet photodetector based on a heterojunction structure of AlN nanowires and NiO quantum dots[J]. Physical Review Applied，13：064036.

表 5-1　TaC 坩埚制备所需要的材料

材料名称	材料描述
Ta 坩埚盖	直径为 34mm，厚度为 1mm
Ta 坩埚	内圆直径为 30mm，外圆直径为 34mm，高度为 60mm
Ta 坩埚底	内圆直径为 30mm，厚度为 1mm；外圆直径为 34mm，厚度为 1mm
氩气	氩气纯度≥99.9995%
碳粉	碳粉纯度≥99.999%，粒径≤15μm

制备 AlN 晶体的过程如下：首先，将烧结后的 AlN 原料放入 TaC 坩埚中，将坩埚放入加热体内部，注意加热体应放置在加热线圈中心位置；其次，抽真空至 4×10^{-4}Pa 以下，向生长室内充入高纯氮气至 10×10^{4}Pa；再次，以 35℃/min 的升温速率将温度升至目标温度（晶须生长温度为 1700～2000℃，晶体生长温度为 2000～2300℃），保温 0.5h 后，将氮气气压抽至 6×10^{4}Pa，开始生长晶体；最后，晶体生长结束后，向炉腔内部充入高纯氮气至 10×10^{4}Pa，以 20℃/min 的降温速率降至 1600℃以下，关闭电源，自然冷却至室温。若进行晶锭接长实验则需重复上述过程。

5.1.2　温度的影响

PVT 晶体生长炉内的温度分布对晶体生长有着重要的影响，温度分布主要通过加热体的形状和加热体在感应线圈中的位置来调节，并通过坩埚上方碳毡的开孔进行微调。此外，在合理的温度分布下，生长温度、生长气压等工艺参数对晶体生长也有着重要的影响。下面从加热体形状、加热体位置和坩埚上方碳毡开孔大小等方面探究对温度分布的影响。

1. 加热体形状对温度的影响

从热力学角度来看，温度梯度对晶体生长速率有着一定的影响。原料表面和衬底表面的温度差（ΔT）与原料表面到衬底之间的距离（δ）的比值（$\Delta T/\delta$）将直接影响晶体生长速率。如图 5-2 所示，灰色虚线代表能够为 AlN 晶体生长提供足够驱动力的温度梯度范围。当温度梯度不在灰色虚线范围内（图 5-2 中黑色实线）时，加热体不能为晶体生长提供足够的过饱和度，从而导致晶体不能稳定生长。反之，坩埚内部温度梯度过大将会导致较大过饱和度，从而使晶体生长速率过高，导致二次形核。为了克服上述问题，近年来新开发出一种复合式加热体，其优点在于能够通过调整加热体内部台阶的位置调整温度梯度，从而获得理想的生长条件，如图 5-2 灰色实线所示。

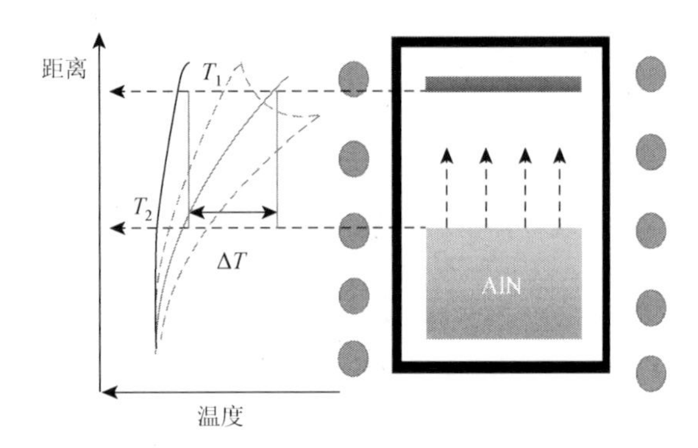

图 5-2　加热体中温度分布示意图[6]

复合式加热体不但可以增加原料表面到衬底之间的温度梯度，还可通过调整石墨环的位置逐渐调节温度梯度。如图 5-3 所示，在石墨环下方放置 6 片厚度为 5mm 的石墨片（位置提高 30mm），高温区完全位于坩埚下方，此时升华的 AlN 原料将完全向衬底处的低温区传输，坩埚内最大温差 ΔT 为 17℃，比台阶式加热体的最大温差（$\Delta T = 13$℃）略大。事实上，图 5-3 所示的模拟结果显示的温度梯度小于文献报道的结果。中国科学院物理研究所采用自发形核的方法生长 AlN 晶体时，其晶体生长温度梯度为 25～30℃/cm[3]。美国北卡罗来纳大学在自发形核生长 AlN 晶体时，设置温度梯度为 2～4℃/mm。德国慕尼黑大学采用 SiC 籽晶生长 AlN 晶体时，原料处温度为 2000℃，籽晶处温度为 1800～1900℃。因此，在使用台阶式加热体时还需调整加热体位置来调控温度分布。

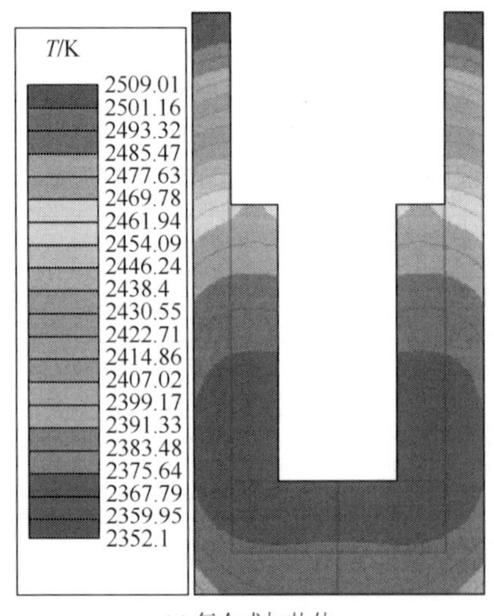

(a) 复合式加热体

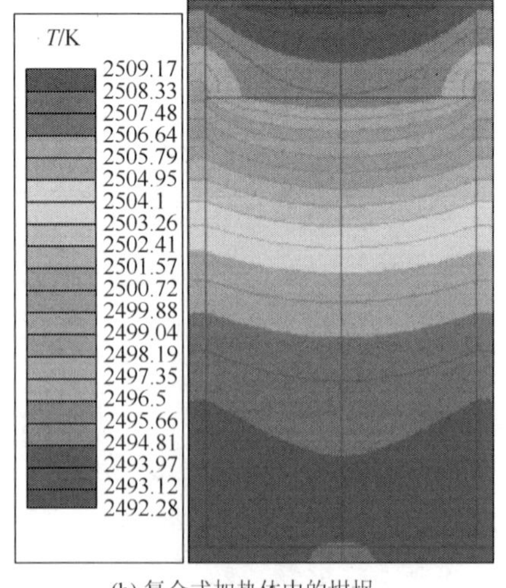

(b) 复合式加热体中的坩埚

图 5-3　石墨环下方放置石墨片后加热体和相应内部坩埚的温度分布模拟[6]

2. 加热体位置对温度分布的影响

加热体位置对温度的分布有着显著的影响。感应线圈产生的磁感线是一个闭合回路，因此在感应线圈的上方和下方磁感线密度较小，在线圈中线位置磁感线密度最大。将加热体放入磁场中的不同位置时磁通量不同，放置在线圈中线位置时磁通量最大，因此加热体放置此处时发热量最大。

图 5-4 为加热体与线圈的相对位置和相对应获得的晶体形貌。如图 5-4（a）和（d）所示，当加热体底部位于线圈中线下方 60mm（–60mm）时不能获得晶体。这是由于衬底温度高于原料表面温度形成反向的温度梯度，衬底表面没有过饱和，AlN 晶体在衬底表面不能形核。如图 5-4（b）和（e）所示，当加热体底部位于线圈中线位置时可以获得 AlN 晶体。此时，衬底温度低于原料表面温度，在坩埚中形成了适合 AlN 晶体生长的温场分布。在 AlN 蒸气过饱和度的驱动下，AlN 晶体稳定生长。如图 5-4（c）和（f）所示，当加热体底部位于线圈中线上方 60mm 时可以获得 AlN 晶体，但晶体主要以晶须的形式生长。尽管此时可以形成有效的温场分布，但是加热体处在线圈中线上方位置时加热体发热效率大幅度下降，导致衬底温度降低，低温时 AlN 晶体以晶须的形式生长。通过对加热体位置的初步探索确定加热体的位置，即加热体底部位于线圈中线位置附近。为了进一步优化生长体系的温度分布，分别用直筒式加热体、台阶式加热体和复合式加热体进行 AlN 晶体生长，以线圈中线为准，加热体位置设置为–30mm、0mm 和 30mm。

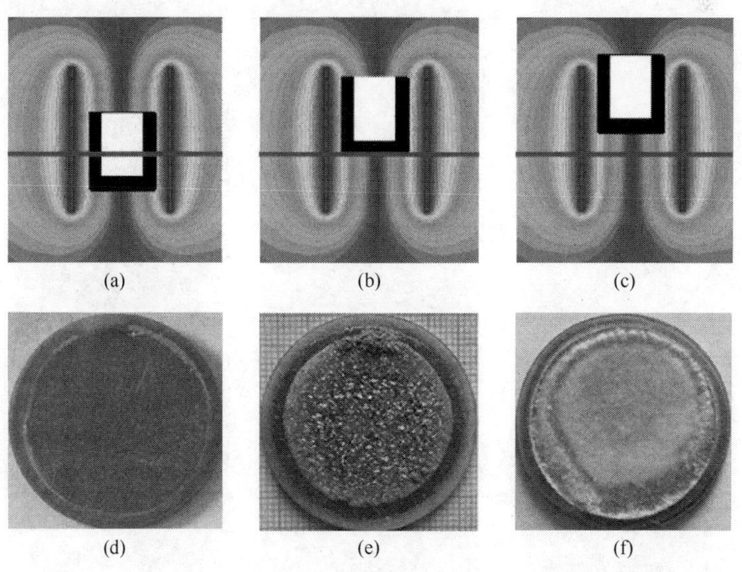

图 5-4　直筒式加热体与加热线圈相对位置及生长的 AlN 晶体照片[6]

（a）～（c）位于–60mm、0mm、60mm；（d）～（f）为对应的晶体照片

直筒式加热体、台阶式加热体和复合式加热体底部相对线圈–30mm、0mm 和 30mm 处时晶体生长形貌如图 5-5 所示。当加热体底部位于线圈中线下方 30mm 时，获得的 AlN 晶体如图 5-5（a）～（c）所示，AlN 多晶锭直径较小，因此加热体位于此位置不能获得大尺寸 AlN 晶锭。图 5-5（c）中 AlN 晶粒尺寸达到 1mm，明显大于图 5-5（a）和（b）中 AlN 晶粒，说明台阶式加热体更适合自发形核生长 AlN 晶体，但 AlN 晶体明显发生再升华现象，此现象表明 AlN 蒸气过饱和度在晶体生长到后期下降。当加热体底部位于线圈中线位置（0mm）时，获得的 AlN 晶体如图 5-5（d）～（f）所示。加热体位于线圈中线位置时，AlN 多晶锭尺寸达到 30mm，与坩埚内径相当，因此加热体位于此位置时 AlN 蒸气过饱和度可以使 AlN 晶体稳定生长。图 5-5（e）和（f）中 AlN 晶粒尺寸达到 1mm，大于图 5-5（d）中 AlN 晶粒，说明直筒式加热体不适合自发形核生长 AlN 晶体。当加热体底部位于线圈中线上方 30mm 时，获得的 AlN 晶体如图 5-5（g）～（i）所示。直筒式加热体获得的 AlN 晶体以晶须的形式生长，如图 5-5（g）所示，这将导致接长实验中 AlN 晶粒不能持续生长。台阶式加热体和复合式加热体获得的 AlN 晶体中 AlN 晶粒只有 50～600μm，较小的 AlN 晶粒不适合接长实验。

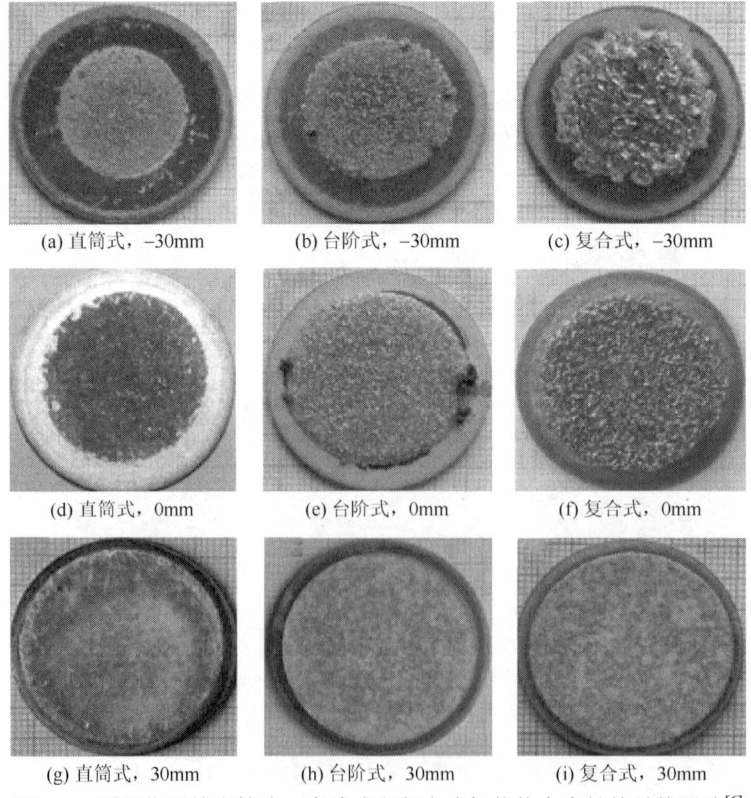

(a) 直筒式，–30mm　(b) 台阶式，–30mm　(c) 复合式，–30mm

(d) 直筒式，0mm　(e) 台阶式，0mm　(f) 复合式，0mm

(g) 直筒式，30mm　(h) 台阶式，30mm　(i) 复合式，30mm

图 5-5　不同位置的直筒式、台阶式和复合式加热体内生长的晶体照片[6]

三种加热体位于不同位置获得的 AlN 晶体沉积质量如图 5-6 所示，当加热体底部位于线圈中线位置时，三种加热体获得的 AlN 晶体沉积质量均为最高，其中复合式加热体的单次晶体沉积质量最高。

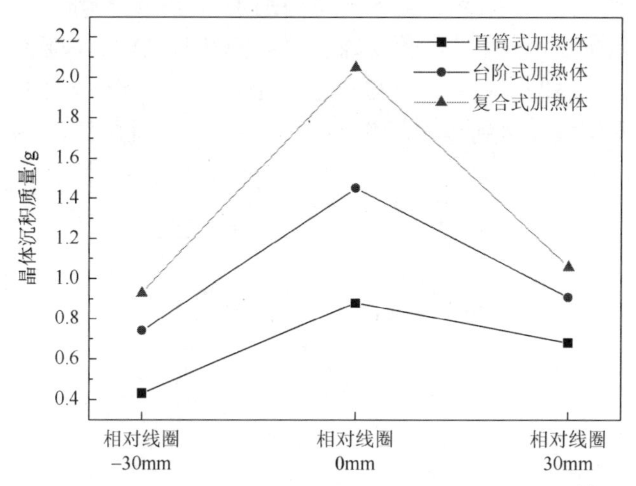

图 5-6 加热体在不同位置生长的 AlN 晶体沉积质量[6]

3. 碳毡开孔对温度分布的影响

晶体生长速率受温度分布的影响，温度梯度除了受加热体位置和加热体形状的影响，还受到坩埚上方碳毡开孔形状的影响。在探索加热体形状和加热体位置的过程中，碳毡开孔始终保持如图 5-7（a）所示的形状。为了探索碳毡开孔对 AlN 晶体生长的影响，将碳毡开孔设计为图 5-7（b）～（f）所示的形状，采用上述碳毡开孔生长晶体获得的相应晶体形貌如图 5-7（g）～（k）所示。从图 5-7 可以得到，碳毡开孔对 AlN 晶体生长有着显著的影响，其中图 5-7（e）中的开孔形状最适合晶体生长。

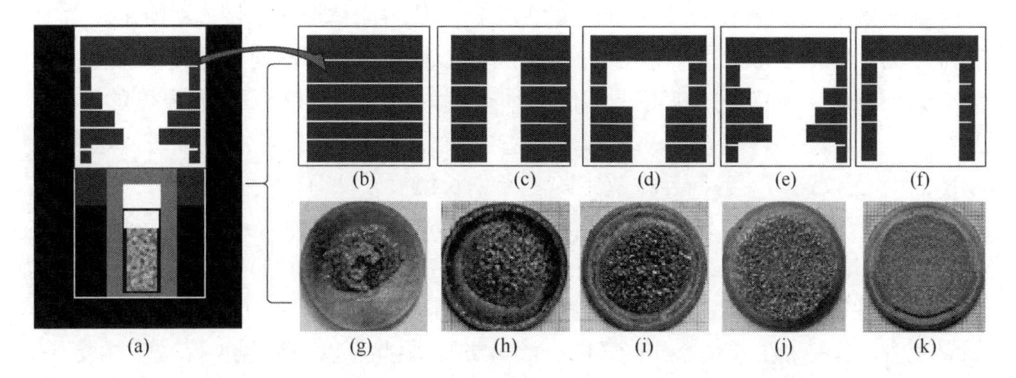

图 5-7 碳毡开孔示意图及其相对应的晶体生长照片[6]

（a）为晶体生长装置示意图；（b）～（f）为碳毡开孔示意图；（g）～（k）为对应晶体照片

与图中碳毡开孔形状相对应的晶锭直径、晶体沉积质量和晶粒平均尺寸如图 5-8 所示。随着碳毡开孔的增大，AlN 晶锭直径逐渐增加，当开孔形状为图 5-7（e）中样式时，晶锭直径达到最大，继续增大开孔尺寸时晶锭直径基本不变。同样，随着碳毡开孔的增大，晶体沉积质量也逐渐增加，当开孔形状为图 5-7（e）中样式时，晶体沉积质量达到最大，继续增大开孔尺寸时晶体沉积质量基本不变。碳毡开孔较小时，衬底温度较高，晶粒平均尺寸较大，当开孔形状为图 5-7（d）中样式时，晶粒平均尺寸达到最大，继续增大开孔尺寸，衬底温度降低，晶粒平均尺寸开始下降。

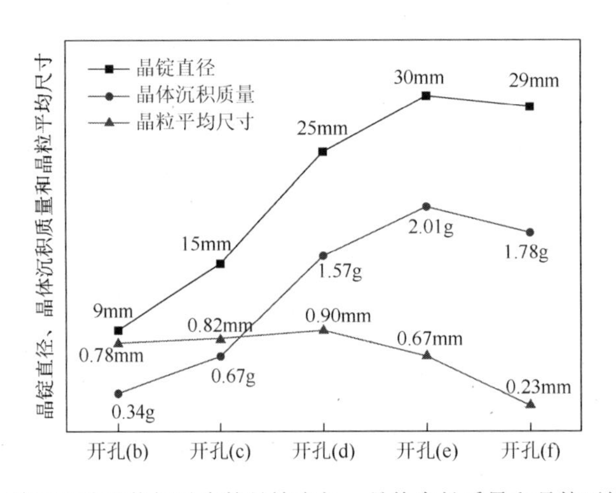

图 5-8　碳毡开孔形状相对应的晶锭直径、晶体生长质量和晶粒平均尺寸[6]

在 AlN 晶体生长过程中，温度的控制和温度梯度的调节是十分复杂的过程。此外，当晶体生长气压升高时，会抑制 AlN 原料分解的进行，导致晶体生长速率下降。

当 AlN 晶体生长温度为 1700～2300℃时，获得晶体形貌如图 5-9 所示。当生长温度为 1700～2000℃时，获得的 AlN 晶体形貌从晶须逐渐向晶柱转变。当生长温度为 2000～2300℃时，获得的 AlN 晶体形貌为晶粒，并且随着生长温度的升高，晶粒尺寸逐渐增大。目前，晶体形貌随着生长温度的变化已被大量报道，这是由 AlN 晶体生长速率的各向异性决定的。当生长温度较低时，*c* 向（0001）的生长速率远高于其他晶面（{1013}面、{1010}面，分别记为 *m* 面、*a* 面），导致沿 *c* 向生长迅速，因此获得 AlN 晶须。当生长温度升高时，各晶面的生长速率均增加。根据周期性键链理论，*c* 向的生长速率增加量远小于 *m* 面、*a* 面，当达到一定生长温度时，各晶面生长速率相当（同一数量级），因此可以获得 AlN 晶粒。据报道，当生长温度为 2000～2200℃时，*a* 面、*m* 面、*c* 向的生长速率比约为 1∶3∶10。

(a) 1700℃　(b) 1800℃　(c) 1900℃　(d) 2000℃　(e) 2100℃　(f) 2200℃　(g) 2250℃　(h) 2300℃

图 5-9　不同生长温度下 AlN 晶体的宏观形貌（左）和微观形貌（右）[6]

5.1.3　生长气压的影响

生长气压对 AlN 晶体生长速率和晶粒尺寸也有显著的影响。图 5-10 为生长气压为 5.0×10^4Pa、6.0×10^4Pa、7.0×10^4Pa、8.0×10^4Pa、9.0×10^4Pa 和 1.0×10^5Pa 时 AlN 晶体的形貌。当生长气压低于 6.0×10^4Pa 时，AlN 晶体生长受到抑制，晶体沉积质量降低，但晶粒平均尺寸增大。这是由于 AlN 晶体生长在低 N_2 气压下趋向正向进行，抑制了 AlN 晶体的生长。此外，在低 N_2 气压下 Al 蒸气的平均分子自由程增加，促进了 AlN 晶体的生长，因此 AlN 晶粒平均尺寸增大。当生长气压高于 6.0×10^4Pa 时，AlN 晶体生长同样受到抑制，晶体沉积质量降低，晶粒平均尺寸减小。这是由于 AlN 原料升华在高气压下受到抑制，导致 AlN 晶体生长速率下降。此外，在高 N_2 气压下 Al 蒸气的平均分子自由程减小，抑制了 AlN 晶体的生长，因此生长气压为 1.0×10^5Pa 时，晶体沉积质量趋向于零，如图 5-10（f）所示。

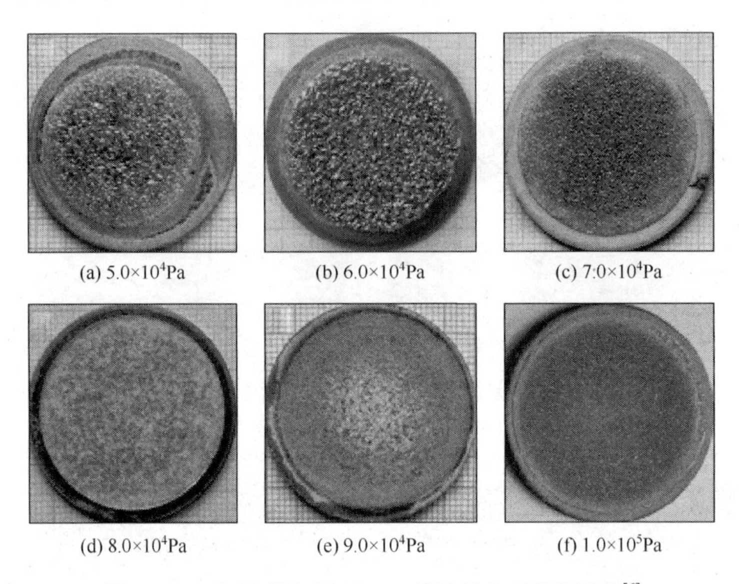

图 5-10　不同生长气压下 AlN 晶体的宏观形貌照片[6]

图 5-11 为不同生长气压下 AlN 晶体的沉积质量和晶粒平均尺寸。AlN 晶粒平均尺寸随着生长气压的增大而降低，当生长气压为 1.0×10^5Pa 时，AlN 晶体沉积质量趋近 0g。

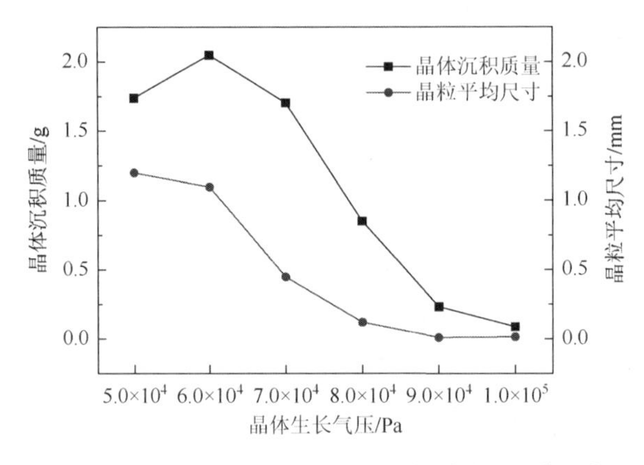

图 5-11　不同生长气压下 AlN 晶体的沉积质量和晶粒平均尺寸[6]

AlN 晶体生长要经过升温和降温阶段，在 1700℃时 AlN 晶体将形核。对于升温阶段，为了获得较大尺寸的 AlN 晶粒，必须抑制形核数量；对于降温阶段，为了获得高质量晶体，需要抑制二次形核。根据上述结论，可以通过控制 N_2 气压来控制形核数量和抑制二次形核。图 5-12 为 TaC 衬底上生长 40min 后分别在 6.0×10^4Pa 和 1.0×10^5Pa 下降温的 AlN 晶粒 SEM 图。当在 6.0×10^4Pa 生长气压下进行降温时，出现了大量的二次形核现象，如图 5-12（a）所示。当在 1.0×10^5Pa 生长气压下进行降温时，二次形核现象基本消失，如图 5-12（b）所示。因此，为了避免二次形核，晶体生长后的降温阶段均在 1.0×10^5Pa 下进行。

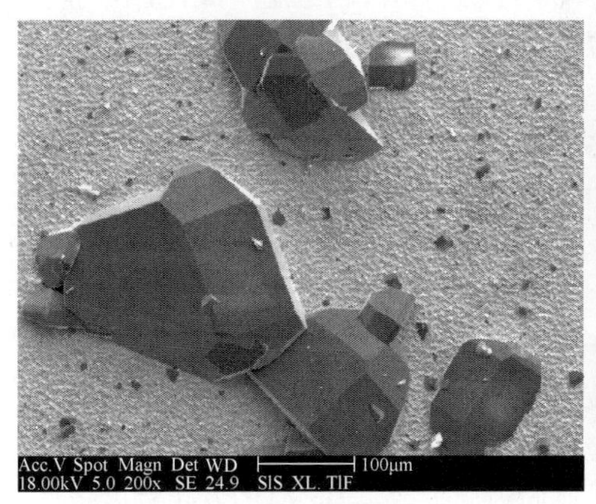

(a) 6.0×10^4Pa

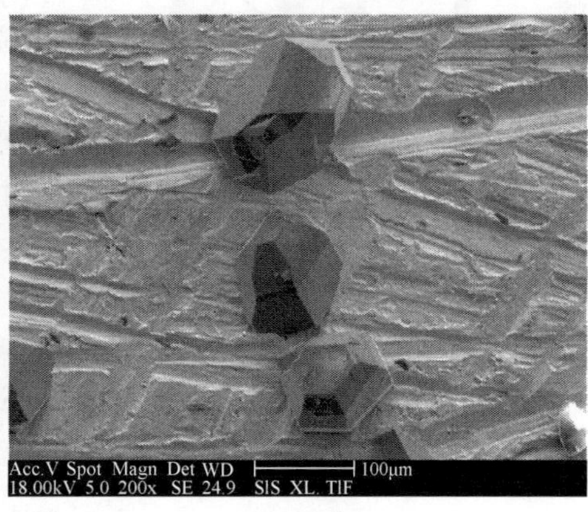

(b) 1.0×10^5Pa

图 5-12　不同生长气压下降温获得的 AlN 晶粒 SEM 照片[6]

5.2　金属铝直接氮化法

5.2.1　理论基础与实验过程

1960 年，美国 Carborundum 公司 Taylor 和 Lenie[7]首次采用 Al 金属粉末，在高温下与 N_2 发生反应，直接氮化生成 AlN 晶体，其化学反应方程为

$$2Al(s)+N_2\longrightarrow 2AlN(s) \tag{5-16}$$

但此方法制备 AlN 晶体时，Al 金属粉末与 N_2 反应过程中会产生大量的热，导致反应急剧加速、晶体生长过程难以控制，获得的产物只是 AlN 晶体粉末。为改进这一方法，2002 年美国北卡罗来纳大学 Schlesser 和 Sitar[8]将 Al 蒸发成蒸气，输运到 N_2 环境中，经过反应最后获得了 AlN 的晶须和小晶片，并且发现 AlN 晶体形貌主要与反应温度有关，与 N_2 气压和流量关系并不显著。但此方法同样存在反应速率过快、不能进行稳定可控的动力学输运过程的问题，难以获得较大尺寸的 AlN 单晶。因此，为了获得大尺寸 AlN 单晶，研究人员提出了利用金属 Mg 粉和 NH_4Cl 双重辅助金属 Al 粉直接氮化的方式制备大尺寸 AlN 晶体。

图 5-13 为用于金属 Al 直接氮化法生长 AlN 晶体的反应堆。将金属 Al 粉、Mg 粉与 NH_4Cl 粉末三种原料混合均匀后作为原材料，装入陶瓷坩埚中，垂直插入反应堆

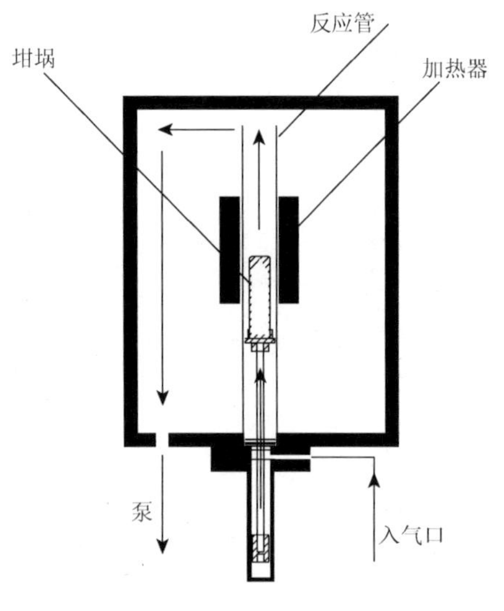

图 5-13　反应堆示意图[8]

中，通过加热器加热。升温速度为 5℃/min，在流速为 100sccm 的 N_2 气氛保护下升温到 700～1100℃，保温 3～6h。最后，在 N_2 保护环境下自然冷却，直至室温，一般生长的晶体位于 Al 源上方 1～2cm 的位置。

氮化温度为 800～1200℃。在反应初期（500℃），Al 粉颗粒开始和氮发生反应，但由于 Al 粉颗粒表面有一层原始氧化膜 γ-Al_2O_3，氮化反应程度很低。当温度升高到 500～600℃时，γ-Al_2O_3 和 Al 反应生成低价氧化物并升华去除，从而利于氮化反应的发生。当温度升高到 700℃时，氮化反应迅速加大，会在 Al 表面形成氮化层，阻止氮向内部扩散，导致 Al 的氮化程度较低。综合以上原因，得到的 AlN 产物氮含量低、品质差。

针对传统的直接氮化法存在的缺点，相关研究者进行了一些改进。仝建峰等[9]采用两次氮化法，第一次将 Al 粉于 800℃进行氮化，结束后将团聚结块的、氮化反应未完全的反应产物取出，先机械粉碎，再进行球磨，于 1200℃再次氮化，得到的产物氮化率显著提高，团聚结块现象不明显。而 Kimura 等[10]在直接氮化法的基础上发明了悬浮氮化技术，用流动 N_2 输送细小的 Al 粉颗粒。当 Al 粉经过 1400℃左右的加热区时和 N_2 反应生成 AlN。由于 Al 粉颗粒是分散开的，而且呈流动状态，团聚现象显著降低，颗粒短时间被加热到超过 1000℃的高温后活性迅速提高，容易被氮化，产率远高于直接氮化法。Qiu 和 Gao[11]在采用悬浮氮化法制备粉末的过程中使用了 N_2 和 NH_3 的混合气体，由于 NH_3 分子的 N—H 键结合强度低于 N_2 分子的 N—N 键结合强度，NH_3 的活性大于 N_2，并且在一定温度下会分解成活性更大的 NH^{2-} 和 NH_2^-，和 Al 反应后会生成不稳定的中间产物（酰胺盐和亚酰胺盐），而这些不稳定的中间产物在高温下会迅速蒸发并破坏 Al 颗粒表面的 AlN 膜，这样 N_2 和 NH_3 就能更充分地与 Al 接触和氮化，最终得到的晶须性能更优越。采用该方法制备 AlN 晶须具有设备和工艺简单、原料来源丰富、生产成本低廉、多余的 N_2 废气可以直接排到空气中、环保无污染等特点，但该反应也存在 Al 粉氮化程度低的缺点。

5.2.2　晶体生长影响因素

1. 温度的影响

温度是公认的最能影响直接氮化法生长 AlN 晶体的因素。图 5-14（a）和（b）

分别为在 500Torr 的 N_2 氛围下于 1800℃和 2100℃生长 2h 的 AlN 晶体。可以发现，在 2100℃下生长的 AlN 晶体尺寸为 10mm×5mm，因此其平均生长速率为 5mm/h，厚度方向平均生长速率为 0.2mm/h；而同样条件下，在 1800℃下生长的 AlN 晶体尺寸要小得多。

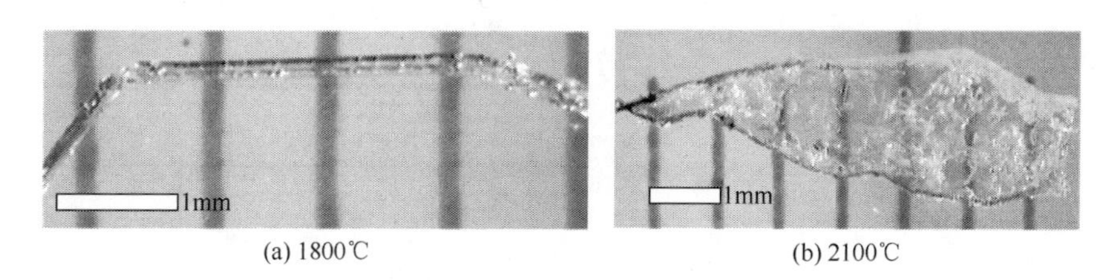

(a) 1800℃　(b) 2100℃

图 5-14　在不同温度、压力为 500Torr 氮气环境下生长 2h 的 AlN 晶体[8]

图 5-15（a）和（b）为在 1800℃和 2100℃下生长的 AlN 晶体的 SEM 图像，图 5-15（b）还显示了 AlN 晶体的生长步骤。可以看出，此处 AlN 是按着六边形生长的。图 5-16 为在 1800℃、2000℃、2100℃下生长的 AlN 晶体的拉曼光谱，用于评估晶体的结晶质量。可以看到，温度越高，$E_2^{(2)}$的线宽越小，AlN 的结晶质量也越好。

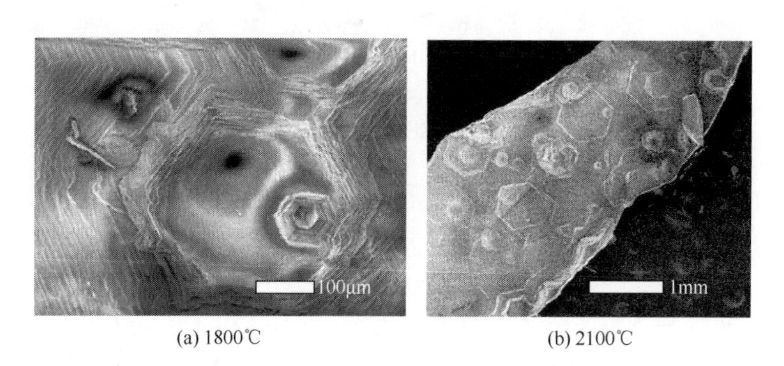

(a) 1800℃　(b) 2100℃

图 5-15　在不同温度下生长 2h 的 AlN 晶体的（001）面的 SEM 图像[8]

2. 反应时间的影响

反应时间同样对 AlN 晶体质量有着重要影响。在保持其他反应条件不变的情况下，反应时间分别为 1h、2h、3h、4h，对应的产物分别标记为 D_1、D_2、D_3、D_4，对得到的样品进行测试和分析。

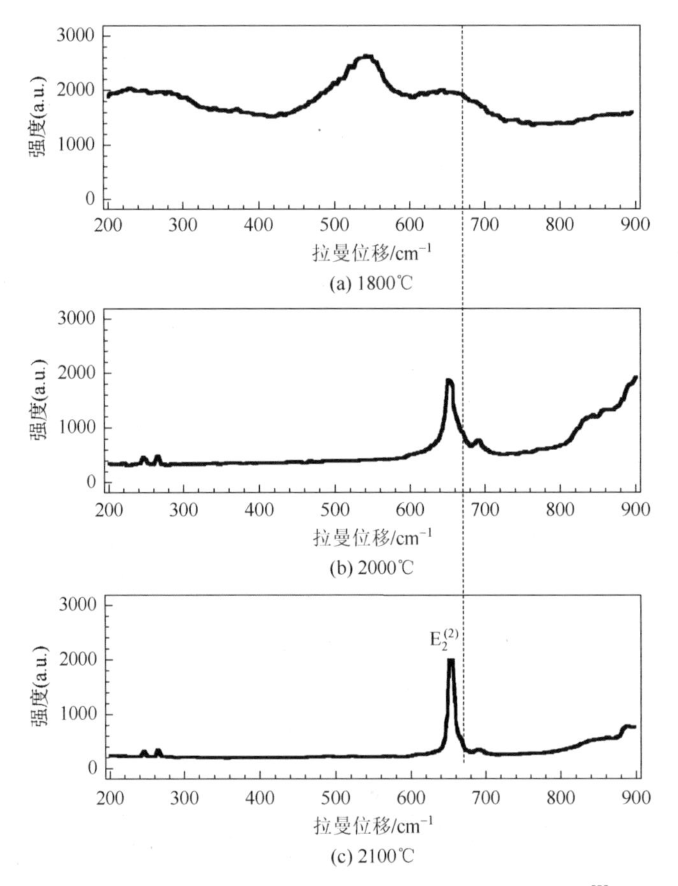

(a) 1800℃

(b) 2000℃

(c) 2100℃

图 5-16　在不同温度下生长的 AlN 晶体的拉曼光谱[8]

对 XRD 图谱（图 5-17）进行分析，可以发现，延长反应时间可以有效提高金属 Al 粉的氮化程度。

从 SEM 照片（图 5-18）中可以看出，D_1 和 D_2 中的粉末存在明显的团聚现象，并且交错分布少量 AlN 纳米线。这是因为 D_1 和 D_2 中 Al 粉均未完全氮化，存在残余的 Al 粉，而且残余的 Al 粉表面包裹着一层 AlN。D_3 的结晶状况良好，交错分布较多的纳米线，并伴有少量的颗粒状物质。D_4 中纳米线相对于 D_3 更加细小，但是粗细不均，而且在纳米线中存在大量的颗粒状物质。

综合 XRD 图谱和 SEM 照片分析可知，反应时间越长，金属 Al 的氮化程度越高，但是反应时间并不利于控制晶体生长的形貌。

总体来说，金属 Al 直接氮化法制备 AlN 晶体时，Al 金属粉末与 N_2 反应过程中会产生大量的热，导致反应急剧加速、晶体生长过程难以控制，且获得的产物大多数是 AlN 晶体粉末，很难有尺寸较大的 AlN 单晶。因此，想要依靠这种方法来生长大尺寸的 AlN 单晶，还有很长的路要走。

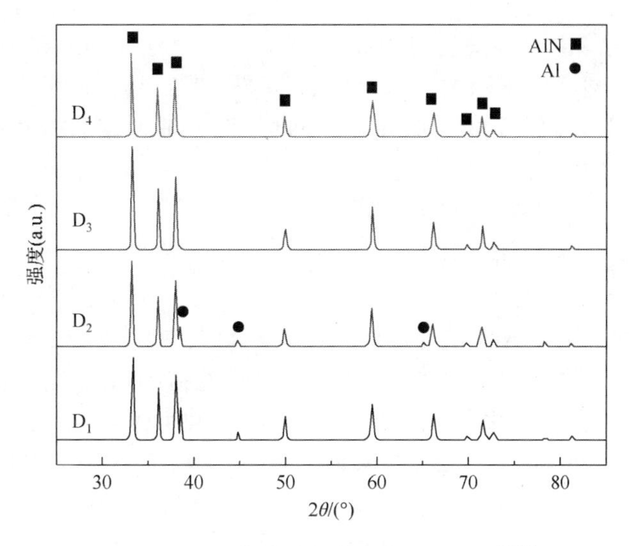

图 5-17 不同保温时间的产物 XRD 图谱[12]

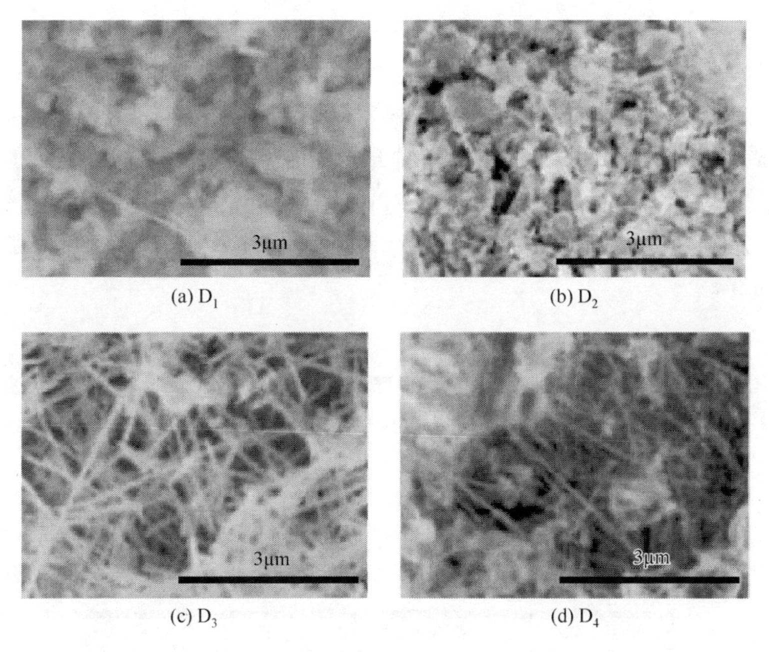

(a) D_1 (b) D_2 (c) D_3 (d) D_4

图 5-18 四组样品的 SEM 照片[12]

5.3 氢化物气相外延法

HVPE 是另一种快速生长 AlN 晶体的方法。然而，关于 AlN 的 HVPE 研究困难重重[13, 14]，主要的原因是 Al 金属和 HCl 气体发生反应产生的熔融 Al 或 AlCl

气体很容易腐蚀 SiO_2 反应器。TDI 公司利用 HVPE 法成功地在 10.16cm 的 SiC 衬底上生长出无裂纹、厚 10μm 的 AlN 单晶膜。然而，国内关于 HVPE 技术生长 AlN 单晶的研究起步较晚，研究内容较少[15]，故研究用 HVPE 法生长 AlN 技术[16]是非常有必要的。

5.3.1 理论基础与实验过程

在 HVPE 工艺中，AlN 是通过使热的气态 Al 的氯化物（如 $AlCl_3$ 或 AlCl）与 NH_3 反应形成的。图 5-19 为制备 AlN 的 HVPE 系统的示意图。整体的反应过程利用 H_2 作为载气，用于传输 HCl 气体、NH_3 气体和生成的 $AlCl_3$ 气体。首先将含有金属 Al 粉末的 Al_2O_3 瓷舟置于反应器（源区）的上游区域，将蓝宝石（0001）衬底置于反应器（生长区）的下游区域。在升温后引入 HCl 气体，使其与金属 Al 发生反应生成 $AlCl_3$[17]。$AlCl_3$ 和 NH_3 混合后发生反应生成 AlN，并在衬底上沉积。主要的化学反应方程为

$$AlCl_3(g) + NH_3(g) \longrightarrow AlN(s) + 3HCl(g) \tag{5-17}$$

一开始，HVPE 法主要用于通过 $AlCl_3$ 和 NH_3 在 600～1100℃下气相反应合成 AlN 粉末。然而，人们发现在 $AlCl_3$ 进料喷嘴附近沉积的粉末包括径向生长的具有柱状晶体的颗粒。因此，研究人员开始更多地关注通过改性 HVPE 在衬底上生长 AlN 块状晶体。现在，利用 HVPE 法已经能够在 SiC 和蓝宝石衬底上分别生长厚度为 75μm 和 20μm 的 2in 独立式 AlN 晶片。抛光后，AlN 表面粗糙度小于 0.5nm。

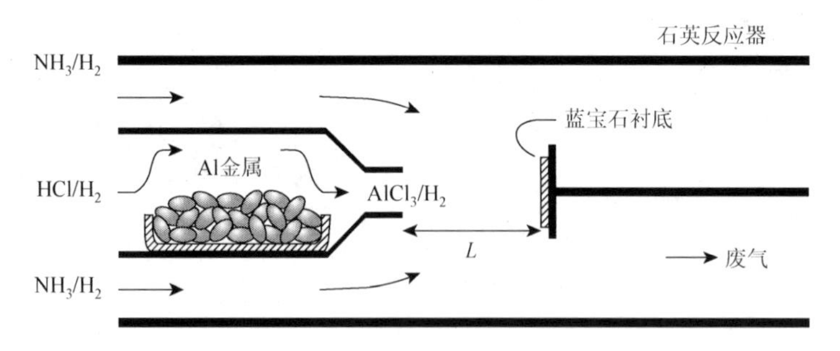

图 5-19　制备 AlN 的 HVPE 系统的示意图[16]

5.3.2 晶体生长影响因素

1. 载气流量比的影响

源区 Al-N-H 体系涉及 4 种化学反应［方程（5-18）～方程（5-21）］，分别为

$$Al(s) + 3HCl(g) \longleftrightarrow AlCl_3(g) + 3/2H_2(g) \tag{5-18}$$

$$Al(s) + 2HCl(g) \longleftrightarrow AlCl_2(g) + H_2(g) \tag{5-19}$$

$$Al(s) + HCl(g) \longleftrightarrow AlCl(g) + 1/2H_2(g) \tag{5-20}$$

$$2AlCl_3(g) \longleftrightarrow (AlCl_3)_2(g) \tag{5-21}$$

反应后源区会存在 7 种气相物质：$AlCl_3$、$AlCl_2$、AlCl、$(AlCl_3)_2$、HCl、H_2、N_2。根据这 7 种物质在不同温度下的热力学参数（焓、熵），由

$$\Delta H_T = \left(\sum v_i H_{T,i}\right)_{产物} - \left(\sum v_i H_{T,i}\right)_{反应物} \tag{5-22}$$

$$\Delta S_T = \left(\sum v_i S_{T,i}\right)_{产物} - \left(\sum v_i S_{T,i}\right)_{反应物} \tag{5-23}$$

$$\Delta_r G = \Delta H_T - T\Delta S_T \tag{5-24}$$

计算出化学反应［方程（5-18）～方程（5-21）］前后体系吉布斯自由能变，再根据

$$K = -\exp/[\Delta_r G/(RT)] \tag{5-25}$$

$$K = \prod P_i^{v_i}{}_{产物} \Big/ \prod P_i^{v_i}{}_{反应物} \tag{5-26}$$

可得反应平衡常数，最终求得各物质的分压[18]。式中，v_i 为计量系数；$H_{T,i}$ 为 i 物质在温度 T 下的焓；$S_{T,i}$ 为 i 物质在温度 T 下的熵；$\Delta_r G$ 为某一反应的吉布斯自由能；这里的 K 为某一反应的平衡常数；P_i 为 i 物质的分压[19]。

图 5-20 为化学反应［方程（5-18）～方程（5-21）］的吉布斯自由能随温度的变化趋势，其中方程（5-18）、方程（5-19）、方程（5-20）的吉布斯自由能＜0，在这 3 个反应中方程（5-18）的吉布斯自由能最低，因而最易发生。化学反应［方程（5-21）］在 800K 后吉布斯自由能＞0，发生逆向反应，$(AlCl_3)_2$ 分解为 $AlCl_3$。所以，源区温度应该高于 800K，这样更易产生 $AlCl_3$。按照 HCl(g)的平衡气压

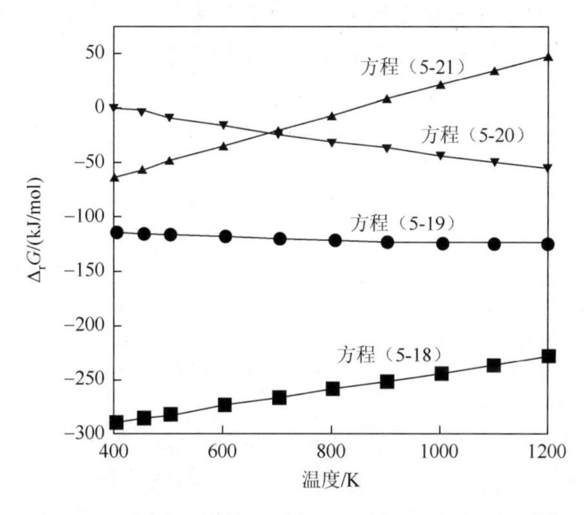

图 5-20　源区反应的吉布斯自由能随温度的变化[20]

$P^0_{HCl}=0.6kPa$、载气中 H_2 摩尔分数 $F=0$（载气只有 N_2）[18]，进一步计算出源区各物质分压与温度的关系，如图 5-21 所示。由图可看出，源区温度为 800～900K 时，$AlCl_3$ 分压最大且保持稳定，因此，源区温度应该控制在 800～900K，这样源区的主要产物就是对石英腐蚀很弱的 $AlCl_3$，从计算的数据得出反应前 HCl 分压与生成 $AlCl_3$ 分压满足线性关系 $P^0_{HCl}=3\times P_{AlCl_3}$。由于 $AlCl_3$ 分压对 AlN 沉积速率影响很大，可通过改变反应前 HCl 分压来精确控制生长区反应气体 $AlCl_3$ 分压。

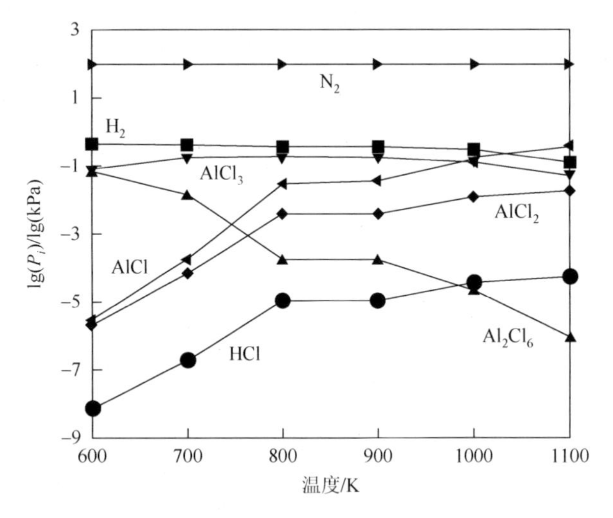

图 5-21 源区各物质分压 P_i 与 T 的关系[20]

HVPE 系统中 R（NH_3 和 HCl 流量比）对 AlN 薄膜的生长速率和表面形貌都有一定的影响。表 5-2 为生长温度为 1373K、载气流量为 $550cm^3/min$ 时，改变 NH_3 流量，不同 R 对 AlN 单晶生长影响的实验参数。

表 5-2 R 对 AlN 单晶生长影响的实验参数[20]

样品	生长温度/K	R	载气流量/(cm^3/min)	薄膜厚度/μm
a	1373	0.5	550	7.095
b	1373	1.0	550	3.965
c	1373	1.2	550	3.726
d	1373	2.0	550	0.983

可以看到 $R=0.5$ 时，AlN 薄膜的生长速率最大，随着 NH_3 流量的增大，AlN 薄膜的生长速率减小。出现上述现象的原因可以归结为以下两点。

（1）从气相反应考虑，提高 NH_3 流量会促进 $AlCl_3$ 与 NH_3 的气相反应，即

$$AlCl_3(g)+NH_3(g)\longrightarrow AlCl_2NH_2(g)+HCl(g) \quad (5\text{-}27)$$

此时生成了不必要的产物 $AlCl_2NH_2$，消耗了部分反应气体 $AlCl_3$，造成表面沉积 AlN 时反应气体 $AlCl_3$ 不足，因此 AlN 的生长速率减小[21-24]。

（2）从表面反应考虑，根据 Langmuir-Hinshel-Wood 理论，NH_3 和 $AlCl_3$ 首先被吸附在 SiC 表面的吸附中心，然后被吸附的反应物之间进行反应生成 AlN。增大 NH_3 流量，由于 NH_3 可以较多地吸附在 N 位和 Al 位上，过多的 NH_3 会占用 Al 位，从而使生长速率减小。

2. 生长温度的影响

研究发现，降低源区温度，可以优先在 HVPE 系统的源区产生 $AlCl_3$，其与石英的反应性低于 AlCl[17]。因此 TDI 公司使用传统的热壁石英反应器，成功地利用 HVPE 法制备了独立的 AlN 晶体[25-27]。

此时假设 Al 金属和 HCl 之间的反应效率为 100%，生长 AlN 的 HVPE 系统的反应器的温度曲线如图 5-22 所示。衬底温度为 950～1100℃。生长区的 $AlCl_3$ 分压为 5.0×10^{-4}～2.0×10^{-3}atm。950℃下 AlN 晶体的生长速率为 1.1mm/h，而在 1100℃下 AlN 晶体的生长速率为 1.7mm/h。虽然生长速率随着生长温度的升高而增加，但随着温度的变化，沉积的区域同样发生了变化。

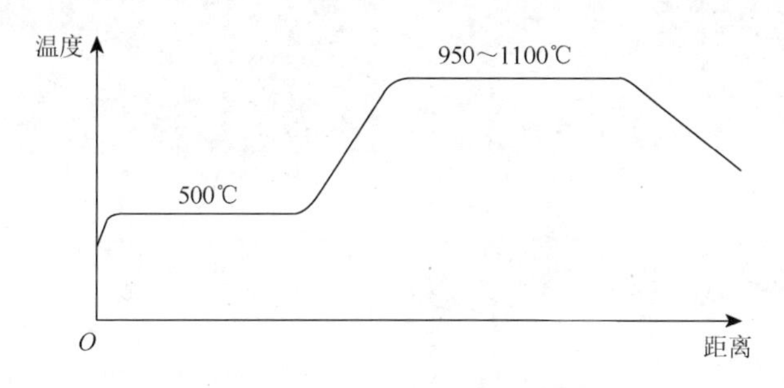

图 5-22　反应器的温度曲线[16]

图 5-23 为在不同温度下生长 1h 的 AlN 层的（0002）和（$10\bar{1}0$）平面的 XRD 摇摆曲线的 FWHM。结果发现，在所有生长温度下，（$10\bar{1}0$）平面（扭曲分量）的 FWHM 大于（0002）平面（倾斜分量）的 FWHM，并且两者都随着生长温度的升高而减小。因此，温度越高，AlN 晶体的结晶质量越好。但是与在 SiC 衬底上生长的 AlN 层相比，在蓝宝石衬底上生长的 AlN 层的 FWHM 仍然很大[26, 27]。

图 5-24 为 950～1100℃下生长 1h 的 AlN 晶体的紫激光三维轮廓显微镜照片。随着生长温度的升高，可以清楚地看到生长方式的变化。当生长温度低于 1100℃

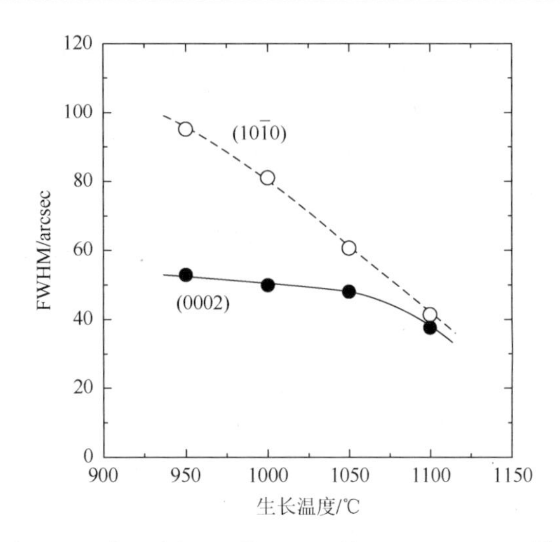

图 5-23 在不同温度下生长 1h 的 AlN 层的（0002）和（10$\bar{1}$0）平面的 XRD 摇摆曲线的 FWHM[16]

$AlCl_3$ 分压为 5.0×10^{-4}atm，基板位置 L 为 55mm

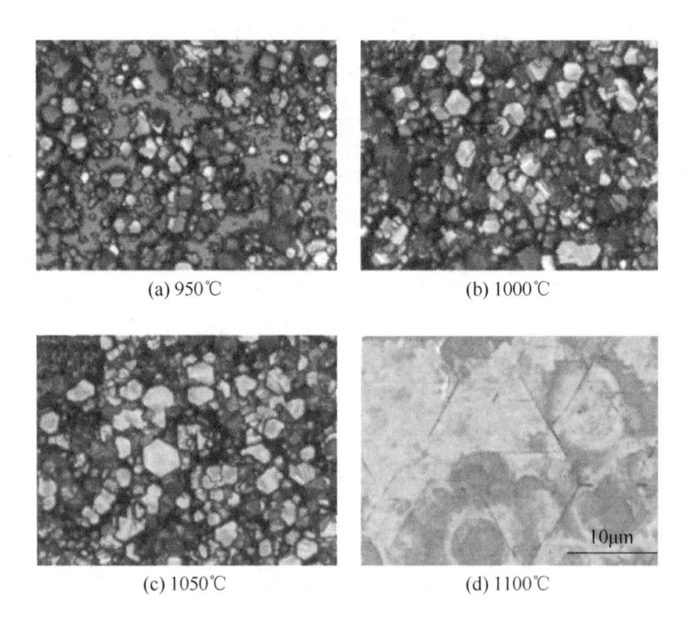

(a) 950℃ (b) 1000℃ (c) 1050℃ (d) 1100℃

图 5-24 在不同温度下生长 1h 的 AlN 晶体的紫激光三维轮廓显微镜照片[16]

时，AlN 晶体显示出具有小尺寸晶粒的岛生长［图 5-24（a）～（c）］，并且 AlN 晶粒的横向尺寸随着生长温度的升高而增大。当生长温度为 1100℃［图 5-24（d）］时，AlN 晶体均匀生长，显示出生长良好的镜面状表面。这些结果表明，当生长温度为 1100℃时，AlN 晶体质量得到有效提升。另外，在图 5-24（d）中可以看到许多裂缝，呈现为暗线。这些裂缝是由 AlN 层和蓝宝石衬底之间的热膨胀不匹配引起的。因此，可以采用具有缓冲层的两步生长程序或通过处理蓝宝石衬底表面来改善 AlN 晶体的质量。

3. $AlCl_3$ 分压的影响

图 5-25 显示了在不同的衬底位置 L 处，$AlCl_3$ 分压对 1100℃下生长的 AlN 晶体的生长速率的影响。可以看出，在不同位置生长的 AlN 晶体的生长速率都随着 $AlCl_3$ 分压的升高而线性增大。位置对 AlN 晶体的生长速率影响很大，越接近 $AlCl_3$ 注射喷嘴，AlN 生长速率越快。当 $AlCl_3$ 分压为 5.0×10^{-4}atm、L 为 55mm 时，AlN 晶体生长速率最慢，为 1.7mm/h；当 $AlCl_3$ 分压为 2.0×10^{-3}atm、L 为 25mm 时，AlN 晶体生长速率最快，为 122mm/h。

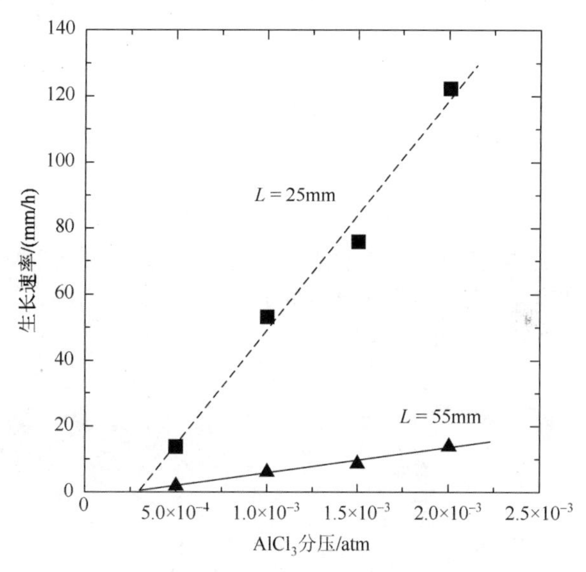

图 5-25　在不同衬底位置处获得的 AlN 生长速率对 $AlCl_3$ 分压的依赖性[16]

生长温度为 1100℃

如图 5-26 所示，当衬底位置和 $AlCl_3$ 不同时，AlN 晶体的（0002）和（$10\bar{1}0$）平面的 XRD 摇摆曲线的 FWHM 也有较大区别。由图 5-25 可知，随着 $AlCl_3$ 分压不断增加且 L 不断减小，AlN 生长速率也不断加快，但是 AlN 晶体的结晶质量却逐渐变差。

从图 5-27 的不同条件下生长的 AlN 层紫外激光三维轮廓显微镜照片中也可以看出，生长速度越快，AlN 晶体的结晶质量越差。当 $AlCl_3$ 分压为 5.0×10^{-4}atm 时，L 为 55mm 处生长的 AlN 晶体表面呈镜面状［图 5-27（a)］，而 L 为 25mm 处生长的 AlN 晶体表面粗糙［图 5-27（b)］；当 $AlCl_3$ 分压为 2.0×10^{-3}atm 时，L 为 55mm

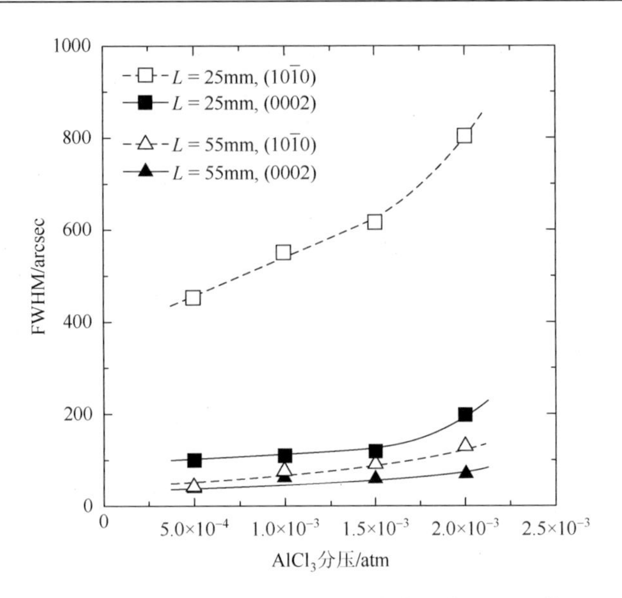

图 5-26　在图 5-25 中获得的以各种生长速率生长的 AlN 层的（0002）和（10$\bar{1}$0）平面的 XRD 摇摆曲线的 FWHM[16]

生长在 1100℃下进行 1h

处生长的 AlN 晶体是大尺寸的六边形晶粒［图 5-27（c)］，而 L 为 25mm 处生长的 AlN 晶体是由尺寸更小的 AlN 晶体组成的［图 5-27（d)］。因此，可以认为当 AlN 晶体的生长速率高于 10mm/h 时，晶体质量变差。

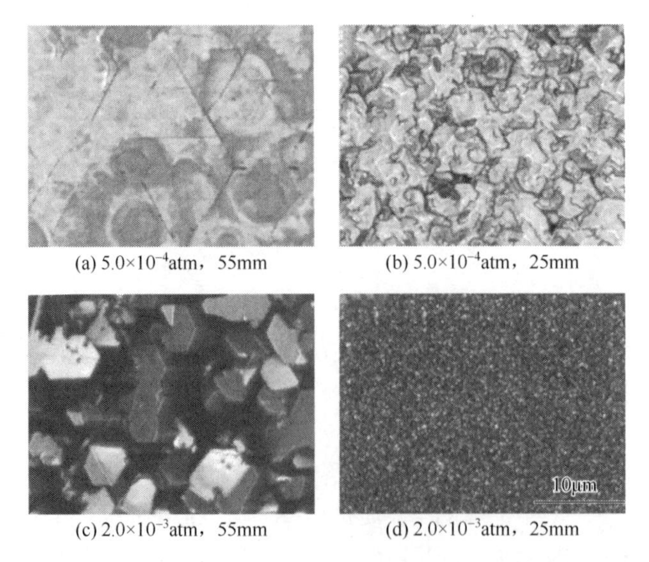

(a) 5.0×10^{-4}atm，55mm　(b) 5.0×10^{-4}atm，25mm

(c) 2.0×10^{-3}atm，55mm　(d) 2.0×10^{-3}atm，25mm

图 5-27　在 1100℃下生长 1h 的 AlN 层的紫外激光三维轮廓显微镜图像[16]

HVPE 技术生长 AlN 晶体的优点是可以得到较高的生长速率（高达 100mm/h），比典型的 MOCVD 和 MBE 工艺高了近两个数量级。此外，与 MOCVD 法生长不同，HVPE 工艺不涉及金属有机源，因此为外延生长提供了“无碳”环境。

参 考 文 献

[1] Yue Y Z，Hu Z Y，Guo J，et al. InAlN/AlN/GaN HEMTs with regrown Ohmic contacts and f_T of 370GHz[J]. IEEE Electron Device Letters，2012，33（7）：988-990.

[2] Hirayama H，Yatabe T，Noguchi N，et al. 231-261 nm AlGaN deep-ultraviolet light-emitting diodes fabricated on AlN multilayer buffers grown by ammonia pulse-flow method on sapphire[J]. Applied Physics Letters，2007，91（7）：071901.

[3] Kneissl M，Yang Z H，Teepe M，et al. Ultraviolet semiconductor laser diodes on bulk AlN[J]. Journal of Applied Physics，2007，101（12）：123103.

[4] Chemekova T Y，Avdeev O V，Barash I S，et al. Sublimation growth of 2 inch diameter bulk AlN crystals[J]. Physica Status Solidi C，2008，5（6）：1612-1614.

[5] Baker T，Mayo A，Veisi Z，et al. Hydride vapor phase epitaxy of AlN using a high temperature hot-wall reactor[J]. Journal of Crystal Growth，2014，403（1）：29-31.

[6] 金雷. 物理气相传输法生长氮化铝晶体的机制研究[D]. 哈尔滨：哈尔滨工业大学，2015.

[7] Taylor K M，Lenie C. Some properties of AlN[J]. Journal of the Electrochemical Society，1960，107（4）：308.

[8] Schlesser R，Sitar Z. Growth of bulk AlN crystals by vaporization of aluminum in a nitrogen atmosphere[J]. Journal of Crystal Growth，2002，234（2-3）：349-353.

[9] 仝建峰，周洋，陈大明. 氮化铝粉末的制备方法与机理[J]. 硅酸盐通报，2002（5）：2-5.

[10] Kimura I，Hotta N，Nukui H，et al. Synthesis of fine AlN powder by vapour-phase reaction[J]. Journal of Materials Science Letters，1988，7（1）：66-68.

[11] Qiu Y，Gao L. Nitridation reaction of aluminum powder in flowing ammonia[J]. Journal of the European Ceramic Society，2003，23（12）：2015-2022.

[12] 陈奎. 三步流程直接氮化法制备 AlN 粉末及其性能研究[D]. 江门：五邑大学，2016.

[13] Adelmann C，Brault J，Jalabert D，et al. Dynamically stable gallium surface coverages during plasma-assisted molecular-beam epitaxy of（0001）GaN[J]. Journal of Applied Physics，2002，91（12）：9638-9645.

[14] Lee S，Kim C. Accelerated surface flattening by alternating Ga flow in hydride vapor phase epitaxy[J]. Journal of Crystal Growth，2009，311（10）：3025-3028.

[15] Li D D，Chen J J，Su X J，et al. Preparation of AlN film grown on sputter-deposited and annealed AlN buffer layer via HVPE [J]. Chinese Physics B，2021，30（3）：036801.

[16] Kumagai Y，Yamane T，Koukitu A. Growth of thick AlN layers by hydride vapor-phase epitaxy[J]. Journal of Crystal Growth，2005，281（1）：62-67.

[17] Kumagai Y，Yamane T，Miyaji T，et al. Hydride vapor phase epitaxy of AlN：Thermodynamic analysis of aluminum source and its application to growth[J]. Physica Status Solidi C，2003，7：2498-2501.

[18] Edgar J H，Liu L，Liu B，et al. Bulk AlN crystal growth：Self-seeding and seeding on 6H-SiC substrates[J]. Journal of Crystal Growth，2002，246（3）：187-193.

[19] Schowalter L J，Slack G A，Whitlock J B，et al. Fabrication of native，single-crystal AlN substrates[J]. Physica Status Solidi C，2003，7：1997-2000.

[20] 李毓轩，秦知福. HVPE 法制备 AlN 单晶薄膜[J]. 压电与声光，2016，38（3）：409-412.

[21] Perlin P，Franssen G，Szeszko J，et al. Nitride-based quantum structures and devices on modified GaN substrates[J]. Physica Status Solidi A，2009，206（6）：1130-1134.

[22] Kelly M K，Vaudo R P，Phanse V M，et al. Large free-standing GaN substrates by hydride vapor phase epitaxy and laser-induced liftoff[J]. Japanese Journal of Applied Physics，1999，38（3）：217-219.

[23] Liu H P，Chen I G，Tsay J D，et al. Influence of growth temperature on surface morphologies of GaN crystals grown on dot-patterned substrate by hydride vapor phase epitaxy[J]. Journal of Electroceramics，2004，13（1）：839-846.

[24] Motoki K，Okahisa T，Matsumoto N，et al. Preparation of large freestanding GaN substrates by hydride vapor phase epitaxy using GaAs as a starting substrate[J]. Japanese Journal of Applied Physics，2001，40（2）：140-143.

[25] Nikolaev A，Nikitina I，Zubrilov A，et al. AlN wafers fabricated by hydride vapor phase epitaxy[J]. MRS Internet Journal of Nitride Semiconductor Research，2000，5：432-437.

[26] Melnik Y V，Tsvetkov D，Pechnikov A，et al. Characterization of AlN/SiC epitaxial wafers fabricated by hydride vapour phase epitaxy[J]. Physica Status Solidi A，2001，188（1）：463-466.

[27] Ledyaev O Y，Cherenkov A E，Nikolaev A E，et al. Properties of AlN layers grown on SiC substrates in wide temperature range by HVPE[J]. Physica Status Solidi C，2003，1：474-478.

第6章　三元合金及掺杂改性

在过去的几十年里，氮化物半导体引起了研究人员的广泛兴趣，由其制备的发光器件（LED/激光二极管等）的发光光谱范围从绿光到蓝光直至紫外区域。对氮化物半导体来说，n型层相对较容易获得，事实上刚生长成的未掺杂半导体材料通常就已经表现为n型导电，尽管其形成的原因还存在争议。但要得到高效的p型层通常较为困难。

AlN作为一种重要的宽禁带半导体材料，具有很多优异的性能以及良好的应用前景。然而，AlN极宽的禁带既是它在紫外光电子领域独特的应用优势，也会为其带来极低电导率的劣势，使其成为实现实际器件应用的瓶颈。针对改善、调节半导体材料的电学、光学、磁学等众多性质，掺杂是一种有效途径。而目前AlN的掺杂效率并不高。半导体掺杂的难度与其禁带宽度成正比，这也就意味着想要通过掺杂实现对AlN各方面性质的调控，还需要进行大量的研究工作。

在电学性质方面，掺杂主要是为了提高AlN的电导率，通常会通过p型和n型掺杂来实现这一目的。AlN半导体紫外光电器件最常见的结构类型有MSM型、PN结型、PIN结构型等，其中MSM型是光电探测器的常见类型，其结构简单、响应快且可以回避p型掺杂，虽然本征AlN材料通常已经表现为n型导电，但由于其载流子浓度非常低，无法直接应用于MSM型光电器件，因此仍然需要实现有效的n型掺杂。PN结、PIN结构无论在LED还是探测器结构中都是基本的类型，要实现这些器件就要求有高效的p型和n型层。

在光学性质方面，掺杂的作用也非常显著。AlN作为掺杂的基体材料有其独特的优势。AlN很宽的禁带不仅可以提供波长很短的深紫外发光（约200nm），还可以为杂质或缺陷提供足够的空间来形成杂质能级或缺陷能级，这些杂质能级和缺陷能级作为发光中心，在理论上可以实现从紫外到红外波段的发光。另外，对于有着优异发光性质的稀土掺杂元素，AlN的极宽禁带不仅可以减弱发光中心的热猝灭效应，而且利于激发稀土粒子的较高能级，获得高效率的短波长发光。

本章主要介绍一些掺杂的AlN半导体材料，掺杂的元素包括Ga、In、稀磁元素、稀土元素、Mg和C等，并探究其结构和性质及一些具体应用。

6.1 铝 镓 氮

三元合金铝镓氮（AlGaN）材料的分子式为 $Al_xGa_{1-x}N$，随着 Al 含量从 $x = 0$ 到 $x = 1$ 的连续变化，其禁带宽度可从 GaN 的 3.4eV 连续变化到 AlN 的 6.2eV，对应截止波长从 365nm 到 200nm。由于具有击穿场强大、热导率大、耐高温、抗辐射的优势，由 AlGaN 材料制备的紫外探测器特别适合用于军事、航天等特殊环境。另外，AlGaN 的压电极化效应和自发极化效应很强，高电荷面密度的 2DEG 容易在 AlGaN/GaN 界面上形成，因此 AlGaN 是制备 HEMT 等微电子器件的理想材料。

6.1.1 铝镓氮的结构和基本性质

AlGaN 是 AlN 和 GaN 的合金化合物，可以认为由 GaN 晶格中部分 Ga 原子被 Al 原子取代而获得，因此其结构与 AlN 和 GaN 相似。宽禁带半导体材料 AlN 和 GaN 一般有三种结构。一种是六方纤锌矿结构，如图 6-1（a）所示；一种是立方闪锌矿结构，如图 6-1（b）所示；还有一种就是 NaCl 结构，如图 6-1（c）所示。

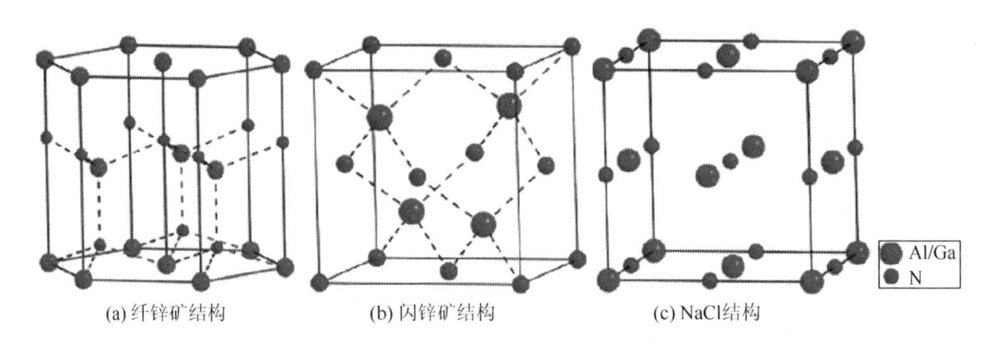

(a) 纤锌矿结构　(b) 闪锌矿结构　(c) NaCl结构

图 6-1　AlGaN 的结构示意图

GaN 的禁带宽度为 3.4eV[1]，AlN 的禁带宽度为 6.2eV[2]。因此，AlGaN 的禁带宽度为 3.4～6.2eV。对 AlGaN 中 Al 含量从 0 变化到 1 的禁带宽度做测量，可以发现它们的禁带宽度变化并不是随着 Al 含量的增加而线性变化，如图 6-2 所示[3]。因此 AlGaN 的禁带宽度也是一个研究的热点，禁带宽度随温度变化遵守 Varshni 方程：

$$E_g(T) = E_{g0} - \frac{\alpha T^2}{\beta + T} \tag{6-1}$$

式中，E_{g0} 为二元氮化物在 0K 下的禁带宽度；α 和 β 都为 Varshni 常数；T 为热力学温度。对于三元氮化物 AlGaN，其禁带宽度的计算公式如下：

$$E_g^{AlGaN} = xE_g^{AlN} + (1-x)E_g^{GaN} - b^{AlGaN}x(1-x) \tag{6-2}$$

式中，b^{AlGaN} 为 AlGaN 弯曲参数，取值为 1.0±0.3。因此，通过式（6-2）可以计算出不同 Al 含量的 AlGaN 的禁带宽度，图 6-2 为 AlGaN 的禁带宽度随 Al 含量的变化。阴极荧光（cathode luminescence ，CL）谱（图 6-3）表明[4]，Al 含量越高，施主结合激子峰值越大。$Al_{0.1}Ga_{0.9}N$ 的 CL 谱呈现出一个相对尖锐的窄峰，峰的位置在 3.676eV，被确定为（D^O，X）。$Al_{0.2}Ga_{0.8}N$ 的 CL 谱则由 3.95eV 处的（D^O，X）和两个弱声子伴线组成。另外所有的 AlGaN 样品没有出现黄色光。$Al_{0.3}Ga_{0.7}N$ 的 CL 谱出现了三个峰，同样也由（D^O，X）和两个弱声子伴线组成。对不同能量下 $Al_{0.3}Ga_{0.7}N$ 的三个峰进行测试，发现所有电子束的穿透深度都在 $Al_{0.3}Ga_{0.7}N$ 外延层内部，只有 15keV 的能量可以穿透到蓝宝石衬底。随着电子束能量的增加，强度最高的主峰由 4.15eV 的束缚激子峰变为 2 LO 峰。对于 $Al_{0.4}Ga_{0.6}N$ 的 CL 谱，在 Al 掺入较多的情况下，（D^O，X）出现在光谱高能量的一侧，呈现为一个小肩峰，如箭头所示的位置。在 4.00eV 和 4.09eV 附近的峰被认为是声子耦合到束缚激子上。$Al_{0.5}Ga_{0.5}N$ 的 CL 谱只在 4.07eV 和 3.97eV 处出现了两个峰，分别被归因于 1 LO 和 2 LO 声子伴线。零声子发射对应更高的能量峰值，预计位置在 4.17eV 附近，但是并未被观察到。

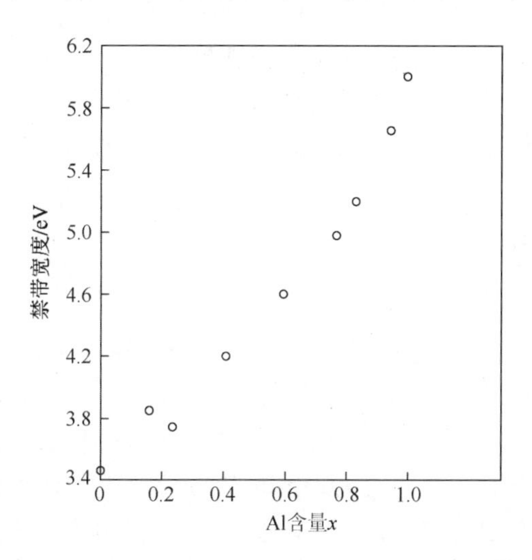

图 6-2　AlGaN 的禁带宽度随 Al 含量的变化[3]

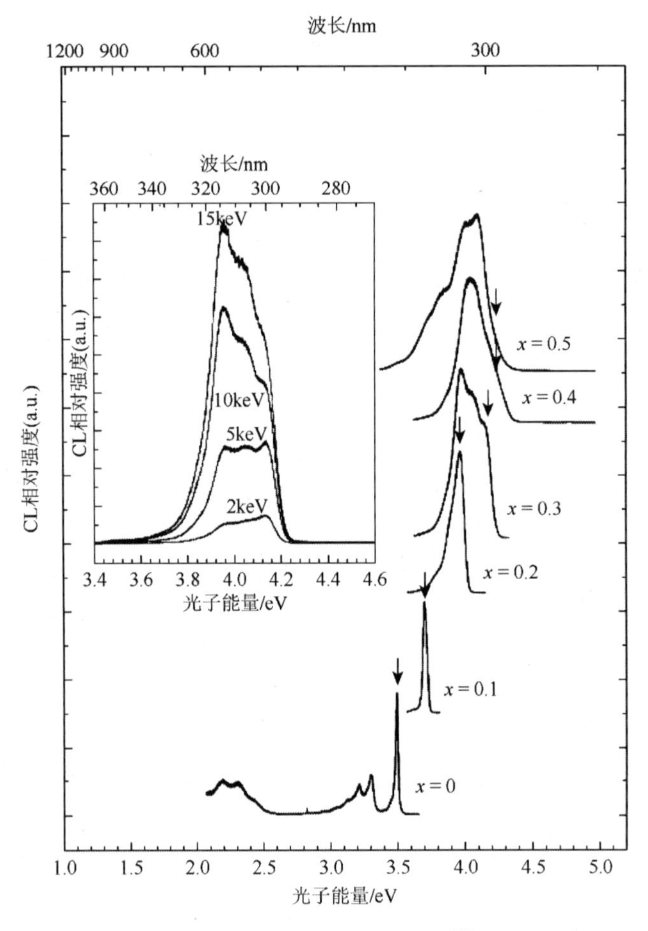

图 6-3　$Al_xGa_{1-x}N$ 的 CL 谱[4]

箭头表示供体结合激子峰。插图为恒流 50μA 下不同电子束能量下的 $Al_{0.3}Ga_{0.7}N$ 的 CL 谱

6.1.2　硅掺杂的铝镓氮

Si 是 $Al_xGa_{1-x}N$ 中最常见的 n 型掺杂剂，得到的 $Al_xGa_{1-x}N$（$x<0.3$）的电子浓度可以达到 $10^{19}cm^{-3}$[5]，如图 6-4 所示。

如图 6-5 所示，总结近年来对有 Si 掺杂的 AlGaN 半导体材料的研究成果，发现 Si 掺杂 AlGaN 半导体材料的活化能会随着 Al 含量的增加而增加，因此在 27℃条件下，Al 含量较高的 Si 掺杂 AlGaN 较难被电离，且电子浓度随 Al 含量的增加而急剧下降，电阻率增加了 5 个数量级。

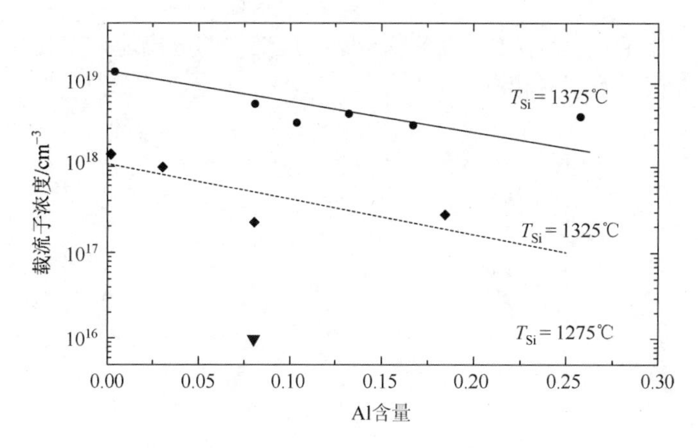

图 6-4　AlGaN 载流子浓度与 Al 含量的关系[5]

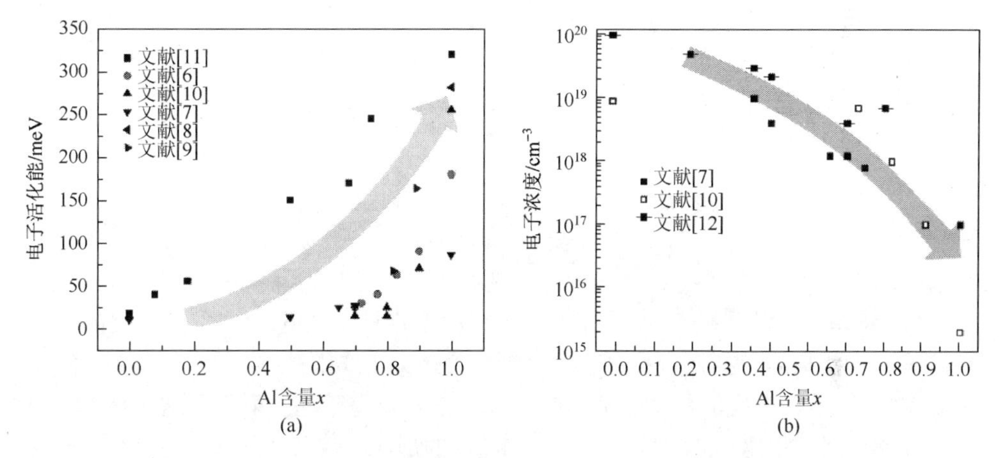

图 6-5　$Al_xGa_{1-x}N$ 随着 x 变化的电子活化能和电子浓度[6-12]

不同图例代表不同研究

6.1.3　镁掺杂的铝镓氮

Mg 是一种较为常见的Ⅲ-Ⅴ族化合物的 p 型掺杂剂。如图 6-6 所示，大量研究表明，Mg 掺杂 $Al_xGa_{1-x}N$ 的活化能从 170meV（$x=0$）变化到 630meV（$x=1$）。高的活化能意味着只有一小部分（约 10^{-9}）的掺杂 Mg 可以在室温下、在 Al 含量较大的 AlGaN 半导体中产生自由移动的空穴[13]，因此 AlGaN 是非常难以实现高电导率或者低电阻率的。造成这种现象的原因主要如下：Ⅲ-Ⅴ族半导体的价带主要是利用 N 原子组成的 2p 轨道，因此其价带位于能量非常低的能级。此外，由于价带有一个非常小的能带分散，可以认为是波矢的函数，意味着空穴载流子的有效质量较大。Mg 掺杂产生的局部能级会产生深杂质能级，价带最高点趋向于产生半导体极化子，会增加Ⅲ-Ⅴ族半导体材料受体的电离能，也会导致 Mg 掺杂在室温下效率低、难以热活化。

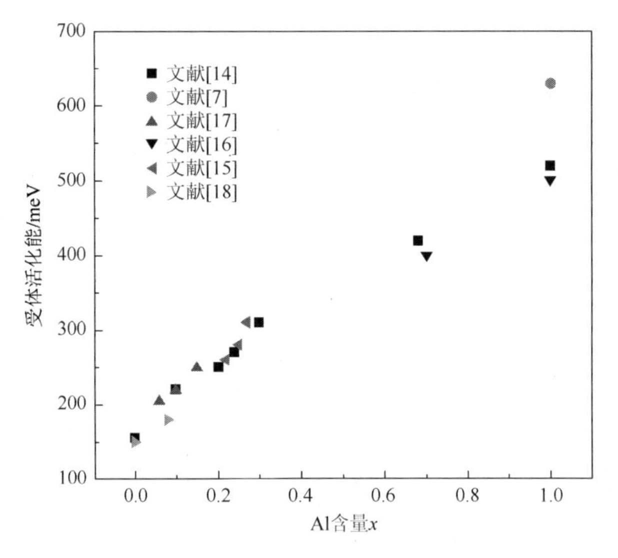

图 6-6　Mg 掺杂的 $Al_xGa_{1-x}N$ 的活化能随着 x 的变化情况[7, 14-18]

不同图例代表不同研究

Mg 掺杂存在的另外一个问题是，Mg 材料很容易在 AlN 中产生高密度的补偿点缺陷，这些缺陷包括氮空位（V_N）[19, 20]、Mg_{Al}-V_N 缺陷复合物[21, 22]和 Mg 间隙杂质[23]。V_N 是最主要的补偿中心，在 2.9eV 左右产生蓝色发射带，这在掺 Mg 的 GaN 中很常见。相比 GaN，因为 V_N 在 AlN 中的形成能较低，所以它们更有可能在 AlN 中产生。造成 V_N 的不良影响的是 Mg 杂质，它们占据间隙位置，并且在Ⅲ-Ⅴ族化合物中充当双重施主能级。太多的点缺陷作为施主能级，这在很大程度上降低了空穴浓度[24]。

在利用金属有机气相外延（metal-organic vapor phase epitaxy，MOVPE）法生长 Mg 掺杂的 AlGaN 薄膜时，会引入氢、载气和金属有机前驱体裂解的副产品，这会在一定程度上抑制 Mg 掺杂。Mg 和氢的络合物（Mg-H）在高温退火后，可以将氢排出，实现合理的 p 型掺杂[25]。在 Al 含量较高的 AlGaN 薄膜中，还会产生其他与掺杂无关的扩展结构缺陷。此外，当 Mg 过量时，常常会引起（Al，Ga）极性到 N 极性的反转。这主要归因于补偿缺陷或者复合物[26]。有时，这些缺陷会作为空穴的俘获或散射中心，可以显著降低 Mg 掺杂的 AlGaN 薄膜中的自由空穴载流子浓度或其迁移率[27]。

6.2 铝 铟 氮

铝铟氮（AlInN）是新兴的Ⅲ-Ⅴ族三元合金材料，一般以直接禁带纤锌矿结构存在。在Ⅲ-Ⅴ族三元合金材料中，AlInN 拥有最大的可调禁带宽度，通过改变组分，可使其禁带宽度在 0.7～6.2eV 调节，光谱能够覆盖从红外到紫外波段。晶格常数同样可通过改变组分来调制。例如，In 含量 $x = 0.15$～0.2 时 $Al_{1-x}In_xN$ 可与 GaN 达到晶格匹配，此外 AlInN 还可以和其他多种材料达到完全晶格匹配，从而能够生长无应变、低缺陷密度的高质量晶体，提升器件性能。利用同样的方法，理论上 AlInN 还能够调制出其他的优异特性，如较高的迁移率、载流子浓度和击穿场强等。因此，AlInN 是比 AlGaN、InGaN 性质更为优异、应用更为广泛的三元合金材料，在诸多领域都具有潜在的巨大应用价值。

6.2.1　铝铟氮的结构与性质

1. 晶格结构

高质量 AlInN 是纤锌矿型的单相固溶体，晶格常数在 AlN（$a = 3.112$Å，$c = 4.982$Å）和 InN（$a = 3.54$Å，$c = 5.705$Å）之间，因此其（0002）面的 XRD 峰位于 31°～36°。此外，如 XRD 和卢瑟福背散射光谱（Rutherford backscattering pectrometry，RBS）测定的 In 含量图（图 6-7[28]）所示，随着 x 增大，晶格常数 a 向上弯曲，晶格常数 c 则几乎呈线性增长；$x \leqslant 0.17$ 时，c 的偏差极小，Δc 近乎为常数；而当 $x > 0.17$ 时，Δc 随着 x 的增大而增大。一般认为 $x = 0.17$ 时 $Al_{1-x}In_xN$ 的晶格与完全弛豫的 GaN 相匹配，因此对于当前最受关注的 AlInN/GaN 结构的薄膜，$Al_{0.83}In_{0.17}N$ 具有最高的结晶度。在 $x = 0.28$～0.65 时（特别是在 $x = 0.5$ 时），晶体质量会出现明显劣化，劣化程度因衬底材料而异[29]。

AlInN 的晶格常数对 Vegard 定理的偏离也是研究关注的问题。弛豫 AlInN 薄膜的晶格常数 c 大于 Vegard 定理所得，且该偏离与组分涨落和杂质无关。如图 6-7 所示，实验测得的 In 含量 x 小于 Vegard 定理所得，在富 Al 区域相对误差较大，$x = 0.18$ 时相对误差达 37%，$x = 0.63$ 时有最大绝对误差（0.078），表明晶格常数的弯曲系数可能很大；当与 GaN 晶格相匹配时 $x = 0.165$，与 Vegard 定理得到的 $x = 0.19$ 相差 13.2%。值得注意的是，在与 GaN 近晶格匹配范围内，晶格常数和 In 含量出现了与应变无关的不连续。

对于 AlInN/GaN 薄膜，$x < 0.17$ 时受张应变，$x > 0.17$ 时受压应变。因为应变作用，薄膜一般会同时具有弛豫和赝形部分，弛豫部分临界厚度在晶格匹配时达到最大，实验中超过 500nm，并随晶格失配度增加而逐渐减小[30]。AlInN（生长

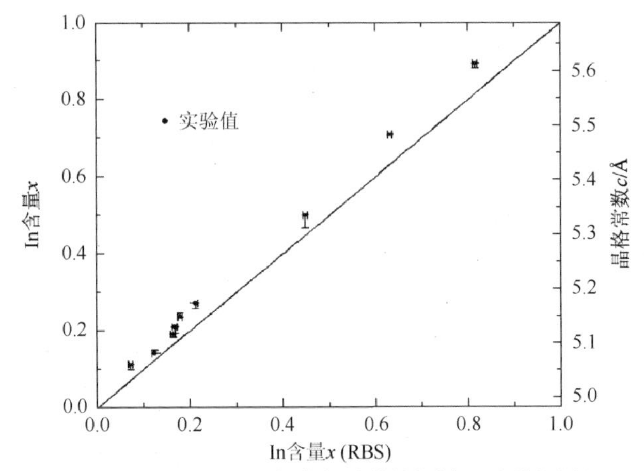

(a) 用XRD和RBS测定的In含量图（直线是左坐标，点是右坐标）
水平误差条表示RBS测量的精度，垂直误差条的端点给出了松弛晶格常数

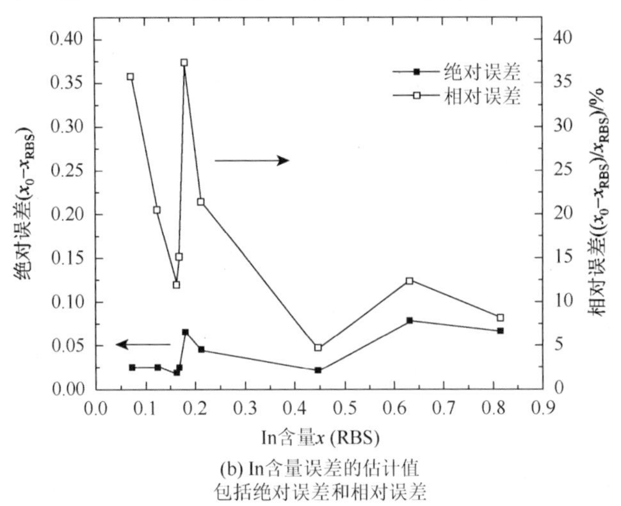

(b) In含量误差的估计值
包括绝对误差和相对误差

图 6-7　用 XRD 和 RBS 测定的 In 含量图和 In 含量误差的估计值[28]

温度 $T_g = 760$℃）会出现分层现象，In 含量随压应变弛豫而逐渐降低，表层 In 含量比近 GaN 层约低 5%且晶体质量退化。压应变会增加 In 的结合率以及 AlN 与 InN 的混溶性，说明 AlInN 的弛豫机制可能通过改变组分使之趋向晶格匹配来释放应力[31]。

2. 表面形貌

图 6-8 为利用 MOVPE 法得到的 AlInN 薄膜的 2μm×2μm 的扫描探针显微（scanning probe microscope，SPM）表面图像。

$Al_{1-x}In_xN/GaN/Al_2O_3$ 薄膜的外延层表面光滑，当反应压力 $P = 20$Torr、$x = 0.15$～0.25 时，表面粗糙度均方根值为 0.3～0.8nm，表面晶粒尺寸为 10～50nm；

随反应压力增大，颗粒结构变得更明显，粗糙度增大至 3nm；AlInN 晶粒和晶界的数量随 In 含量增大而增加。

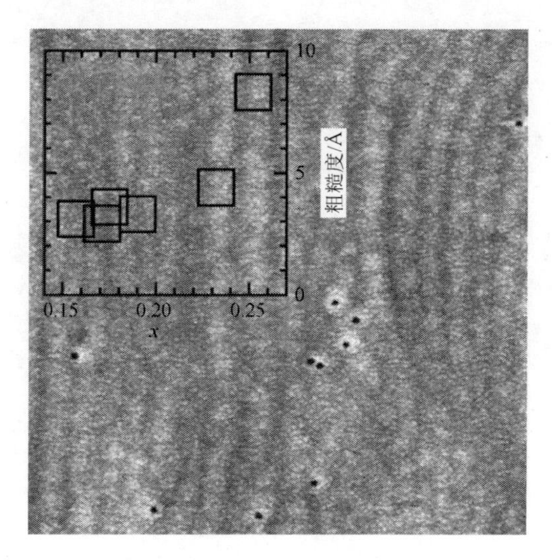

图 6-8　AlInN 薄膜的 2μm×2μm 的扫描探针显微镜（scanning probe microscope，SPM）表面图像[32]

插图为 In 含量 x 与 $Al_{1-x}In_xN$ 薄膜的表面粗糙度（$P=20$Torr）

通过磁控溅射法制备 AlInN，相对于 Si 和蓝宝石衬底，在玻璃衬底上生长的晶粒尺寸较小。对于在玻璃衬底上生长的 AlInN[33]，在 In 含量较高区域晶粒长宽比较大，$x=0.64$ 时晶粒尺寸为 50～150nm，随 x 减小，晶粒长、宽均减小；加入 AlN 缓冲层后晶粒呈尺寸为 20～30nm 的六边形结构且不受组分影响。

利用 MBE 法可以制备蜂房结构的 AlInN 薄膜。该蜂房横向尺寸为 5～15nm，房壁厚 1～2nm（图 6-9[34]），房壁的 In 含量明显高于内部，应变、成分和相分离都沿表面周期性变化。

3. 能带结构

$Al_{1-x}In_xN$ 的禁带 E_g 可表示为

$$E_g = xE_g^{InN} + (1-x)E_g^{AlN} - bx(1-x) \tag{6-3}$$

式中，E_g^{AlN} 和 E_g^{InN} 分别为 AlN 和 InN 的禁带宽度；b 为禁带弯曲系数。目前 b 的理论值为 1.3～4.67eV[35]，实验值主要分布在 3～7eV[35, 36]，其差异主要是晶格失配和 Burstein-Moss 移动导致的。测得可靠的能带结构的必要条件之一就是获得低电子浓度的高质量薄膜。图 6-10 为不同 In 含量 x 下 AlInN 薄膜 E_g 的比较结果，当薄膜质量较高时，x 增大并没有导致 Urbach 带尾的明显改变。

图 6-9　压应变的 AlInN 薄膜的（a）[0001]TEM 图像和（b）互补的 HAADF 图像，晶格匹配 AlInN 薄膜的（c）[0001]方向 TEM 照片和（d）HAADF 照片[34]

TEM 指透射电子显微镜（transmission electron microscopy）；HAADF 指高角环形暗相场（high-angle annular dark field）

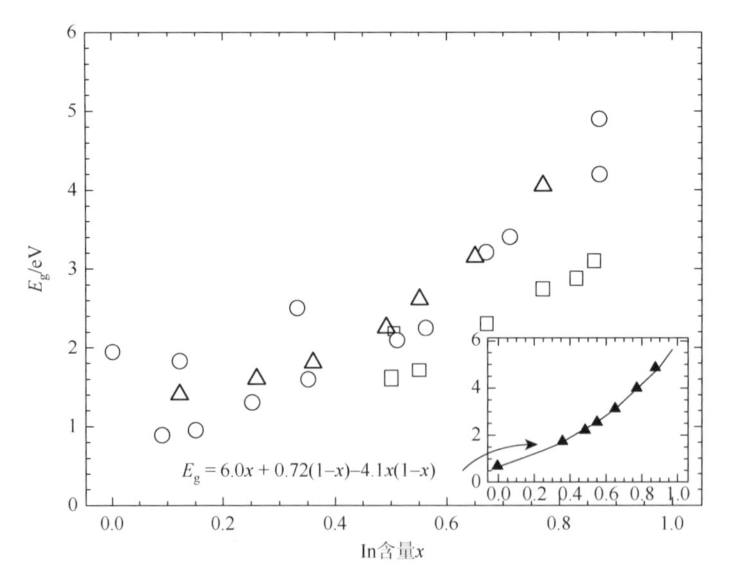

图 6-10　不同研究得到的 AlInN 薄膜的禁带宽度与 In 含量的关系[35-37]

三角：磁控溅射；方块：MOVPE；圆圈：MBE

4. 光学特性

图 6-11 总结了当前报道中 PL 峰能量与含量的关系。可以发现随着 In 含量增大，AlInN 吸收边减小，谱线红移并宽化。成分的极不均匀会造成 AlInN/AlN/Al_2O_3 平缓的室温吸收边，使光子能量超过 4eV 时 AlInN 和 AlN 的干涉振幅减弱（图 6-12）[38]。77K 时，PL 谱在 2.4eV 和 3.0eV 有两个明显的峰，CL 谱则有 2.4eV、3.0eV、3.8eV 和 4.2eV 四个峰；当温度升高至室温时，仅剩下 2.4eV 和 3.0eV 两个 CL 峰。PL 谱和 CL 谱的不同是由强烈的成分不均匀所形成的局域最小势区域成为有效发光中心所造成的，且 PL 谱因受激光能量（3.8eV）限制而无法激发到更高的能带，而 CL 谱则不受影响。

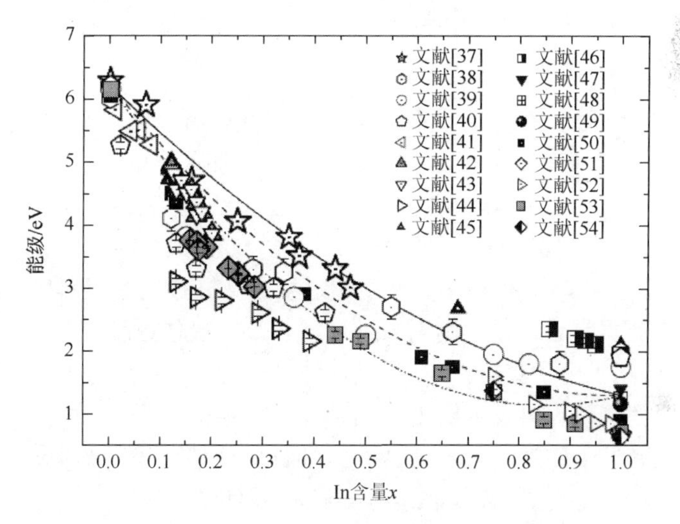

图 6-11　AlInN 的 PL 峰能量与 In 含量 x 的关系[36]

禁带弯曲系数 $b = 3\text{eV}$（实线）、5eV（虚线）、7eV（点线）

5. 电学性质

目前报道的电子浓度为 $n_e = 10^{10} \sim 10^{20}\text{cm}^{-3}$，随组分和实验方法不同而有所改变。2DEG 密度 n_e 几乎不受温度影响，但随 In 含量增加而明显减小，并与生长温度和 AlInN 厚度 d 成正比，当 $d < 15\text{nm}$ 时变化尤为明显。当 $x = 0.12 \sim 0.2$ 时，n_e 为 $0.90 \times 10^{13} \sim 1.64 \times 10^{13}\text{cm}^{-2}$。当 $Al_{0.83}In_{0.17}N/GaN$ 薄膜厚度从 31.5nm 降至 10.5nm 时，n_e 从 $1.1 \times 10^{13}\text{cm}^{-2}$ 降至 $6.0 \times 10^{12}\text{cm}^{-2}$。应变导致的压电极化翻转会造成电子浓度的剧烈变化。通过晶格匹配和抑制相分离可以有效改善电学特性。$Al_{0.83}In_{0.17}$ N/GaN 的 n_e 饱和理论值为 $2.73 \times 10^{13}\text{cm}^{-2}$，但受晶体质量、合金散射等限制，AlInN 的 n_e 很难达到理论饱和值[39-42]。

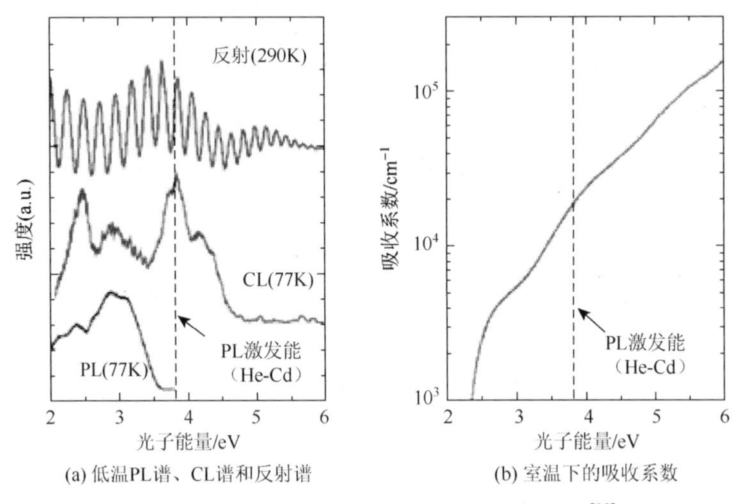

(a) 低温PL谱、CL谱和反射谱　　(b) 室温下的吸收系数

图 6-12　$Al_{0.91}In_{0.09}N/AlN/\alpha\text{-}Al_2O_3$ 的光学性质[38]

有研究发现，加入适当厚度的 AlN 缓冲层能够减少施主缺陷密度和氧杂质，从而使 n_e 降低并几乎不受生长温度的影响[33, 39]。加入 AlN 缓冲层后 n_e 随缓冲层厚度增加缓慢增大。对于 AlInN/AlN/GaN 薄膜，当 $d = 14$nm、$x = 0.07$～0.21 时，$n_e = 2.2\times10^{13}$～$3.5\times10^{13}cm^{-2}$；当 $d = 6$nm、$x = 0.03$～0.23 时，$n_e = 0.8\times10^{13}$～$2.0\times10^{13}cm^{-2}$。此外，如果 AlN 的厚度超过生成 2DEG 的临界厚度，则 AlN 层成为 2DEG 的主要贡献者，反之则为 AlInN 层，AlN 最佳厚度为 1nm（低于临界厚度），可以有效阻止电子穿透。与理论值相比，在拉应变区 n_e 与应变状态吻合较好；而在压应变区就算只发生约 10%的弛豫，n_e 也偏大[30]。

AlInN 的电子迁移率 μ_e 与 n_e 成反比。但也有研究认为 μ_e 与 n_e 近乎独立[42]，在 150K 以下电离杂质散射较弱，μ_e 几乎不变，而超过 150K 后，μ_e 开始明显降低，这是典型的 2DEG 行为。一般 μ_e 与 x 成正比，与 d 成反比。通常，室温下 μ_e 为 10～1720$cm^2/(V\cdot s)$，低温时 μ_e 为 2000～5000$cm^2/(V\cdot s)$。加入 AlN 缓冲层可以有效抑制合金的无序散射并使界面更加平滑，从而提高电子迁移率，而经钝化 μ_e 会明显降低[33, 39, 42]。

AlInN 的室温电阻率 ρ 与 x 成反比。当 $x = 0.88$～0.28 时，$\rho = 10^{-3}$～$10^8\Omega\cdot cm$，在富 Al 区域 ρ 急剧增加，绝缘性能和 AlN 相似。方块电阻 R_s 与 x 成正比，与 μ_e 和 n_e 成反比。当 $x = 0.11$～0.22 时，$R_s = 310$～10300Ω。加入 AlN 缓冲层后，由于 μ_e 很高，R_s 明显降低。例如，当 $x = 0.11$ 时，$R_s = 198\Omega$；当 $x = 0.145$ 时，$R_s = 194\Omega$[41-43]。

6.2.2　温度对铝铟氮的影响

AlInN 薄膜质量受生长温度的影响很大。In 含量随生长温度升高线性降低。

使用磁控溅射法，$T_g \leqslant 300$℃时，可在全组分范围生长单相高质量 AlInN 薄膜，晶格常数与 Vegard 定理符合较好；随着温度升高，晶格常数逐渐偏离 Vegard 定理，单相 AlInN 的 In 含量减少，高 In 含量薄膜可能会出现相分离、In 缺陷和 In 析出；$T_g \geqslant 800$℃，In 含量很难达到 17%；高温时 In 很容易蒸发或从表面脱附，$T_g \geqslant 900$℃时，几乎只能生长出 AlN，且与缓冲层和靶材成分无关。使用 MOVPE 法，$T_g = 700$℃时出现明显的成分分裂，$T_g = 750$℃时分裂程度最强，但到 $T_g = 800$℃时这种现象却消失了（图 6-13）。实验发现 AlInN 生长过程中存在不利于 In 结合的热激活能（1.05～1.07eV），但是 $T_g = 200～400$℃的 AlInN/glass 晶体质量和氧含量随温度升高明显上升。因此，高生长温度虽然不利于 AlInN 生长，但能提高晶体质量[28, 32, 35, 40, 44]。

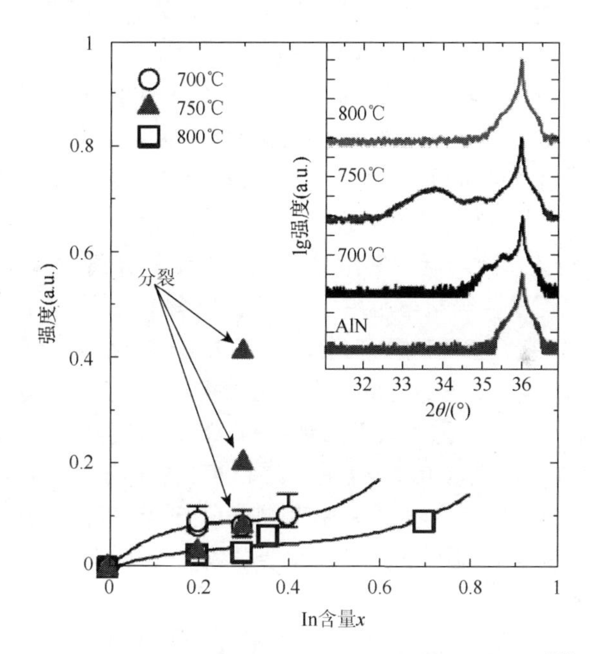

图 6-13　不同生长温度下 In 含量随气体成分的变化[38]

插图为在 AlN 缓冲层上生长的 AlInN 的 XRD 谱

6.2.3　铝铟氮的制备方法

目前，生长 AlInN 薄膜主要有磁控溅射、MBE 和 MOVPE 三种方法。其中磁控溅射法是最早用来生长 AlInN 的方法[45, 46]，具有薄膜附着力强、沉积速率高、组分调节简便易行、成本低廉等优点，特别是磁控溅射法可以在较低的温度下生长薄膜，很好地避免了相分离的发生，特别适宜 AlInN 薄膜的生长。然而磁控溅射法很难在所有组分范围都生长出高质量 AlInN 薄膜，氧杂质较多[35]，且该方法制备的薄膜有表面粗糙度大等缺点。

MBE 法近几年才开始用于 AlInN 薄膜生长，该方法具有成膜质量好、膜厚和组分操控性强、生长温度相对较低等优点。MBE 法生长速率很低，可以通过原位监控等手段精确地控制生长条件、生长方式和生长过程，能够生长高质量的超薄单晶薄膜，非常适合进行器件制备。

与前两种方法相比，MOVPE 法生长温度较高，一般在 700℃以上。在 AlInN 的生长中，由于 InN 在 550℃左右就会分解，MOVPE 极易造成相分离，但是较高的生长温度却有利于减少杂质和提高 AlInN 薄膜结构质量[29, 38]。此外，MOVPE 法可制备大面积、高质量的均匀薄膜，适合产业化。

不同生长方法的生长机制不同，这造成所生长的薄膜质量和微结构不同，从而导致某些特性差异。例如，磁控溅射法在三种方法中生长温度最低，该方法与 MBE 法能够在全组分范围内生长较高质量的 AlInN 薄膜，但磁控溅射法不适于制备器件级的薄膜，而利用 MBE 法制备薄膜时，薄膜易于产生平行于衬底表面的周期性相分离，进而生成蜂窝结构[34, 47]；MOVPE 法制备的薄膜具有当前报道中最高的迁移率[39, 41]，可以与成熟的 AlGaN 材料相比，但该方法制备的薄膜在组分两端的质量极佳，而趋近中间组分时极易发生相分离，薄膜质量明显劣化，因此当前该方法尚无法在全组分范围生长高品质薄膜。此外，磁控溅射法生长的富 In 的 AlInN 的禁带宽度一般要比 MBE 法和 MOVPE 法大，其弯曲系数和载流子浓度也存在分歧。MBE 法制得的 $Al_{1-x}In_xN$ 薄膜在 $x = 0.4$～0.7 时电子浓度为 $n = 1\times10^{19}$～$1\times10^{16}cm^{-3}$，磁控溅射法制得的 $Al_{1-x}In_xN$ 薄膜电子浓度可达到更低的数值；而 MOVPE 法沉积的 $x>0.4$ 的 $Al_{1-x}In_xN$ 薄膜电子浓度 $n = 10^{20}cm^{-3}$，这说明用 MOVPE 法生长的材料施主缺陷密度更高，当然还可能与补偿受主缺陷浓度有关。高电子浓度（$>1\times10^{19}cm^{-3}$）往往会导致实验观察到的禁带畸变[35, 40]。

6.3 稀磁半导体掺杂的氮化铝

稀磁半导体（dilute magnetic semiconductor，即被非磁组分所稀释的磁性半导体）是在Ⅱ-Ⅵ族、Ⅳ-Ⅵ族、Ⅱ-Ⅴ族或Ⅲ-Ⅴ族化合物中，由过渡族金属（Mn、Fe、Co、V、Cr 等）离子或稀土金属（Eu、Gd 等）离子部分替代非磁性阳离子所形成的新一类磁性半导体材料。铁磁半导体中的磁性元素在半导体晶格中呈有序分布；而稀磁半导体中的磁性元素则呈无规则分布（图 6-14）。稀磁半导体在掺杂元素与基体的选择上有很大的自由度，已经涌现出许多种类的稀磁半导体材料，其中有不少种类的居里点已高于室温，稀磁半导体也成为最有希望实现室温下高自旋注入效率的自旋原材料。

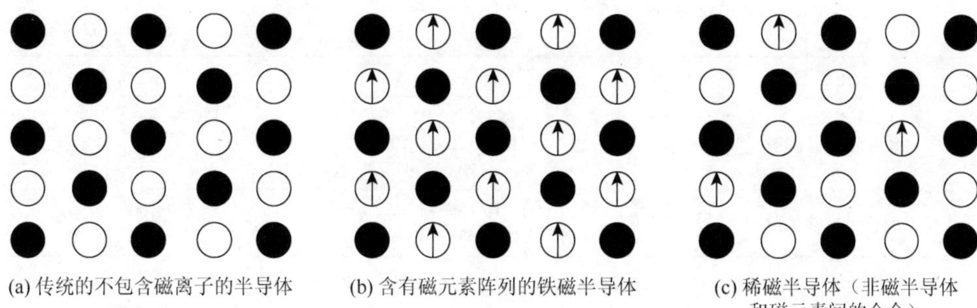
(a) 传统的不包含磁离子的半导体　(b) 含有磁元素阵列的铁磁半导体　(c) 稀磁半导体（非磁半导体和磁元素间的合金）

图 6-14　从磁性角度划分的半导体①

目前在实验上合成稀磁半导体的方法主要有以下几种：低温 MBE 技术、热化学气相沉积、溶胶-凝胶法、MOVPE 法、PLD 技术、离子注入技术、磁控溅射法[48]、粒子束溅射法、反应溅射法[49, 50]、射频溅射法、气相蒸发法和 MOCVD 法等。

1. 铬掺杂

以 Cr 掺杂 AlN 作为研究对象研究稀磁半导体/绝缘体材料的相关性能，发现它有如下优势。

（1）AlN 为宽禁带半导体，其禁带宽度为 6.2eV，根据 Dietl 等[51]的理论预测，在禁带宽度大的半导体中获得高居里点的稀磁材料的可能性大；同时与以 GaN 为代表的其他氮化物相比，AlN 的晶格常数较小，掺杂原子 d 轨道与 s 轨道杂化更显著，增强了 d-s 交换作用，可能具有更高的居里点。

（2）与其他Ⅲ-Ⅴ族半导体相比，Ⅲ族氮化物的自旋-轨道耦合相对要小，自旋电子在其中的弛豫时间、退相干距离相对要长。

（3）Cr 掺杂 AlN 中出现磁性团簇的可能性较其他体系要小，可能的团簇包括金属 Cr、CrN、Cr_2N、Cr_xAl、Cr_2O_3、CrO_2。其中，只有 Cr_2N 与 CrO_2 为铁磁性团簇，而这两种相均不容易形成，且可以通过 Cr 的价态、近邻结构排除其存在的可能性。

尽管理论预言了 Cr 掺杂 AlN 的性能优势，但它的实验研究尚属初步，表 6-1 为目前一些 Cr 掺杂 AlN 的研究结果。

表 6-1　一些 Cr 掺杂 AlN 的研究结果[49, 52-54]

制备工艺	工艺条件	性能
反应共溅射	背底压力 10^{-4}Pa N_2 压力∶Ar 压力 = 0.5Pa∶0.5Pa Cr 含量 12%～35%，室温	T_c＞340K M_s≈0.15μ_B

① 图片来自清华大学樊博论文《铬掺杂氮化铝薄膜的结构与磁性研究》(2009)。

续表

制备工艺	工艺条件	性能
反应直流共溅射	背底压力 3×10^{-7}Pa N_2 压力：Ar 压力 = 2.1Pa：0.9Pa Cr 含量 5%～25%，790℃	T_c>800K M_s≈0.62μ_B
反应磁控共溅射	N_2 压力：Ar 压力 = (0.15～1.0)Pa：0.5Pa Cr 含量 5%～25%，室温	T_c>400K M_s≈0.23μ_B
离子注入	C 预掺杂，Cr 注入含量 3%	T_c>300K M_s≈0.12μ_B
反应 MBE	背底压力 10^{-8}Pa，Cr 含量 7% 700℃	T_c>300K M_s≈1.2μ_B

注：T_c 指居里温度；M_s 指磁化强度

2. 锰掺杂

如图 6-15 所示，可以清楚地看出，纯 AlN 基本上没有磁性，磁化曲线为零附近的一条平线。而 Mn 掺杂 AlN 系列样品中，除了 Mn 含量较高的样品 1 和样品 5 表现出较为明显的室温磁性，其他样品几乎没有磁性。经过分析认为样品的磁性可能来自掺入 AlN 的过渡金属原子 Mn 和邻近 N 原子，Mn 掺杂导致 AlN 局部晶格畸变，形成由 Mn_{3d} 态和 N_{2p} 态杂化生成深能级杂质，杂质发生交换劈裂从而使样品产生磁性。样品磁性与 Mn 含量有关。样品的 Mn 含量都很低（低于 1%）时，Mn 离子间磁性相互作用很弱，样品的磁性随 Mn 含量增加而提高，样品 1 和样品 5 的磁性最强；当 Mn 含量超过一定量（2%～3%）时，Mn 离子间距离变小，反铁磁作用增强，使样品的磁性很弱。

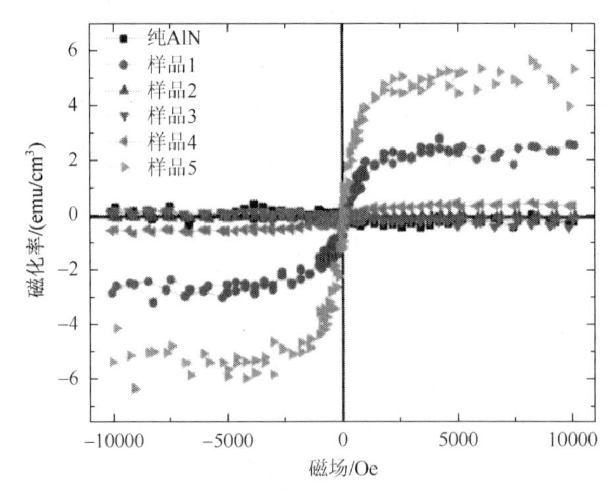

图 6-15　纯 AlN 和 Mn 掺杂 AlN 纳米结构的室温磁化曲线[①]

1mT = 10 Oe（T 为特斯拉，Oe 为奥斯特）

① 图片来自兰州大学胡海蓉论文《Ⅲ族氮化物纳米结构的制备、掺杂改性及光学性能研究》(2015)。

6.4 稀土元素掺杂的氮化铝

6.4.1 稀土元素掺杂的氮化铝电致发光材料

稀土离子具有特殊的电子层结构，其波长几乎覆盖整个固体发光的范围。因此，目前大多数电致发光材料都以稀土材料作为激活剂发光。另外，稀土发光材料还具有发光谱带窄、荧光寿命长、耐高温、可承受高能辐射和强紫外光等优异特性。但是，就显示这个领域而言，目前的电致发光材料还不能满足彩色化的要求，发光材料的性能（如亮度、效率、寿命）有待进一步提高。基质材料的选择是制约电致发光材料广泛应用的一个重要因素。传统的电致发光基质材料一般限于Ⅱ-Ⅵ族化合物、碱族金属硫化物、三元系化合物、氟化物和氧化物等，普遍存在禁带较窄、击穿电压低和物理化学稳定性差等缺点，从而使掺杂稀土由于电荷补偿问题容易形成缺陷能级，造成发光效率低、寿命短等问题。因此寻找合适的基质材料是实现薄膜发光器件全色显示的一个关键问题。

近年来，AlN 薄膜作为稀土发光基质材料的研究越来越受到重视，究其原因，主要有以下几点：①AlN 属于直接宽禁带半导体，以 AlN 作为基质材料有利于稀土元素较高能级的激发，短波发光效率有望得到提高，具有更宽的发光范围；②发光的热猝灭效应与基质材料禁带宽度存在以下关系，基质材料的禁带越宽，发光中心的热猝灭效应越小，AlN 的超宽禁带有利于降低稀土掺杂发光的热猝灭效应，温度稳定性好，具有更高的实用价值；③具有许多优异的物理化学性质，如高击穿电压（1.4×10^{6}V/cm）、高热导率（320W/(m·K)）和电阻率（$>10^{13}\Omega\cdot$cm）、良好的机械强度、优良的物理化学稳定性和无毒性；④AlN 基光电薄膜的制备工艺简单且成本低廉。稀土掺杂是一种用于制造薄膜电致发光器件的大有前途的发光材料，开展稀土掺杂 AlN 基薄膜电致发光材料的研究具有重大科研和应用价值。

6.4.2 稀土元素掺杂的荧光发光材料

AlN 可以用作发光材料的基质。AlN 的禁带较宽，因此在 AlN 的价带和导带之间有足够大的空间供电子在能级间跃迁，掺杂不同的激活剂，理论上可以发射不同颜色的光并覆盖整个可见光区域。此外，宽禁带基质能够有效地降低稀土离子的发光的热猝灭效应[55]。

1. Tb^{3+}掺杂

Tb^{3+}常常作为绿光荧光材料激活剂[56-58]。图 6-16 是 AlN 与 AlN:0.1%Tb 的激发和发射光谱图。对比 AlN 与 AlN:0.1%Tb 的激发光谱图我们发现，AlN 的激发光谱中只有一个中心大约在 350nm 的宽峰；而 AlN:0.1%Tb 的激发光谱中除了 350nm 处强度较弱的激发峰外，还有一个中心为 290nm 处强度较强的激发峰。350nm 的激发峰与 AlN 中氧缺陷的电子跃迁相关，而 290nm 的激发峰是 Tb^{3+}掺杂进入 AlN 晶格引起的。Tb^{3+}的 $4f^8$-$4f^75d^1$ 电子跃迁对应的特征激发峰位于 277nm 和 305nm，这与 AlN:0.1%Tb 的激发峰不符。因此，可以认为 290nm 的激发峰是 AlN 晶体场吸收的能量。

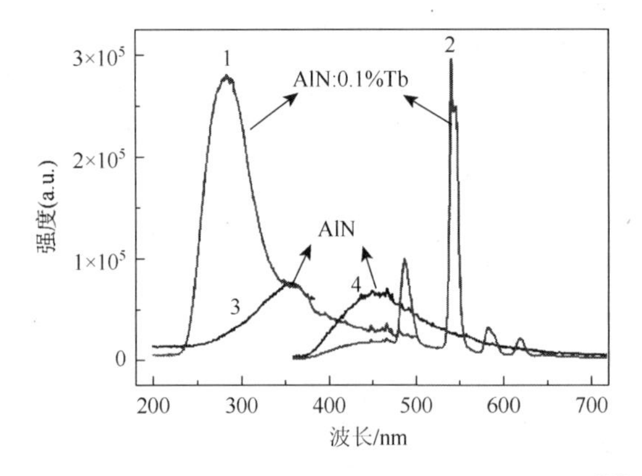

图 6-16　AlN 与 AlN:0.1%Tb 的激发和发射光谱图[59]

1-λ_{ex} = 542nm；2-λ_{em} = 290nm；3-λ_{ex} = 450nm；4-λ_{em} = 350nm
λ_{ex}为激发波长；λ_{em}为检测波长

分别以 290nm 和 350nm 为检测波长，测得 AlN:0.1%Tb 和 AlN 的发射光谱。AlN 的发射光谱是一个中心为 450nm 的宽峰；而 AlN:0.1%Tb 的发射光谱中除 450nm 宽峰外还包括 4 个强而尖锐的发射峰。与 AlN 相比，AlN:0.1%Tb 在 450nm 处发射峰强度明显降低，这是由于 Tb^{3+}掺入 AlN 晶格后，AlN 晶体吸收的能量部分转移到 Tb^{3+}上，AlN 中氧缺陷能级间跃迁减少。AlN:0.1%Tb 的发射光谱中位于 489nm、542nm、583nm、623nm 处尖锐的发射峰归属于 Tb^{3+}的 4f-4f 电子跃迁，分别对应于电子从激发态的 $^5D_4$ 能级回到 $7F_J$（$J=6$，5，4，3）基态能级时所释放的能量。

根据上述分析，在紫外光的辐射下，AlN 基质吸收能量，部分能量转移到 Tb^{3+} 和氧缺陷。一方面，Tb^{3+}吸收能量，电子从 $4f^8$ 基态跃迁到 $4f^75d^1$ 激发态。处于高能级激发态的电子首先通过非辐射方式弛豫到 $^5D_3$ 或 $^5D_4$ 低能级。当电子从 $^5D_3$

或 $^5D_4$ 激发态跃迁回到 ^7F_J（$J=6$，5，4，3）基态时，以光和热的形式释放能量。以光形式释放的能量体现在 Tb^{3+} 的特征发射，以 542nm 绿光发射为主。另一方面，AlN 晶格中氧缺陷也吸收少量能量。缺陷能级间的跃迁导致 AlN:*x*Tb 中存在 450nm 宽的发射峰。

2. Dy^{3+} 掺杂

Dy^{3+} 由于超敏跃迁而备受关注。

Dy^{3+} 主要的 f-f 跃迁包括 $^4F_{9/2}$-$^6H_{13/2}$（574nm，黄光）和 $^4F_{9/2}$-$^6H_{15/2}$（482nm，蓝光）。其中，$^4F_{9/2}$-$^6H_{13/2}$ 是超敏跃迁，随基质不同而变化，而 $^4F_{9/2}$-$^6H_{15/2}$ 不随基质而改变。黄光和蓝光按照合适的比例可以产生白光。因此，可以通过改变基质材料来调整蓝光和黄光的比例，进而实现白光[60-62]。

AlN:*x*Dy 样品的发光性质与激活剂 Dy^{3+} 的浓度有直接联系。图 6-17 为 AlN:*x*Dy（$x=0.05\%$，0.08%，0.1%，0.3%，0.5%）样品的激发和发射光谱图。如图 6-17（a）所示，以 Dy^{3+} 的特征发射峰 574nm 为检测波长，得到 AlN:*x*Dy 样品的激发光谱。在 230～400nm 内，AlN:*x*Dy 的激发光谱的峰值大约在 294nm，与 AlN:*x*Tb 纳米材料的最强激发峰位置（290nm）几乎一致，来自 AlN 晶体场的吸收。此外，激发光谱中在 355nm 处微弱的激发峰来源于 AlN 基质中氧缺陷的激发，与未掺杂的 AlN 的激发峰峰值一致。不同浓度 Dy^{3+} 掺杂的 AlN 样品光谱的形状和峰位相同，说明 Dy^{3+} 的浓度并不会影响 AlN:*x*Dy 的光谱形状和峰位，但是对光谱强度有影响。以 294nm 为激发波长，测得 AlN:*x*Dy 样品的发射光谱如图 6-17（b）所示。AlN:*x*Dy 的发射光谱包括一个中心为 450nm 的宽峰和三个尖锐的发射峰，分别位于 482nm、574nm 和 660nm。其中，中心为 450nm 的宽发射峰与 AlN 的发射峰峰位和峰形相似，来源于 AlN 基质的发射。这说明 AlN:0.1%Dy 中仍然存在氧

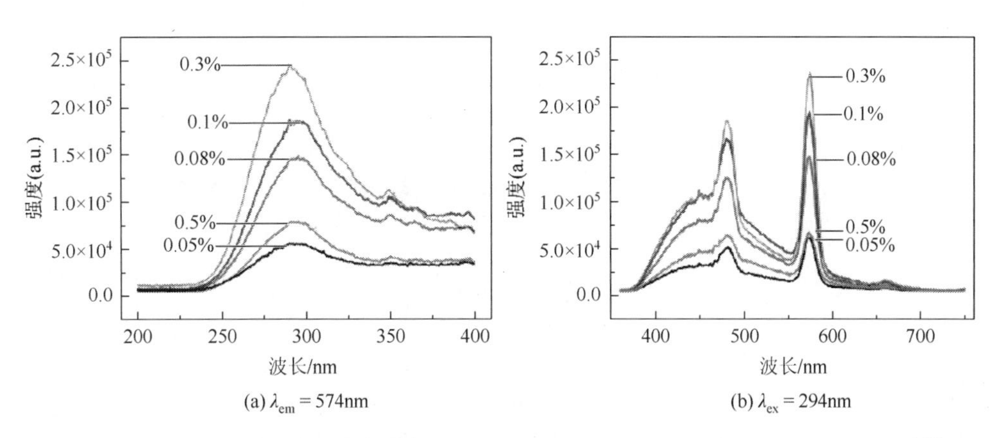

图 6-17　AlN:*x*Dy 样品的激发和发射光谱（$x=0.05\%$，0.08%，0.1%，0.3%，0.5%）[59]

缺陷，缺陷能级间的跃迁导致 450nm 处产生宽发射峰。位于 482nm、574nm 和 660nm 处尖锐的发射峰则归属于 Dy^{3+}的电子从激发态 $^4F_{9/2}$ 回到 $^6H_{15/2}$、$^6H_{13/2}$ 和 $^6H_{11/2}$ 基态的能级跃迁，其中以 574nm 处 Dy^{3+}的 $^4F_{9/2}$-$^6H_{13/2}$ 超敏跃迁为主。Dy^{3+}的能级示意图如图 6-18（a）所示。

Dy^{3+}浓度从 0.05%增加至 0.3%，AlN:*x*Dy 样品的发射峰强度随之增强。这是由于随着 Dy^{3+}浓度增加，在紫外光照射下，有更多电子被激发，意味着 AlN 晶格中存在更多的发光中心，导致更强的发射峰强度。继续增加 Dy^{3+}浓度至 0.5%时，AlN:*x*Dy 样品的发射峰强度没有如预期一样继续增强，反而降低。这可能是 Dy^{3+}浓度猝灭引起的。由于 Dy^{3+}的 $^4F_{9/2}$-$^6F_{3/2}$ 和 $^6H_{9/2}$-$^6H_{15/2}$ 能级对的能量差几乎相同，当 Dy^{3+}浓度超过一定值时，相邻的 Dy^{3+}间通过交叉弛豫发生能量转移［图 6-18（b）］，导致发射峰强度降低。根据上述光谱结果可知，AlN 基质中激活剂 Dy^{3+}的最佳浓度为 0.3%。因此，Dy^{3+}在 AlN 基质中最佳浓度比较低，这是由于激活剂 Dy^{3+}（0.91Å）和基质 Al^{3+}（0.39Å）的离子半径相差很大。

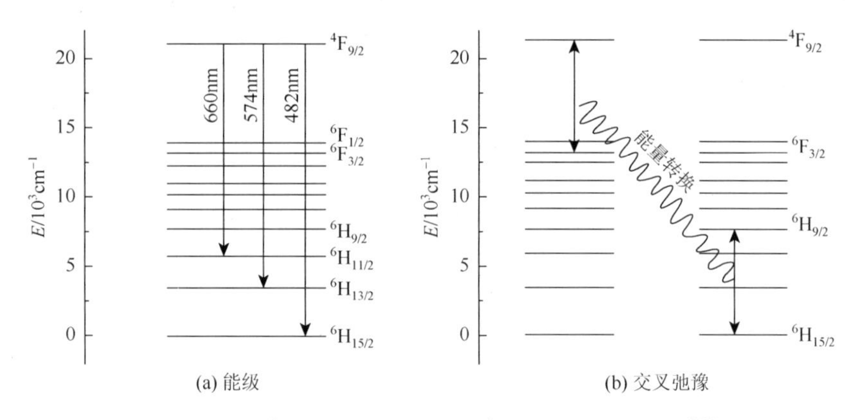

图 6-18　Dy^{3+}的能级示意图和 Dy^{3+}间交叉弛豫示意图[59]

3. Ce^{3+}掺杂

Ce^{3+}的 4f-5d 跃迁对应的激发光谱是宽带，而且激发峰峰位受基质的晶体场和共价性影响较大[63, 64]。Ce^{3+}掺杂 AlN 荧光材料的激发峰红移，和 LED 发射的紫外光或蓝光更匹配[56, 65, 66]。

图 6-19 是 AlN 和 AlN:*x*Ce 的激发和发射光谱图。如图 6-19（a）所示，AlN:*x*Ce 的激发光谱在 358nm 的宽峰为 Ce^{3+}的 4f-5d 允许跃迁。在 358nm 紫外光激发下，我们得到 AlN:*x*Ce 的发射光谱［图 6-19（b）］。AlN:*x*Ce 的发射光谱是一个中心为 443nm 的不对称宽峰。通过高斯拟合，443nm 处不对称发射峰可以分为 437nm 和 470nm 处两个小峰，如图 6-19（b）中插图所示。由于自旋轨道耦合作用，

Ce^{3+}的 4f 基态劈裂为 $^2F_{5/2}$ 和 $^2F_{7/2}$ 两个能级。437nm 和 470nm 处发射峰归属于电子从 Ce^{3+}的最低激发态 5d 回到 $^2F_{5/2}$ 和 $^2F_{7/2}$ 两个基态能级时辐射的光子能量。随着 Ce^{3+}浓度由 0.1%增加至 0.5%，AlN:xCe 发射峰强度呈现先增加后降低的趋势，在浓度为 0.3%时发射峰强度最大。这进一步验证了稀土离子在 AlN 晶格中溶解度较低的说法。

图 6-19 底部是 AlN 的激发和发射光谱图。AlN 的发射峰主峰位于 450nm，这与 AlN:xCe 中 Ce^{3+}的 5d-4f 能级跃迁发射峰峰位（443nm）很接近。但是，AlN:xCe 在 443nm 处发射峰强度远高于 AlN 在 450nm 处发射峰强度。

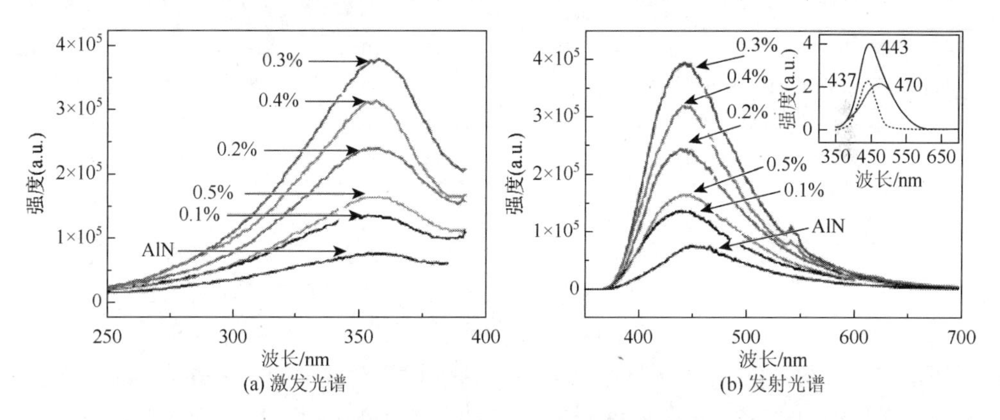

图 6-19　AlN 和 AlN:xCe 的激发和发射光谱（$x = 0.1\%$，0.2%，0.3%，0.4%，0.5%）[59]

6.4.3　稀土元素掺杂的压电、介电材料

随着电子产品更新换代速率的加快，未来对压电材料的需求只增不减，对高频低损耗 SAW 器件的要求也会多样化。AlN 薄膜具有良好的物理化学特性，且独特的高纵波声速使其成为 SAW 器件的首选材料，但压电性能较低的困境阻碍了 AlN 的广泛应用，而通过掺杂元素改善压电性能是一条可选的研究出路。

1. Sc 掺杂

钪（Sc）位于元素周期表ⅢB 族中，原子序数为 21，价电子层结构为 $3d^14s^2$，离子半径为 0.0745nm，电负性为 1.36，常见的氧化态是 + 3，在照明行业用于钪钠灯、太阳能光电池、γ 射线源，在铁中掺杂少量钪可以提高铸铁的硬度和强度，其氧化物在工程陶瓷材料中可作为增密剂和稳定剂。

表 6-2 为 Sc 掺杂含量不同的 $Sc_xAl_{1-x}N$ 的晶体结构的理论值。晶格常数（a、c）、晶胞体积（V）随着 Sc 掺杂含量的增加而缓慢增大，Sc—N 键长和 Al—N 键长随 Sc 掺杂含量的增加有略增大的趋势，且沿 c 轴方向的键长总是大于沿 a 轴方向的

键长。已知 Sc^{3+}半径为 0.0745nm，大于 Al^{3+}半径（0.0535nm），因此掺杂后 Sc—N 键长就比 Al—N 键长要长，体系晶格发生畸变，从而使晶格常数和晶胞体积增大。晶格常数比值 c/a 随 Sc 掺杂含量增加由 1.603 缓慢变化到 1.578，变化较小。可见在低 Sc 掺杂含量时，虽然 $Sc_xAl_{1-x}N$ 体系的晶体结构发生畸变，但是晶体类型保持不变。随 Sc 掺杂含量的不断升高，c/a 不断减小，晶型将发生转变。

表 6-2　Sc 掺杂含量不同的 $Sc_xAl_{1-x}N$ 体系的晶体结构的理论值[67]

组分	a/nm	c/nm	c/a	V/nm^3	Al—N 键长/nm		Sc—N 键长/nm	
					c 轴	a 轴	c 轴	a 轴
AlN	0.313	0.501	1.603	0.042	0.193	0.188		
$Sc_{0.0625}Al_{0.9375}N$	0.315	0.503	1.596	0.0432	0.194	0.187	0.208	0.203
$Sc_{0.125}Al_{0.875}N$	0.318	0.504	1.584	0.0442	0.193	0.187	0.213	0.204
$Sc_{0.25}Al_{0.75}N$	0.322	0.508	1.578	0.0462	0.195	0.186	0.214	0.202

如图 6-20（a）所示，$Sc_xAl_{1-x}N$ 体系的弹性常数 C_{33} 随 Sc 掺杂含量 x 变化具有很好的规律性。Sc 掺杂含量增加，$Sc_xAl_{1-x}N$ 的弹性常数 C_{33} 随之减小，在低含量（$<$12.5%）Sc 掺杂时 C_{33} 的下降速率大于高含量（$>$12.5%）Sc 掺杂时 C_{33} 的下降速率。图 6-20（b）为压电常数 e_{33} 随 Sc 掺杂含量 x 的变化情况，可见当 Sc 掺杂含量 $x<6.25\%$时，掺杂体系 $Sc_xAl_{1-x}N$ 的压电常数比纯 AlN 还低。当 $x>12.5\%$后，压电常数随 Sc 掺杂含量 x 增加有缓慢增加的趋势。

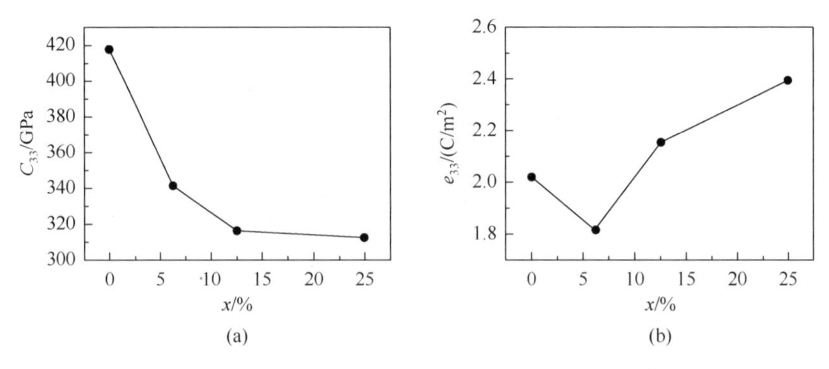

图 6-20　$Sc_xAl_{1-x}N$ 的弹性常数 C_{33} 和压电常数 e_{33} 随 Sc 掺杂含量 x 的变化图[67]

图 6-21 为通过计算得到的 $Sc_xAl_{1-x}N$ 的压电系数 d_{33} 随 Sc 掺杂含量 x 的变化情况。$Sc_xAl_{1-x}N$ 的压电系数 d_{33} 随 Sc 掺杂含量 x 增加而增大，但是当 Sc 掺杂含量大于 12.5%时压电系数增长速率变小，$Sc_xAl_{1-x}N$ 体系的压电响应能力并不如期望的那样急剧增强。压电系数 d_{33} 与压电常数 e_{33} 成正比，Sc 掺杂含量过大会使晶

体结构畸变加剧，结构松弛，从而影响 e_{33} 的增长。当 Sc 掺杂含量 $x = 25\%$时，理论计算得到的 $d_{33} = 7.67$pC/N 比纯 AlN 提高了 58.8%。实验[68]上通过磁控溅射法制备了 Sc 掺杂含量 $x = 10\%$的 $Sc_xAl_{1-x}N$ 薄膜，测试得到样品的压电系数为 8.1pC/N，而理论计算 Sc 掺杂含量 $x = 12.5\%$时的 $Sc_xAl_{1-x}N$ 的压电系数为 6.82pC/N；实验测得当 Sc 掺杂含量 $x = 35\%$时，压电系数为 16pC/N，且当 Sc 掺杂含量超过 40%时，压电系数开始下降。虽然实验值与理论计算值有差距，但具有相同的变化趋势。

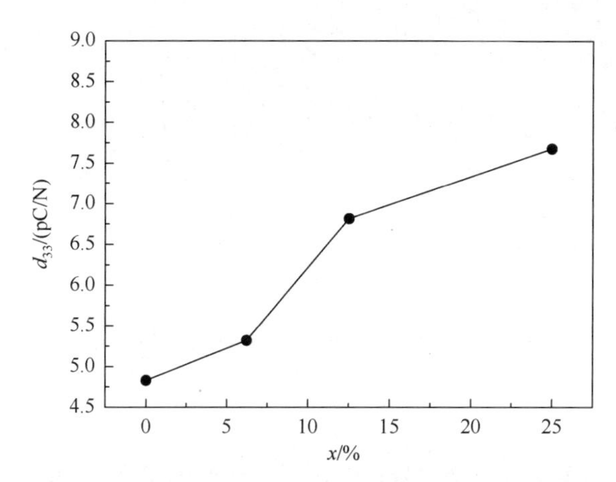

图 6-21　$Sc_xAl_{1-x}N$ 的压电系数 d_{33} 随 Sc 掺杂含量 x 的变化[67]

复介电函数 $\varepsilon(\omega) = \varepsilon_1(\omega) + i\varepsilon_2(\omega)$能反映出材料具有的光谱信息与能带结构之间的联系。介电函数虚部 ε_2 反映电子从价带到导带跃迁过程中的光吸收，虚部越大表示电子吸收光子的概率越大，材料对光的吸收能量也就越强；而实部 ε_1 则表现为材料对光的发射，反映处于激发态的电子向低能级跃迁时释放光子或声子的过程，两者综合体现了材料对光的利用率[69]。图 6-22（a）为计算所得介电函数实部随 Sc 掺杂含量变化情况，计算得到纯 AlN 在能量为零时的静态介电常数为 3.78，掺杂体系 $Sc_{0.0625}Al_{0.9375}N$、$Sc_{0.125}Al_{0.875}N$、$Sc_{0.25}Al_{0.75}N$ 的静态介电常数分别为 2.86、3.62、4.71，可见随着 Sc 掺杂含量的递增，静态介电常数呈上升趋势。

由图 6-22（b）知 $Sc_xAl_{1-x}N$ 体系的介电函数虚部随 Sc 掺杂含量的变化情况。AlN 有两个特征峰，分别位于 9.2eV 和 12.75eV，且位于 9.2eV 处的峰值强于位于 12.75eV 处的峰值。已知能级间的电子跃迁产生光谱，分析纯 AlN 的电子结构得出，这两个介电峰主要由价带 N_{2p} 态向导带的 Al_{3p} 态跃迁产生。显然峰位所在能量并不简单等于两个能级差的绝对值，其中还要考虑电子跃迁过程中的电子弛豫效应。相比于纯 AlN，$Sc_xAl_{1-x}N$ 体系介电峰向低能方向迁移，峰强随 Sc 掺杂含量增加而增大，在 30eV 处出现新的介电峰。介电函数虚部的变化与晶体电子结构密切关联，禁带宽度随 Sc 掺杂含量增加而减小，使介电峰向低能方向移动。由图可知主要的介电峰位于 7eV 附近，结合 $Sc_xAl_{1-x}N$ 体系电子态密度分析可知，这主要由处于价带的 N_{2p} 态向导带的 Sc_{3d} 态跃迁产生。

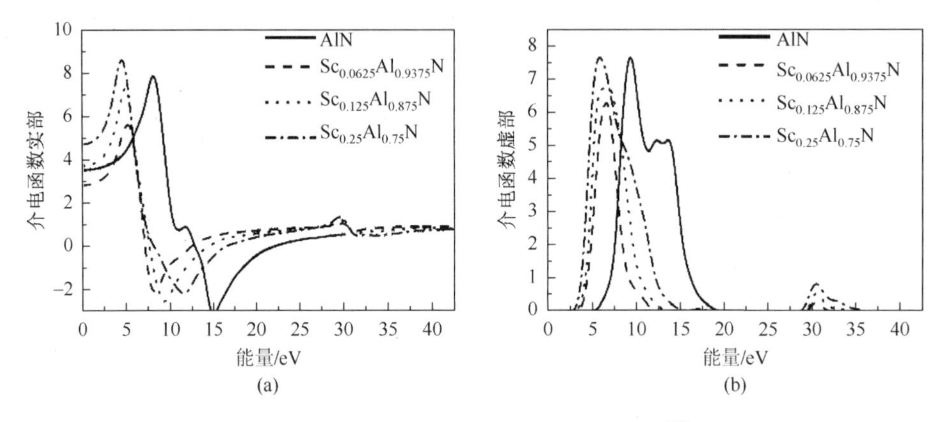

图 6-22　$Sc_xAl_{1-x}N$ 体系的复介电函数图[67]

2. Er 掺杂

铒（Er）位于元素周期表镧系中，属于典型的稀土元素，原子序数为 68，价电子层结构为 $4f^{12}6s^2$。由于 4f 层的电子被最外层 6s 电子有效地屏蔽，4f 层电子在化学反应中基本不参与成键，对化学性质影响不大，但对化合物的光谱和磁性有很大影响。4f 层共有 7 个轨道，电子可以在 7 个轨道之间任意跃迁，产生各种光谱项和能级，且数量大、谱线窄、特异性强、颜色纯正，使该元素具有独特的光学特性[70]。此外，由于 4f 轨道处于未填满状态，未成对电子数为 2 个，故 Er 体现出良好的磁学特性。其离子半径为 0.0881nm，电负性为 1.24，常见的氧化态也是 +3，军事上用于激光测距仪。其氧化物 Er_2O_3 为玫瑰红色，是制造陶瓷绝佳的上釉彩料，还能与其他金属形成合金以提高物理特性。

从表 6-3 中可以观察到随着 Er 掺杂含量的增加，晶格常数（a，c）、晶胞体积（V）、Er—N 键长平均值和 Al—N 键长平均值增大，这主要是由于 Er^{3+} 半径（0.0881nm）要比 Al^{3+} 大，掺杂后体系的晶格发生畸变，其变化机理与 Sc 掺杂 AlN 类似[71]。$Er_xAl_{1-x}N$ 体系晶格常数比值 c/a 随 Er 掺杂含量增加从 1.603 减小到 1.595。可以认为掺杂后虽然体系的晶体结构发生畸变，但所属的晶体类型并未发生改变，只有在 Er 掺杂含量更高时，掺杂体系的晶型才会转变。

表 6-3　不同 Er 掺杂含量 $Er_xAl_{1-x}N$ 体系的晶体结构的理论值[67]

组分	a/cm	c/cm	c/a	V/nm^3	Al—N 键长/nm		Er—N 键长/nm	
					c 轴	a 轴	c 轴	a 轴
AlN	0.313	0.501	1.603	0.424	0.193	0.188		
$Er_{0.0625}Al_{0.9375}N$	0.317	0.508	1.602	0.0441	0.196	0.186	0.220	0.213
$Er_{0.125}Al_{0.875}N$	0.321	0.511	1.589	0.0482	0.197	0.187	0.226	0.215
$Er_{0.25}Al_{0.75}N$	0.327	0.522	1.595	0.0495	0.201	0.190	0.229	0.213

对结构优化后的 $Er_xAl_{1-x}N$ 体系计算压电常数 e_{33} 和弹性常数 C_{33}，再由 $d_{33}\approx e_{33}/C_{33}$[72, 73]计算压电系数。如图 6-23（a）所示，随着 Er 掺杂含量 x 的增加，$Er_xAl_{1-x}N$ 弹性常数 C_{33} 先减小后增加，在低含量 Er 掺杂时 C_{33} 剧烈下降随后有略微上升趋势，但与纯 AlN 相比，掺杂后的体系弹性常数整体有下降趋势。这与 $Sc_xAl_{1-x}N$ 体系低含量（$x<50\%$）Sc 掺杂时的规律相同。图 6-23（b）为压电常数 e_{33} 随 Er 掺杂含量 x 的变化情况，可见在 Er 掺杂含量 $x<12.5\%$时，压电常数随 Er 掺杂含量 x 增加而缓慢减小，但 $x>12.5\%$后，压电常数随 Er 掺杂含量 x 增加而急剧增大甚至超过了纯 AlN 的压电常数。图 6-24 为计算得到的 $Er_xAl_{1-x}N$ 的压电系数 d_{33} 随 Er 掺杂含量 x 的变化情况。$Er_xAl_{1-x}N$ 的压电系数 d_{33} 随 Er 掺杂含量 x 增大而整体增大，虽然在 6.25%～12.5%时压电系数有略微下降的趋势，但随 Er 掺杂含量继续增加，压电系数急剧上升。在 Er 掺杂含量 $x=25\%$时，计算得到的 $d_{33}=8.67$pC/N，比纯 AlN 提高了 79.5%。同时，通过实验来验证计算结果的准确性，利用磁控溅射法制备了 Er 掺杂含量为 5%的 $Er_xAl_{1-x}N$ 薄膜，经过压电响应力显微镜（piezoresponse force microscopy，PFM）测试得到样品的压电系数 $d_{33}=6.64$pC/N，而理论计算 $x=6.25\%$时 $Er_xAl_{1-x}N$ 的压电系数为 5.96pC/N，实验值与理论计算值差距不大。由此可以得出通过掺杂元素 Er 制备 $Er_xAl_{1-x}N$ 薄膜可以有效地提高 AlN 的压电性能，为 AlN 薄膜在 SAW 器件领域的应用提供了更多可选择的压电材料。

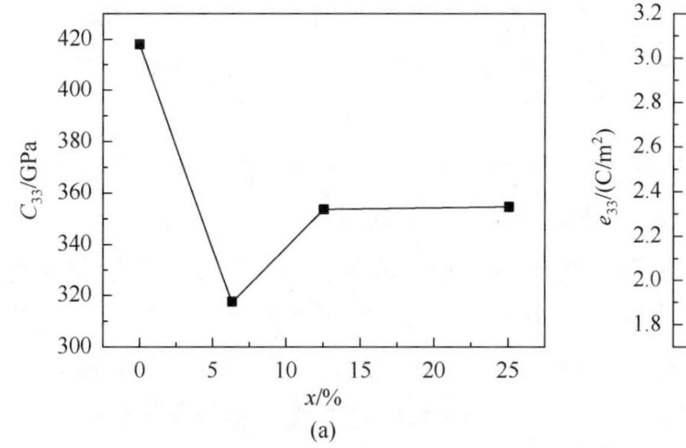

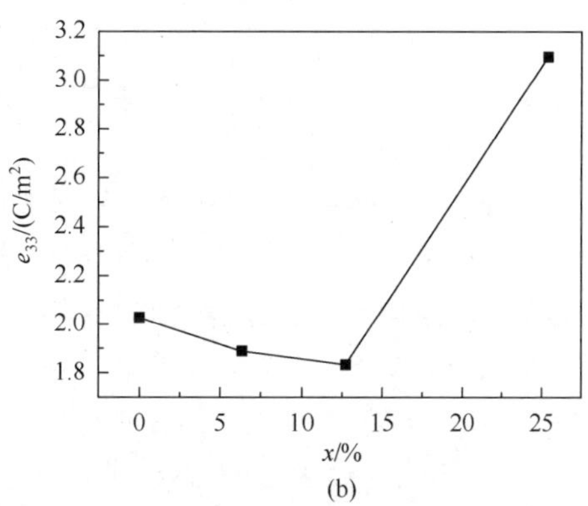

图 6-23　$Er_xAl_{1-x}N$ 的弹性常数 C_{33} 和压电常数 e_{33} 随 Er 掺杂含量 x 的变化[67]

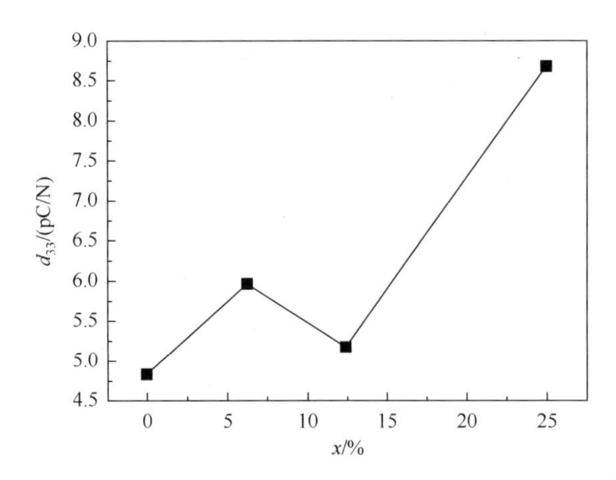

图 6-24　$Er_xAl_{1-x}N$ 的压电系数 d_{33} 随 Er 掺杂含量 x 的变化[67]

不难看出，Er^{3+}半径比 Al^{3+}大，掺杂后晶体结构发生畸变，掺杂后的晶体结构在外力作用下发生极化时极化转向增强。此外有研究表明，掺杂体系中离子键与共价键混合存在的状态会进一步增强 AlN 的压电响应能力，而 Er 的电负性（1.24）比 Al 要小，Er 取代 Al 后与 N 以离子键形式结合的可能性较高，从而有助于增强体系的压电性能。

对结构优化后的 $Er_xAl_{1-x}N$ 超晶胞计算能带结构和态密度。分别计算了 $Er_xAl_{1-x}N$ 的超晶胞在自旋极化状态和非自旋极化状态下的体系总能量，结果显示自旋极化状态的总能量要比非自旋极化状态的总能量低得多，说明对 $Er_xAl_{1-x}N$ 来说，自旋极化状态是相对稳定的，所以研究 $Er_xAl_{1-x}N$ 体系的电子结构时考虑自旋极化的影响。对比掺杂前后的能带结构发现，自旋向上与自旋向下的态密度图并不完全对称，可能存在磁性。这主要是由于掺杂原子 Er 的影响，Er 的核外电子排布为 $4f^{12}6s^2$，4f 层含两个未配对电子数。当 Er 掺杂到 AlN 晶格中替代 Al 原子后，计算得到 Er 原子对 $Er_xAl_{1-x}N$ 体系的磁矩贡献为 3.06μB。

图 6-25（a）为计算所得介电函数实部，掺杂体系 $Er_{0.0625}Al_{0.9375}N$、$Er_{0.125}Al_{0.875}N$、$Er_{0.25}Al_{0.75}N$ 的静态介电常数分别为 2.46、3.92、4.56，可见随着 Er 掺杂含量的递增，静态介电常数呈上升趋势。

由图 6-25（b）可知，$Er_xAl_{1-x}N$ 体系的介电函数虚部随 Er 掺杂含量变化的情况。相比于纯 AlN，$Er_xAl_{1-x}N$ 体系介电峰向低能方向移动，峰强减弱，12.75eV 处的特征峰消失，且随 Er 掺杂含量增加介电峰展宽增大，在能量大于 27eV 处出现新的介电峰。由于 Er 掺杂引入大量新能级，电子在各能级间的跃迁概率减小，所以掺杂后的峰强比未掺杂时要弱。掺杂后体系禁带宽度减小，使介电峰往低能方向移动。随 Er 掺杂含量增加，掺杂体系导带宽度增大，电子在不同能级间的跃迁范围增大，介电峰展宽随之增大。掺杂体系主要的介电峰位于 6～9eV，属于紫外光区域。分析

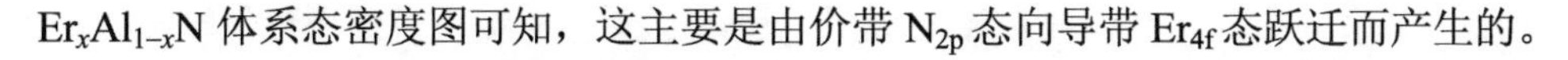

$Er_xAl_{1-x}N$ 体系态密度图可知，这主要是由价带 N_{2p} 态向导带 Er_{4f} 态跃迁而产生的。

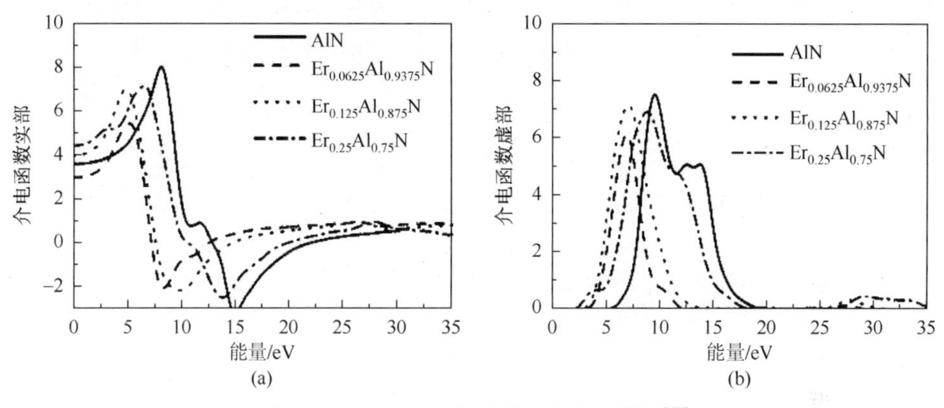

图 6-25　$Er_xAl_{1-x}N$ 体系的复介电函数图[67]

6.5　碳掺杂的氮化铝半导体材料

C 是在 AlN 制备过程中不可忽视的杂质元素，对未掺杂的 AlN 与掺杂一个 C 原子的 AlN 的性质（如能带、态密度、光学性质）进行比较，从而可以明显看出掺杂之后的晶体特性。在 2×2×2 个的 AlN 超晶胞模型中，用一个 C 原子代替超晶胞模型中的一个 N 原子。对结构进行优化，得到的晶格常数、晶胞体积、禁带宽度如表 6-4 所示。

表 6-4　AlN 掺杂前后的 AlN 的晶格常数、晶胞体积、禁带宽度比较[74]

组分	a/nm	c/nm	c/a	V/nm^3	E_g/eV
AlN	0.3126	0.5008	1.6020	0.3390	4.097
C 掺杂 AlN	0.3136	0.5036	1.6059	0.3431	3.510

从表 6-4 可以看出，C 掺杂 AlN 的晶格常数有所增大，这是因为 N 原子的共价半径为 0.075nm，C 原子的共价半径为 0.077nm。但由于两者相差不大，晶格常数增大并不明显。

图 6-26 是 C 掺杂 AlN 的能带结构、AlN 的分波态密度和各原子的分波态密度。从图 6-26（a）中可以看出，导带底与价带顶都位于 G 点处，这说明掺杂后的晶体材料仍为直接禁带半导体。另外，在–9eV 附近出现了一条很细的能带，通过分析图 6-26（b）、（d）、（e），可以认为这是由 C_{2s} 态在价带–9eV 附近引入的窄的强局域性所引起的。对图 6-26（c）中费米能级到价带顶的态密度进行积分得 1.1973，这主要是由 C_{2p} 和 N_{2p} 贡献的。由此可见，C 的掺入使 AlN 的价带顶附近

出现了多余的空穴，从而在费米能级附近引入了受主能级，另外还可发现 C 的掺杂使邻近的 Al 的分波态密度变得弥散并向高能方向移动。但是，杂质能级中空穴之间的相互排斥效应使空穴局域在价带顶，从而在费米能级附近形成一个窄的深受主能级。

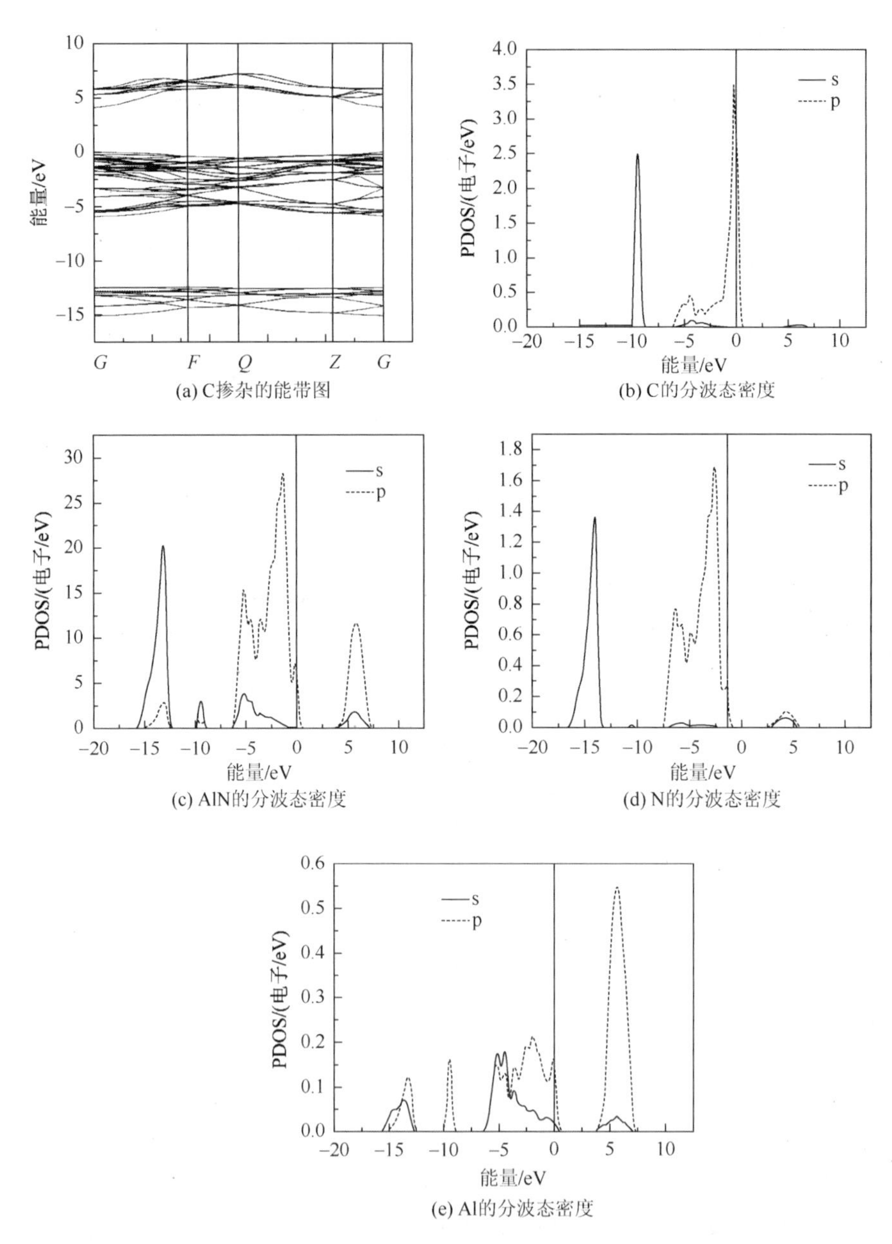

图 6-26　C 掺杂 AlN 的能带结构、AlN 的分波态密度和各原子的分波态密度[74]

半导体中的光学性质是由价带和导带之间的跃迁决定的。图 6-27 和图 6-28 分别是未掺杂和 C 掺杂 AlN 的介电函数实部、虚部对比图，图 6-29（a）和（b）分别是未掺杂和 C 掺杂 AlN 的复折射率，图 6-30 是未掺杂和 C 掺杂 AlN 的吸收系数。

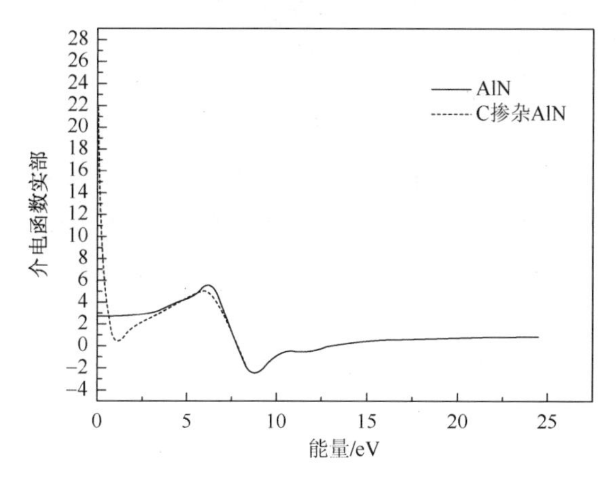

图 6-27　AlN 掺杂前后介电函数实部对比图[74]

从图 6-27 可以看出，在 0～6.48eV 区间，AlN 的介电函数实部是逐渐增大的，曲线相对平缓，这表明在该能量区间内，入射光子可以平稳地透过材料；在 6.48～7.76eV 区间，介电函数实部有下降趋势，材料在此区域内反射率会逐渐升高；在 7.76eV 之后，介电函数实部会下降至负值区域，并在 8.8eV 处达到最小值；8.8eV 之后，会有增大趋势，但依然在负值区域。介电函数实部的幅值在负值区域，则材料会表现出一定的金属性质。在此区间，入射光子将被完全遮挡，无法透

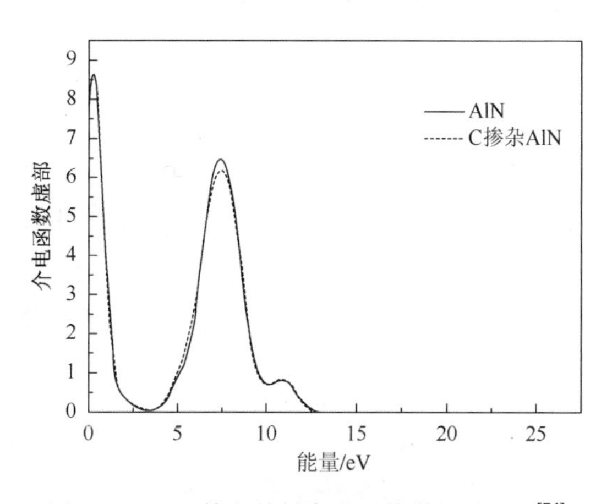

图 6-28　AlN 掺杂前后介电函数虚部对比图[74]

过晶体材料。C 掺杂 AlN 介电函数实部峰值的大小和位置变化不明显，只是起点值比掺杂前的值大得多。

从图 6-28 可以看出，AlN 的介电函数虚部谱有两个特征峰，并在光子能量为 7.58eV、11.12eV 处有最大峰值，但 11.12eV 处的峰值相对较弱，结合图 6-26（d）、（e）可知 7.58eV 处的介电峰对应体系的直接跃迁阈，它主要是价带 N_{2p} 态向导带 Al_{3p} 态跃迁导致的；C 掺杂后，从图中可明显地看出曲线在 0.38eV 附近多了一个峰值很大的介电峰，且之前在光子能量为 7.58eV、11.12eV 左右的两个特征峰在 C 掺杂后有所减弱。对比 C 掺杂 AlN 原子各分波态密度可知，在能量为 0.38eV 左右出现的介电峰主要是价带电子向杂质带跃迁和 C_{2p} 态与 N_{2p} 态相互作用的结果。而 C 掺杂后在 7.58eV 和 11.12eV 左右的两个特征峰略向低能方向偏移。这是因为 C 掺杂后使禁带变窄。7.58eV 和 11.12eV 左右的峰值减小的原因是杂质带的引入使各能级之间的跃迁概率减小。

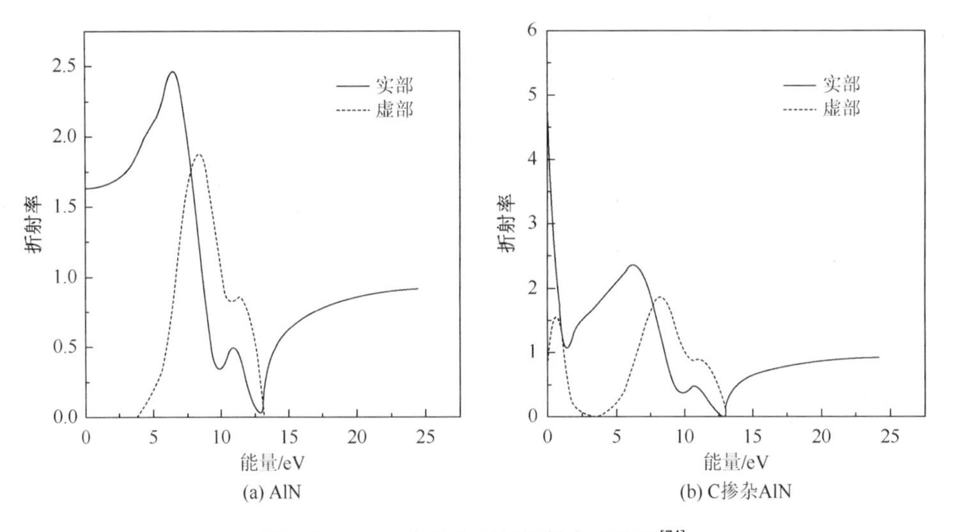

图 6-29　AlN 掺杂前后复折射率对比图[74]

从图 6-29（a）、（b）可以看出，AlN 在能量小于 3.8eV 的低能区和大于 13.2eV 的高能区的复折射率虚部均为零，而实部均趋于常数，这表明 AlN 对过低频和过高频的电磁波的吸收均较弱，吸收仅限定在一定的频率范围内。比较 C 掺杂 AlN 的复折射率可发现，在大于 13.2eV 的高能区，实部与虚部的变化趋势与 AlN 基本一致，但低能区的图形有明显的不同，在此区域，虚部曲线不为零，实部曲线也不再趋于常数，这主要是因为 C 掺杂后，电磁波将通过不同的介质，从而使复折射率的函数产生不同，增大了体系对低频电磁波的吸收。

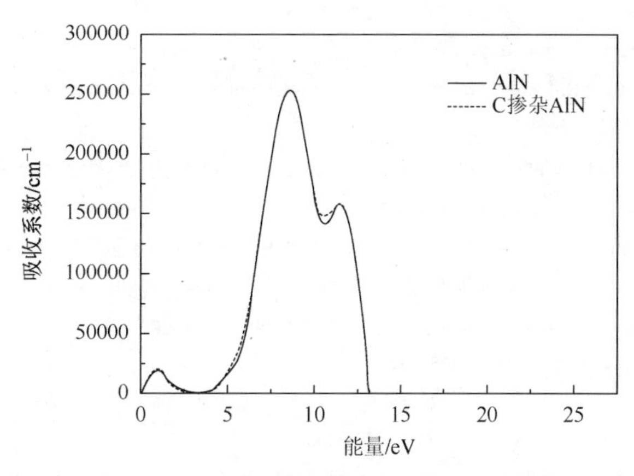

图 6-30　AlN 掺杂前后吸收系数对比图[74]

从图 6-30 可以看出，AlN 在能量为 3.8eV 和 13.2eV 附近均有一个吸收边，两个能量值与前面计算复折射率时相一致，吸收主峰在 8.2eV 左右，对应电子从价带向导带的跃迁。C 掺杂之后，在低能区出现了一个新的吸收，这主要是因为掺杂之后引入了新的杂质能带，这与价电子向杂质能带的跃迁、介电函数虚部、复折射率在低能区附近的变化相对应。

6.6　镁掺杂的氮化铝半导体材料

要实现性能优异的 AlN 基光电器件，必须实现高电导率的 p 型半导体。在诸多 p 型掺杂中，Mg 是最常见的 p 型掺杂剂。

表 6-5 为 Mg 掺杂 AlN 前后的载流子浓度、迁移率和电导率对比。结果表明，只要在生长过程中简单地调整掺杂气体的流量，就可以很大程度上调节 AlN 的 p 型电导率，范围在 7 个数量级。随着掺杂气体流量的升高，载流子浓度和电导率增大。

表 6-5　Mg 掺杂 AlN 前后的载流子浓度、迁移率和电导率[75]

Cp_2Mg 流量/sccm	载流子浓度/cm^{-3}	迁移率/(cm^2/(V·s))	电导率/($\Omega^{-1}\cdot cm^{-1}$)
0	1.7×10^{18}	2.3×10^{-5}	6.3×10^{-6}
2	6.1×10^{17}	1.1	0.11
5	8.3×10^{18}	6.4	8.4
10	4.7×10^{19}	2.5	19.7

注：Cp_2Mg 指二茂镁

参 考 文 献

[1]　Maruska H P，Tietjen J J. The preparation and properties of vapor-deposited single-crystal-line GaN[J]. Applied

Physics Letters，1969，15（10）：327-329.

[2] Vurgaftman I，Meyer J R. Band parameters for nitrogen-containing semiconductors[J]. Journal of Applied Physics，2003，94（6）：3675-3696.

[3] Hagen J，Metcalfe R D，Clark W，et al. Growth and properties of $Ga_xAl_{1-x}N$ compounds[J]. Journal of Physics C：Solid State Physics，1978，11（4）：143-146.

[4] Ahoujja M，McFall J L，Yeo Y K，et al. Electrical and optical investigation of MBE grown Si-doped $Al_xGa_{1-x}N$ as a function of Al mole fraction up to 0.5[J]. Materials Science and Engineering：B，2002，91：285-289.

[5] Korakakis D，Ng H M，Ludwig K F，et al. Doping studies of n-and p-Type $Al_xGa_{1-x}N$ grown by ECR-assisted MBE[J]. MRS Proceedings，1996，449：233

[6] Nakarmi M L，Kim K H，Zhu K，et al. Transport properties of highly conductive n-type Al-rich $Al_xGa_{1-x}N$（$x \geqslant 0.7$）[J]. Applied Physics Letters，2004，85（17）：3769-3771.

[7] Taniyasu Y，Kasu M，Makimoto T. An aluminium nitride light-emitting diode with a wavelength of 210 nanometres[J]. Nature，2006，441（7091）：325-328.

[8] Taniyasu Y，Kasu M，Kobayashi N. Intentional control of n-type conduction for Si-doped AlN and $Al_xGa_{1-x}N$ with high Al content[J]. Physica Status Solidi B，2002，234（3）：845-849.

[9] Mehnke F，Trinh X T，Pingel H，et al. Electronic properties of Si-doped $Al_xGa_{1-x}N$ with aluminum mole fractions above 80%[J]. Journal of Applied Physics，2016，120（14）：145702.

[10] Collazo R，Mita S，Xie J Q，et al. Progress on n-type doping of AlGaN alloys on AlN single crystal substrates for UV optoelectronic applications[J]. Physica Status Solidi C，2011，8：2031-2033.

[11] Zeisel R，Bayerl M W，Goennenwein S T B，et al. DX-behavior of Si in AlN[J]. Physical Review B，2000，61（24）：16283.

[12] Xu T，Thomidis C，Friel I，et al. Growth and silicon doping of AlGaN films in the entire alloy composition by molecular beam epitaxy[J]. Physica Status Solidi（C），2010，2（7）：2220-2223.

[13] Nam K B，Nakarmi M L，Li J，et al. Mg acceptor level in AlN probed by deep ultraviolet photoluminescence[J]. Applied Physics Letters，2003，83（5）：878-880.

[14] Jiang H，Lin J. Hexagonal boron nitride for deep ultraviolet photonic devices[J]. Semiconductor Science and Technology，2014，29（8）：084003.

[15] Li J，Oder T，Nakarmi M L，et al. Optical and electrical properties of Mg-doped p-type $Al_xGa_{1-x}N$[J]. Applied Physics Letters，2002，80（7）：1210-1212.

[16] Nakarmi M L，Nepal N，Ugolini C，et al. Correlation between optical and electrical properties of Mg-doped AlN epilayers[J]. Applied Physics Letters，2006，89（15）：152120.

[17] Suzuki M，Nishio J，Onomura M，et al. Doping characteristics and electrical properties of Mg-doped AlGaN grown by atmospheric-pressure MOCVD[J]. Journal of Crystal Growth，1998，189：511-515.

[18] Tanaka T，Watanabe A，Amano H，et al. p-type conduction in Mg-doped GaN and $Al_{0.08}Ga_{0.92}N$ grown by metalorganic vapor phase epitaxy[J]. Applied Physics Letters，1994，65（5）：593-594.

[19] Marchand H，Ibbetson J，Fini P，et al. Mechanisms of lateral epitaxial overgrowth of gallium nitride by metalorganic chemical vapor deposition[J]. Journal of Crystal Growth，1998，195（1-4）：328-332.

[20] van de Walle C G，Stampfl C，Neugebauer J. Theory of doping and defects in Ⅲ-Ⅴ nitrides[J]. Journal of Crystal Growth，1998，189：505-510.

[21] Hautakangas S，Oila J，Alatalo M，et al. Vacancy defects as compensating centers in Mg-doped GaN[J]. Physical Review Letters，2003，90（13）：137402.

[22] Hautakangas S，Saarinen K，Liszkay L，et al. Role of open volume defects in Mg-doped GaN films studied by positron annihilation spectroscopy[J]. Physical Review B，2005，72（16）：165303.

[23] Kaufmann U，Schlotter P，Obloh H，et al. Hole conductivity and compensation in epitaxial GaN: Mg layers[J]. Physical Review B，2000，62（16）：10867-10872.

[24] Miceli G，Pasquarello A. Self-compensation due to point defects in Mg-doped GaN[J]. Physical Review B，2016，93（16）：165207.

[25] Nakamura S，Mukai T，Senoh M，et al. Thermal annealing effects on p-type Mg-doped GaN films[J]. Japanese Journal of Applied Physics，1992，31（2B）：139-142.

[26] Ramachandran V，Feenstra R M，Sarney W L，et al. Inversion of wurtzite GaN（0001）by exposure to magnesium[J]. Applied Physics Letters，1999，75（6）：808-810.

[27] Chakraborty A，Moe C G，Wu Y，et al. Electrical and structural characterization of Mg-doped p-type $Al_{0.69}Ga_{0.31}N$ films on SiC substrate[J]. Journal of Applied Physics，2007，101（5）：053717.

[28] Seppänen T，Hultman L，Birch J，et al. Deviations from Vegard's rule in $Al_{1-x}In_xN$（0001）alloy thin films grown by magnetron sputter epitaxy[J]. Journal of Applied Physics，2007，101（4）：043519.

[29] Seppänen T，Persson P Å，Hultman L，et al. Magnetron sputter epitaxy of wurtzite $Al_{1-x}In_xN$（$0.1<x<0.9$）by dual reactive dc magnetron sputter deposition[J]. Journal of Applied Physics，2005，97（8）：083503.

[30] Gonschorek M，Carlin J F，Feltin E，et al. Two-dimensional electron gas density in $Al_{1-x}In_xN$/AlN/GaN heterostructures（$0.03\leqslant x\leqslant 0.23$）[J]. Journal of Applied Physics，2008，103（9）：093714.

[31] Lorenz K，Franco N，Alves E，et al. Relaxation of compressively strained AlInN on GaN[J]. Journal of Crystal Growth，2008，310（18）：4058-4064.

[32] Schenk H P D，Nemoz M，Korytov M，et al. Indium incorporation dynamics into AlInN ternary alloys for laser structures lattice matched to GaN[J]. Applied Physics Letters，2008，93（8）：081116.

[33] Yeh T S，Wu J M，Lan W H. The effect of AlN buffer layer on properties of $Al_xIn_{1-x}N$ films on glass substrates[J]. Thin Solid Films，2009，517（11）：3204-3207.

[34] Sahonta S L，Dimitrakopulos G P，Kehagias T，et al. Mechanism of compositional modulations in epitaxial InAlN films grown by molecular beam epitaxy[J]. Applied Physics Letters，2009，95（2）：021913.

[35] Yeh T S，Wu J M，Lan W H. Electrical properties and optical bandgaps of AlInN films by reactive sputtering[J]. Journal of Crystal Growth，2008，310（24）：5308-5311.

[36] Schenk H P D，Nemoz M，Korytov M，et al. AlInN optical confinement layers for edge emitting group Ⅲ-nitride laser structures[J]. Physica Status Solidi C，2009，6（2）：897-901.

[37] Peng T，Piprek J，Qiu G，et al. Band gap bowing and refractive index spectra of polycrystalline $Al_xIn_{1-x}N$ films deposited by sputtering[J]. Applied Physics Letters，1997，71（17）：2439-2441.

[38] Fujimori T，Imai H，Wakahara A，et al. Growth and characterization of AlInN on AlN template[J]. Journal of Crystal Growth，2004，272（1-4）：381-385.

[39] Xie J Q，Ni X，Wu M，et al. High electron mobility in nearly lattice-matched AlInN/AlN/GaN heterostructure field effect transistors[J]. Applied Physics Letters，2007，91（13）：132116.

[40] Lukitsch M J，Danylyuk Y V，Naik V M，et al. Optical and electrical properties of $Al_{1-x}In_xN$ films grown by plasma source molecular-beam epitaxy[J]. Applied Physics Letters，2001，79（5）：632-634.

[41] Hiroki M，Yokoyama H，Watanabe N，et al. High-quality InAlN/GaN heterostructures grown by metal-organic vapor phase epitaxy[J]. Superlattices and Microstructures，2006，40（4）：214-218.

[42] Jeganathan K，Shimizu M，Okumura H，et al. Lattice-matched InAlN/GaN two-dimensional electron gas with high

mobility and sheet carrier density by plasma-assisted molecular beam epitaxy[J]. Journal of Crystal Growth，2007，304（2）：342-345.

[43] Kuzmik J. Power electronics on InAlN/(In)GaN：Prospect for a record performance[J]. IEEE Electron Device Letters，2001，22（11）：510-512.

[44] Senda S，Jiang H，Egawa T. AlInN-based ultraviolet photodiode grown by metal organic chemical vapor deposition[J]. Applied Physics Letters，2008，92（20）：203507.

[45] Starosta K. RF sputtering of $Al_xIn_{1-x}N$ thin films[J]. Physica Status Solidi A，1981，68（1）：55-57.

[46] Kubota K，Kobayashi Y，Fujimoto K. Preparation and properties of Ⅲ-Ⅴ nitride thin films[J]. Journal of Applied Physics，1989，66（7）：2984-2988.

[47] Zhou L，Smith D J，McCartney M R，et al. Observation of vertical honeycomb structure in InAlN/GaN heterostructures due to lateral phase separation[J]. Applied Physics Letters，2007，90（8）：081917.

[48] Sato T，Endo Y，Shiratsuchi Y，et al. Magnetic behaviour of Co-AlN thin films with various Co concentrations[J]. Journal of Magnetism and Magnetic Materials，2007，310（2）：735-737.

[49] Yang S，Pakhomov A B，Hung S T，et al. Room-temperature magnetism in Cr-doped AlN semiconductor films[J]. Applied Physics Letters，2002，81（13）：2418-2420.

[50] Ko K Y，Barber Z H，Blamire M G. Structural and magnetic properties of V-doped AlN thin films[J]. Journal of Applied Physics，2006，100（8）：083905.

[51] Dietl T，Ohno H，Matsukura F，et al. Zener Model Description of Ferromagnetism in Zinc-Blende Magnetic Semiconductors[J]. Science，2000，287（5455）：1019-1022.

[52] Wu S Y，Liu H，Gu L，et al. Synthesis，characterization，and modeling of high quality ferromagnetic Cr-doped AlN thin films[J]. Applied Physics Letters，2003，82（18）：3047-3049.

[53] Zhang J，Li X Z，Xu B，et al. Influence of nitrogen growth pressure on the ferromagnetic properties of Cr-doped AlN thin films[J]. Applied Physics Letters，2005，86（21）：212504.

[54] Kumar D，Antifakos J，Blamire M G，et al. High Curie temperatures in ferromagnetic Cr-doped AlN thin films[J]. Applied Physics Letters，2004，84（24）：5004-5006.

[55] Inoue K，Hirosaki N，Xie R J，et al. Highly efficient and thermally stable blue-emitting AlN: Eu^{2+}phosphor for ultraviolet white light-emitting diodes[J]. The Journal of Physical Chemistry C，2009，113（21）：9392-9397.

[56] Shen L H，Wang N，Xiao X. Strong orange luminescence from AlN whiskers[J]. Materials Letters，2013，94：150-153.

[57] Liu Q L，Tanaka T，Hu J Q，et al. Green emission from *c*-axis oriented AlN nanorods doped with Tb[J]. Applied Physics Letters，2003，83（24）：4939-4941.

[58] Takeda T，Hirosaki N，Xie R-J，et al. Anomalous Eu layer doping in Eu，Si co-doped aluminium nitride based phosphor and its direct observation[J]. Journal of Materials Chemistry，2010，20（44）：9948-9953.

[59] 王薇，稀土掺杂 AlN 荧光纳米材料的研究[D]. 吉林：吉林大学，2017.

[60] Gu F，Wang S F，Lü M K，et al. Structure evaluation and highly enhanced luminescence of Dy^{3+}-doped ZnO nanocrystals by Li^{+}doping via combustion method[J]. Langmuir，2004，20（9）：3528-3531.

[61] Kuang J，Liu Y，Zhang J. White-light-emitting long-lasting phosphorescence in Dy^{3+}-doped $SrSiO_3$[J]. Journal of Solid State Chemistry，2006，179（1）：266-269.

[62] Liu B，Shi C S，Qi Z M. Potential white-light long-lasting phosphor：Dy^{3+}-doped aluminate[J]. Applied Physics Letters，2005，86（19）：191111.

[63] Li K，Liang S S，Shang M M，et al. Photoluminescence and energy transfer properties with Y + SiO_4 substituting

Ba + PO_4 in $Ba_3Y(PO_4)_3$：Ce^{3+}/Tb^{3+}，Tb^{3+}/Eu^{3+}phosphors for W-LEDs[J]. Inorganic Chemistry，2016，55（15）：7593-7604.

[64] Duan C J，Wang X J，Otten W M，et al. Preparation，electronic structure，and photoluminescence properties of Eu^{2+}-and Ce^{3+}/Li^{+}-activated alkaline earth silicon nitride $MSiN_2$（M = Sr，Ba）[J]. Chemistry of Materials，2008，20（4）：1597-1605.

[65] Wieg A T，Penilla E H，Hardin C，et al. Broadband white light emission from Ce: AlN ceramics：High thermal conductivity down-converters for LED and laser-driven solid state lighting[J]. APL Materials，2016，4（12）：126105.

[66] Cui B，Chen Z H，Zhang Q H，et al. A single-composition $CaSi_2O_2N_2$: RE（RE = Ce^{3+}/Tb^{3+}，Eu^{2+}，Mn^{2+}）phosphor nanofiber mat：Energy transfer，luminescence and tunable color properties[J]. Journal of Solid State Chemistry，2017，253：263-269.

[67] 泰智薇. 钪、铒掺杂氮化铝薄膜的第一性原理研究[D]. 成都：电子科技大学，2018.

[68] 张瑶，朱伟欣，周冬，等. 溅射气压对蓝宝石基 ScAlN 薄膜的影响[J]. 压电与声光，2015，37（4）：693-696.

[69] 潘凤春，林雪玲，高华，等. Cu 掺杂 A-TiO_2 电子结构和光学性质的第一性原理研究[J]. 宁夏大学学报（自然科学版），2017，38（4）：353-359.

[70] 苏文斌，谷学新，邹洪，等. 稀土元素发光特性及其应用[J]. 化学研究，2001，12（4）：55-59.

[71] Zhu M C，Hua L，Xiong F F. First principles study on the structural，electronic，and optical properties of Sc-doped AlN[J]. Russian Journal of Physical Chemistry A，2014，88（4）：722-727.

[72] Tasnadi F，Alling B，Höglund C，et al. Origin of the anomalous piezoelectric response in wurtzite $Sc_xAl_{1-x}N$ alloys[J]. Physical Review Letters，2010，104（13）：137601.

[73] Momida H，Teshigahara A，Oguchi T. Strong enhancement of piezoelectric constants in Sc_xAl_{1-x} N：First-principles calculations[J]. AIP Advances，2016，6（6）：065006.

[74] 杜仲秋. 基于碳杂质的氮化铝第一性原理研究[D]. 郑州：郑州大学. 2018.

[75] Tang Y B，Bo X H，Xu J，et al. Tunable p-type conductivity and transport properties of AlN nanowires via Mg doping[J]. ACS Nano，2011，5（5）：3591-3598.

第7章　氮化铝材料的应用

AlN 作为一种重要的功能性材料，具有宽禁带、低介电常数等优点，在蓝光发光和紫外光发光，以及高温、高频大功率器件材料制备方面有着广泛的应用；同时其沿 c 轴具有良好的压电性和极高的 SAW 传输速度，是极佳的 SAW 器件用压电材料。AlN 晶体与其他Ⅲ族氮化物材料具有非常接近的晶格常数和热膨胀系数，与蓝宝石或 SiC 衬底相比，AlN 与 AlGaN 的晶格常数匹配、热匹配及化学兼容性更高，作为 AlGaN 器件外延衬底时可大幅度降低器件中的缺陷密度。AlN 的这些优良性能使其在众多领域中具有广阔的应用前景，成为目前国际研究的热点。近年来，国际上对 AlN 在应用上的研究热点主要包括以下几个方面[1]：①AlN 外延及制备技术；②AlN 基器件衬底技术；③AlN 接触和掺杂层技术；④深紫外电子器件应用的 AlN 功能层特性；⑤AlN 深紫外 LED 和传感器技术；⑥AlN 深紫外激光器及其应用；⑦使用 AlN 材料的电子器件技术（HEMT、功率器件和高频器件）；⑧AlN 材料的新应用（压电器件、太赫兹器件、高温电子器件等）。

本章主要介绍 AlN 材料在功能器件、电力电子器件、光电器件、传感器以及滤波器等领域的应用现状，并对 AlN 材料及其器件应用的未来发展趋势进行分析和展望。

7.1　微波、毫米波器件

AlN 在微波、毫米波器件上已有广泛应用，它可作为衬底材料，有效改善微波、毫米波器件性能。例如，在 AlN 衬底上生长的高 Al 含量 $Al_xGa_{1-x}N$（$x>0.5$）薄膜具有更低的位错密度和自补偿特性，因而展现出极高的峰值导电性、载流子浓度和迁移率，其击穿电压是 GaN 的 3 倍，热导率是蓝宝石的 6 倍、GaN 的 1～2 倍，使高 Al 含量 AlGaN 薄膜成为理想的沟道层材料；与蓝宝石或 SiC 衬底相比，AlN 衬底可使 GaN 器件的位错密度从 10^8cm^{-2} 下降到 10^5cm^{-2} 数量级，因此利用 AlN 作为缓冲层制备的 GaN/Si 器件的电子迁移率比使用 SiC 或蓝宝石作为缓冲层的器件的电子迁移率高 1～3 倍；薄 AlN 势垒层可有效解决 GaN 器件由于势垒下降所引起的 2DEG 密度下降问题。由此可以看出，AlN 将成为替代蓝宝石或 SiC 的重要衬底材料[2-5]。

7.1.1　高电子迁移率晶体管

HEMT 是一种异质结场效应晶体管，又称为调制掺杂场效应晶体管（modulation doped field effect transistor，MODFET）、二维电子气场效应晶体管（two dimensional electron gas field effect transistor，2DEGFET）、选择掺杂异质结晶体管（selective doped heterojunction transistor，SDHT）等。由于其利用了具有超高载流子迁移率的 2DEG，这种器件及其构成的集成电路可以应用于超高频（毫米波）、超高速领域。同时，由于 2DEG 在极低温度下可以保持流动，不被“冻结”，利用其特性制备的 HEMT 具有良好的低温稳定性，常用于极低温条件下的探测，如分数量子霍尔效应的研究。

HEMT 的基本结构就是调制掺杂异质结。HEMT 属于一种电压控制器件，栅极电压 V_g 可调控异质结势阱的深度，改变势阱中 2DEG 的面密度，从而控制器件的工作电流。对于 GaAs 体系的 HEMT，通常其中的 n-$Al_xGa_{1-x}As$ 层的厚度为数百纳米，掺杂浓度为 10^7～10^8cm^{-3}。若 n-$Al_xGa_{1-x}As$ 层厚度较大、掺杂浓度又高，则在 $V_g = 0$ 时就存在 2DEG，为耗尽型器件，反之则为增强型器件（$V_g = 0$ 时 Schottky 耗尽层即延伸到 i-GaAs 层内部）；但该层如果厚度过大、掺杂浓度过高，则工作时就不能耗尽，而且将出现与源-漏并联的漏电电阻。在考虑 HEMT 中的 2DEG 面密度 N_s（受到栅极电压 V_g 的控制）时，通常只需要考虑异质结势阱中的两个二维子能带（$i = 0$ 和 1）。

AlN 通常用于 HEMT 器件的缓冲层和势垒层，可使器件具有更高的输出功率、截止频率、抗辐射能力以及耐恶劣环境特性，是宽禁带氮化物半导体和微电子领域的前沿技术。

2017 年，Muhtadi 等[6]对蓝宝石衬底上 3μm 厚的低缺陷 AlN 缓冲层 $Al_{0.85}Ga_{0.15}N$/$Al_{0.65}Ga_{0.35}N$ 的 HEMT 器件进行了研究，证明 AlN 缓冲层可提供足够高的热导率，当源-漏间距为 5.5μm、栅长为 1.8μm 时，器件在栅极电压为 4V 时的峰值漏电流高达 250mA/mm，器件可在 40V 和 250mA/mm 条件下稳定工作，没有出现电流崩塌现象。

2017 年，Godejohann 等[3]通过对 MBE 和 MOCVD 法制作的 AlN/GaN HEMT（图 7-1）进行对比发现：采用 MBE 法在蓝宝石上可以生长出陡峭界面和纯 AlN 势垒层，而采用 MOCVD 法在 Si 衬底生长的 AlN 纯度不如 MBE 法，器件的最高漏电流约为 1.46A/mm，栅极电压为 3V，截止频率为 89GHz，薄膜电阻小于 200Ω/□（Ω/□为方阻单位）。此外，在 100nm 栅长下，AlN/GaN HEMT 器件实现了极佳的高频和小信号特性。

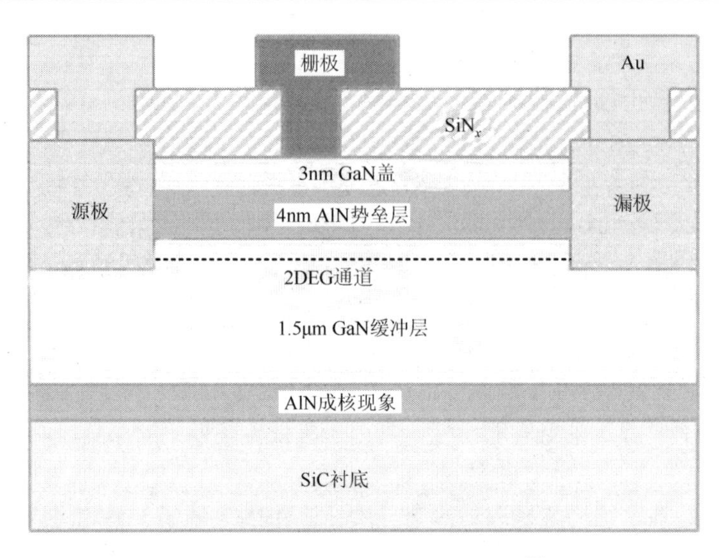

图 7-1　AlN/GaN HEMT 的示意图[3]

2017 年，Muhtadi 等[7]利用 AlN 势垒刻蚀去除和再生长工艺形成欧姆接触制作了高 Al 含量的 AlN/$Al_{0.85}Ga_{0.15}N$ 的 HEMT 器件，其结构如图 7-2 所示，器件的 2DEG 电阻率接近 4200Ω/□，击穿电压高达 810V，具有优异的漏电流、开关电流比（$I_{on}/I_{off}>10^7$）和亚阈值斜率（75mV/decade）。

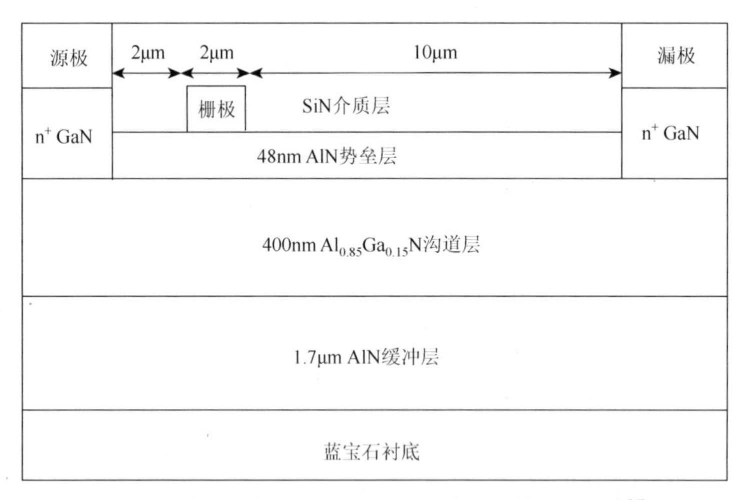

图 7-2　高 Al 含量的 AlN/AlGaN HEMT 结构示意图[7]

2018 年，Durukan 等[8]采用 MOCVD 法在蓝宝石衬底上生长 AlGaN/AlN/GaN 异质结构 HEMT 时，对不同厚度（260nm 和 520nm）的 AlN 缓冲层所产生的影响进行对比，发现使用 260nm 厚缓冲层的器件具有更多的凹坑和突起、粗糙度更高。

2017 年，Murugapandiyan 等[5]利用重掺杂源-漏区和 Al_2O_3 钝化层，制备了一种 T 型栅 20nm 增强模式 $Al_{0.5}Ga_{0.5}N$/AlN/GaN HEMT 器件，其截止频率（f_t）和最高振荡频率（f_{max}）分别为 325GHz 和 553GHz，采用 2nm 厚的 AlN 势垒层使峰值漏电流达到 3A/mm，约翰逊优值为 8.775THz，其良好特性使其成为下一代大功率毫米波射频应用的单片微波集成电路候选技术之一。

2018 年，张力江等[9]通过在 SiC 衬底上制备低缺陷 AlN 缓冲层，制作出了 L 波段 350W 的 AlGaN/GaN HEMT 大功率器件（图 7-3），器件增益大于 13dB，效率高达 81%。可靠性试验结果表明，器件抗失配能力达到 10∶1。

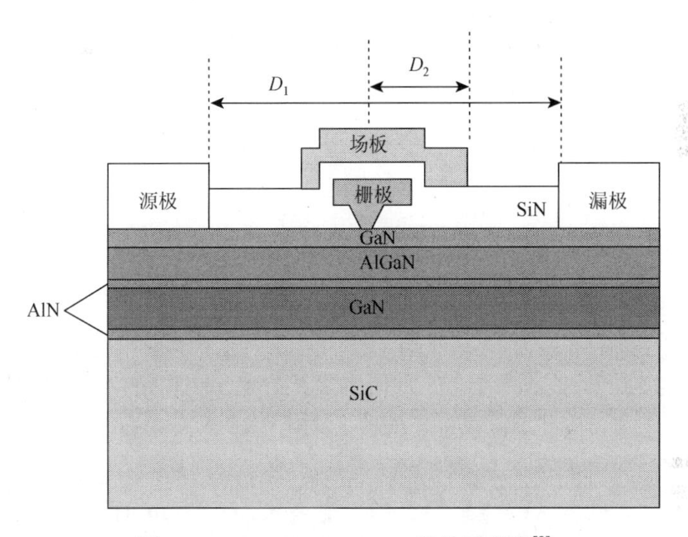

图 7-3　AlGaN/GaN HEMT 结构示意图[9]

7.1.2　场效应晶体管

FET 是根据三极管的原理开发出的新一代放大元件，具有 3 个极性，分别是栅极（G）、漏极（D）、源极（S），图 7-4 为 FET 示意图。它具有输入电阻高（10^8～$10^9\Omega$）、噪声小、功耗低、动态范围大、易于集成、没有二次击穿现象、安全工作区域宽等优点，现已成为双极型晶体管和功率晶体管的强大竞争者，属于电压控制型器件。FET 可用于放大电路、可变电阻、恒流源。有些 FET 的源极和漏极可以互换使用，栅压也可正可负，灵活性比晶体管好。FET 能在很小电流和很低电压的条件下工作，而且可以很方便地把很多 FET 集成在一块 Si 片上，因此 FET 在大规模集成电路中得到了广泛的应用。

AlN 通常用于 FET 器件的缓冲层、绝缘层、势垒层和衬底，AlN/GaN 异质结 FET 具有很高的 2DEG 面密度和电子迁移率，传输特性优良，在电力电子器件和

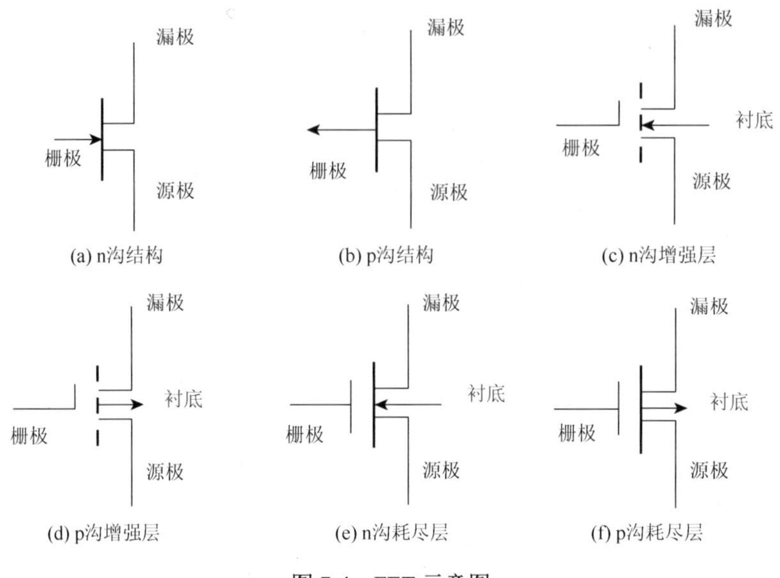

图 7-4　FET 示意图

射频器件领域有着非常广阔的应用前景。高温应用也是 AlN 异质结 FET 的重要优势之一。

2016 年，Kurose 等[10]通过在通孔中填充导电 n-AlGaN，在 Si 衬底上形成纳米尺寸自发通孔，成功制作了导电 AlN 缓冲层垂直型 AlGaN FET，使 AlN 的垂直导电率提高了 1000 倍，并通过这种导电通孔 AlN 技术成功设计出 350nm 垂直型紫外 LED 和垂直型紫外传感器。当入射波长为 193nm 时，探测器的响应度达到 150mA/W。这有效改善了高效率、大功率输出的匹配电路的设计。而负载牵引测试表明，栅宽 50mm 的管芯输入阻抗 $Z=(3-2j)\Omega$（j 表示复数的虚部），电子系统应用要求阻抗为 50Ω，两者不匹配，需要采用阻抗匹配技术把芯片阻抗提升至 50Ω。

2018 年，Bryan 等[2]采用负载牵引测试与电路仿真相结合的方法实现了栅宽 50mm 的芯片管壳内预匹配电路及管壳外匹配电路设计。在封装管壳内设计预匹配电路，把芯片输入阻抗提升至 20Ω，再通过管壳外匹配电路把阻抗提升至 50Ω，实现了大功率器件微波功率测试。管壳内预匹配网络一般采用 T 型或 π 型网络。T 型网络结构简单，容易实现，带宽为中心频率的 25%。π 型网络结构复杂，不容易实现，带宽为中心频率的 30%。考虑到研制的器件带宽小于中心频率的 25%，T 型网络可满足设计要求。

2016 年，Banal 等[11]利用溅射沉积技术制备 AlN 绝缘层，进而在 AlN/Al_2O_3 堆叠栅 H 终端形成金刚石金属-绝缘体-半导体场效应晶体管（metal-insulators-semiconductor field effect transistor，MISFET），还研究了 SD-AlN/ALD-Al_2O_3/H-

金刚石 FET①的结构、室温、晶体管特性和电容-电压特性，其结构示意图和显微镜照片如图 7-5 所示。他们研究的 FET 以常关增强模式工作，漏电流密度小至 10^5A/cm^2，光通量为 4lm 的器件已经证明最大漏电流为 8.89mA/mm，峰值外部电导率为 6.83mS/mm。此外，由于 AlN 膜可以在室温下沉积，所以可以避免高温 MOVPE、MBE 和 ALD 技术所带来的空穴沟道的损失，防止晶体管操作的劣化。因此，利用 SD 技术生长的 AlN 薄膜可以实现高性能的金刚石 MISFET，同时也为在其他应用中沉积 AlN 膜提供更广泛的可能性。

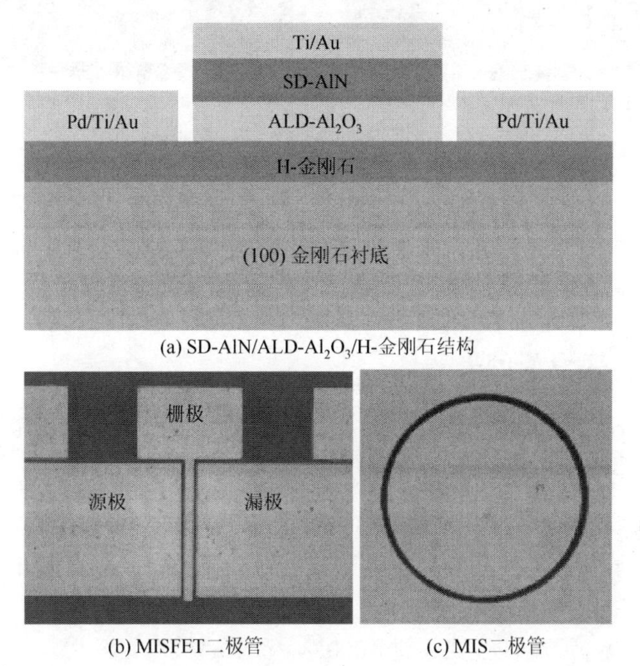

(a) SD-AlN/ALD-Al_2O_3/H-金刚石结构

(b) MISFET二极管　(c) MIS二极管

图 7-5　用于制造 MISFET 和 MIS 二极管器件的 SD-AlN/ALD-Al_2O_3/H-金刚石结构的示意性横截面，以及 MISFET 和 MIS 二极管的平面光学显微镜图像[11]

2016 年，Bajaj 等[12]在 AlN/蓝宝石衬底上，分别采用梯度极化接触技术和凹槽栅结构制备了超宽禁带 $Al_{0.75}Ga_{0.25}N$ 沟道 MISFET，器件结构如图 7-6 所示。其中栅介质为原子层沉积的 Al_2O_3，而高组分沟道比接触电阻率低至 $1\times10^{-6}\Omega\cdot cm^2$。该项研究工作使超宽禁带 AlGaN 基器件广泛应用于电子器件和光电器件。

2016 年，Meng 等[13]利用单晶 AlN 衬底，采用 MBE 法生长了无应变 GaN 量子阱 AlN/GaN FET，AlN/GaN/AlN 量子阱双异质结构使该类器件获得了最高迁移率（601cm^2/(V·s)）和最低薄膜电阻（327Ω/□），2DEG 面密度大于 2×10^{13}cm^{-2}。当栅长为 65nm 时，器件的漏电流高达 2.0A/mm，非本征跨导峰值为 250mS/mm，

① SD 指溅射沉积（sputter deposition）；ALD 指原子层沉积（atomic layer deposition）；H 指高温高压。

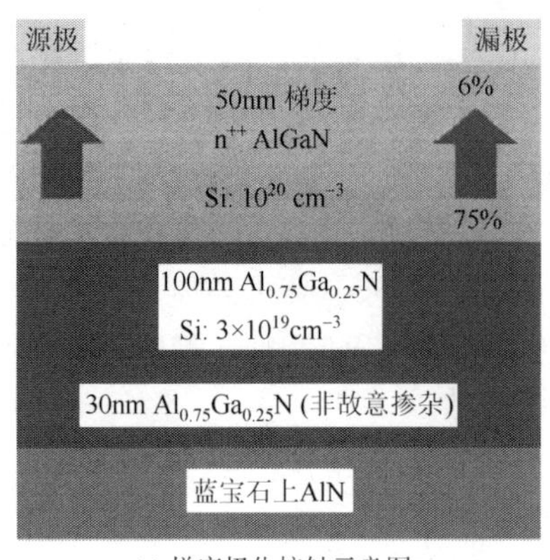

(a) 梯度极化接触示意图

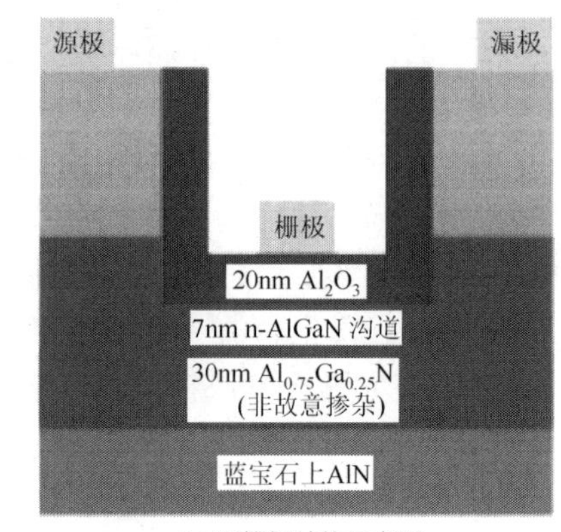

(b) 凹槽栅结构示意图

图 7-6　$Al_{0.75}Ga_{0.25}N$ 沟道 MISFET 结构图[12]

电流截止频率约为 120GHz，采用宽禁带、厚 AlN 势垒层使 FET 的击穿特性和热处理能力得到极大改善，为未来实现高压和大功率微波应变量子阱氮化物晶体管奠定了技术基础。

7.1.3　场致电子发射纳米器件

电子发射是指在真空或者填充惰性气体的条件下，对金属或者固体材料施加作用，如加热或者加电压等，使电子从材料表面逸出的现象。一般而言，电子发射可分为四种基本形式。

（1）热电子发射。其能量获得方式是通过升高物体温度，使电子在物体内无序热运动的能量增大，其中部分电子能克服束缚而逸出物体表面。但对于金属，要得到可用电流，温度往往要超过 1000K，且效率极低。

（2）光电子发射，亦称外光电效应。它是以光电磁辐射的形式给予电子能量的。当电子吸收光辐射能量足以克服表面势垒时将成为发射电子，从而导致光电子发射。发射的电子称为光电子，并可形成光电流。但此种发射通常需要低波长激发光源。

（3）次级电子发射。当具有足够动能的电子或离子轰击表面时，会使电子或离子从被轰击表面发射出来，这种现象称为次级电子发射，可以分为发射型次级电子发射、透射型次级电子发射及次级离子发射三种类型，其在光电倍增管中得到了重要的应用。

（4）场致电子发射。当在物体表面加上很强的电场时，降低表面势垒高度与减小势垒宽度，有利于电子隧穿表面势垒，其电子发射主要是一种隧穿过程，能得到较大的发射电流。与前面三种发射形式不同的是：场致电子发射主要通过使表面势垒变低与变窄，使固体内部电子能遂穿表面势垒，其内部电子能量不发生明显变化。而前三种发射形式主要使内部电子获得足够大的能量，从而可克服表面势垒的约束。

一维半导体纳米材料具有特有的性质，对其在场致电子发射性能方面的研究一直是人们关注的焦点。对一维半导体纳米材料的场致电子发射研究最早开始于20世纪90年代。最初，纳米材料的场致电子发射研究主要是纳米团簇[14]以及纳米尖端[15, 16]，通过提高表面增强因子来提高场致电子发射电流。后来，人们开始关注纳米结构材料的场致电子发射，也就是随着场致电子发射尺度减小，材料中可能出现宏观材料所未有的纳米效应，从而可能提高场致电子发射性能。1995年，碳纳米管的场致电子发射增强现象被发现[17]，开口纳米管的场致电子发射电流大大增强，且发射最后局域到管壁边缘的单个原子。紧接着，基于碳纳米管的场致电子发射高密度电子枪被设计出来[18]，在低电压下，其场致电子发射电流超过了100mA，为场致电子发射显示设备提供了广阔的应用前景。宽禁带半导体纳米材料（如金刚石、类金刚石及氮化物半导体材料）本身具有良好的物理化学性能，为其场致电子发射广阔的应用前景提供了可靠的保证。

由于AlN具有小（甚至负）的电子亲和势以及很好的热稳定性[19, 20]，其一维纳米结构有望成为优良的场致电子发射材料。图7-7和图7-8为形貌可控的AlN纳米针尖、纳米刷等纳米结构[21]。可以发现，AlN纳米针尖阵列在700℃和800℃时的开启电场分别为10.8V/μm和12.2V/μm，在场致电子发射纳米设备领域具有

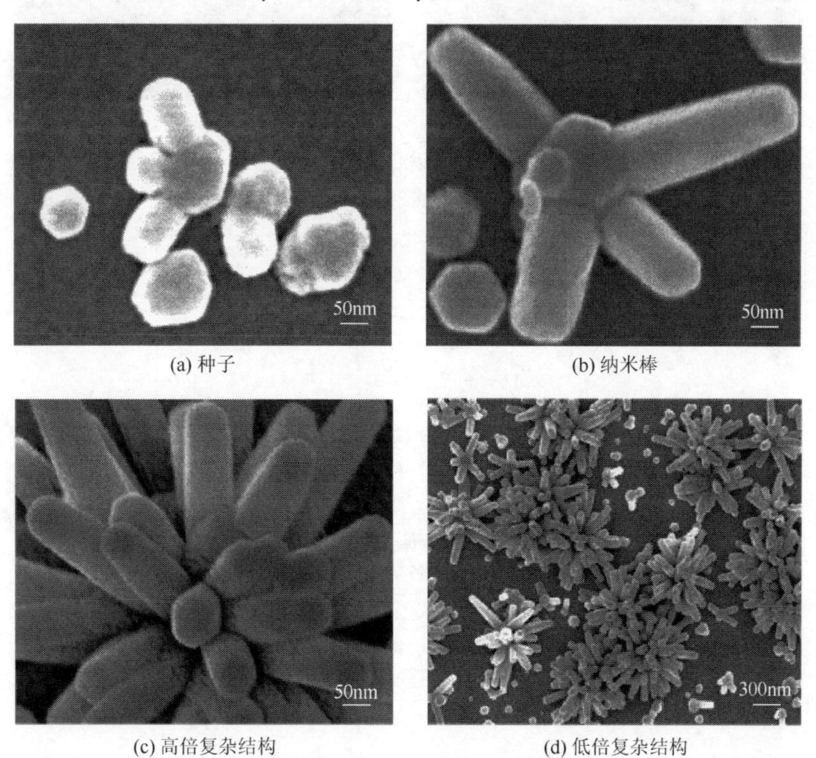

(a) 种子　(b) 纳米棒　(c) 高倍复杂结构　(d) 低倍复杂结构

图7-7　AlN纳米针尖的SEM图像[21]

应用前景。通过研究不同温度下的纳米针尖阵列的场致电子发射性能（图 7-9）[22]可以发现，随着环境温度的上升，纳米结构的开启电场下降。

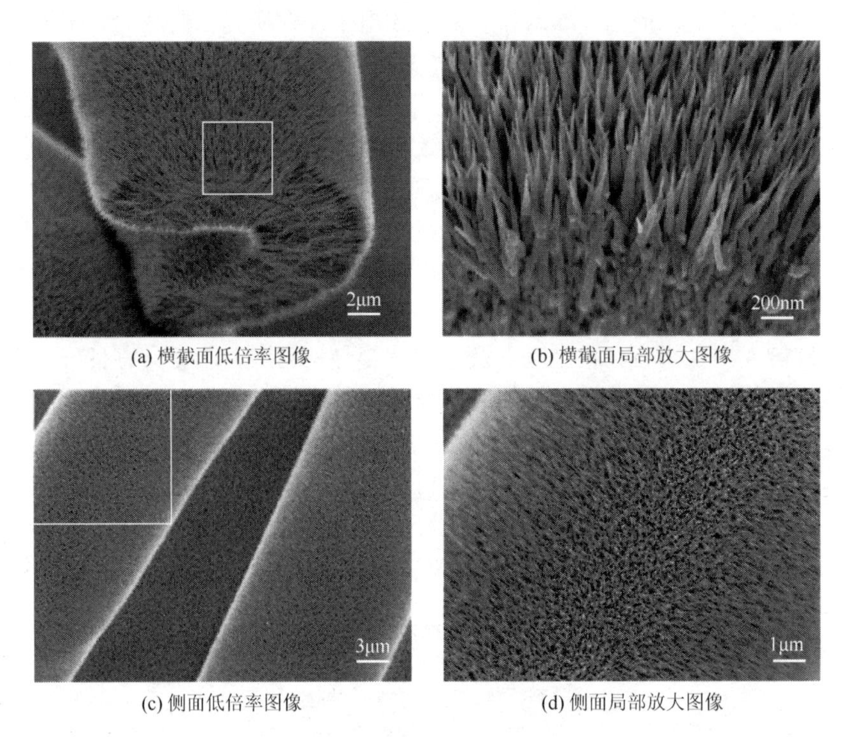

(a) 横截面低倍率图像　(b) 横截面局部放大图像

(c) 侧面低倍率图像　(d) 侧面局部放大图像

图 7-8　AlN 纳米刷的 SEM 图像[21]

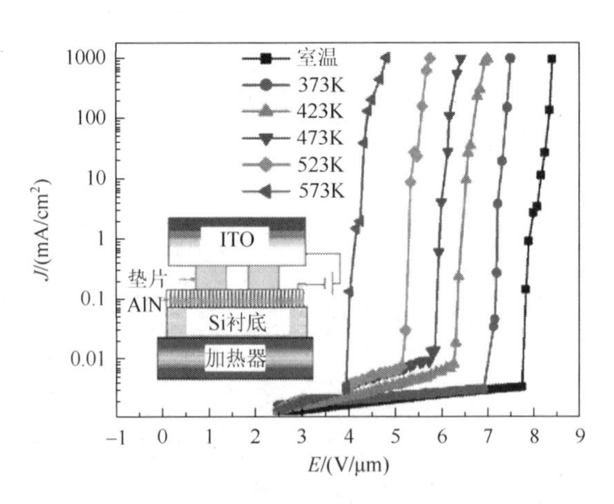

图 7-9　不同温度下的开启电场[22]

ITO 指铟锡氧化物（indium tin oxides）

其他改善 AlN 场致电子发射性能的方法有掺杂、增加异质结保护层等。例如，Eu 掺杂可以使 AlN 场致电子发射器件具有更高的亮度、更好的单色性、更低的饱和度以及更长的发射寿命，如图 7-10 所示[23]。利用 C、CN 和 BCN 对 AlN 纳米锥阵列进行包裹（图 7-11）[24]，结果表明，用以上三种材料包裹后的 AlN 纳米锥阵列相比没有包裹的 AlN 纳米结构具有更小的开启电场，并且 BCN 包裹后的开启电场最小。

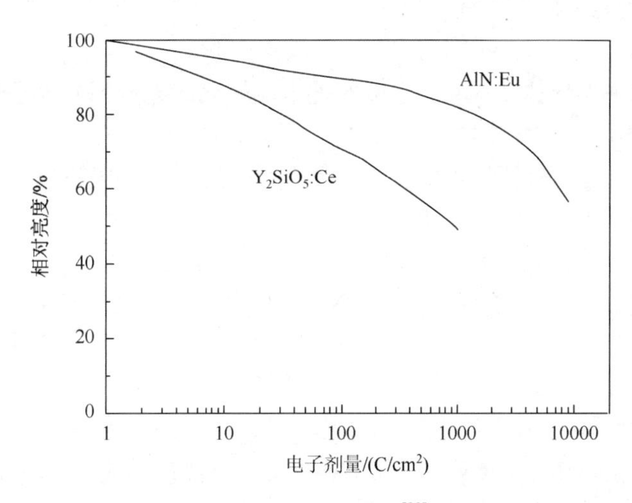

图 7-10　老化曲线[23]

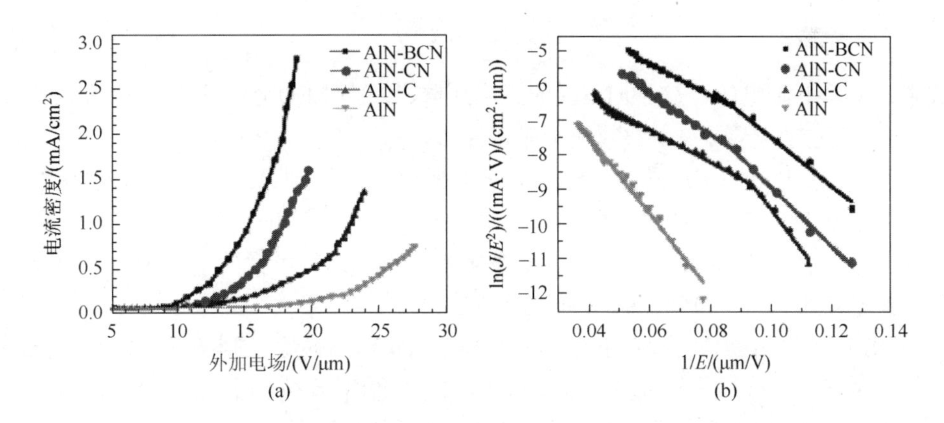

图 7-11　AlN 纳米锥以及用 C、CN 和 BCN 包裹的 AlN 纳米锥[24]

7.2　光电子器件

光电子器件领域是 AlN 发展较为成熟的领域之一。AlN 衬底由于具有较低的位错密度（典型值为 10^5cm^{-2}），已被证实优于 Si、SiC 和蓝宝石衬底，可极大地提高深紫外 LED、激光器和探测器的发光效率。目前已有采用 AlN 衬底的深紫外 LED 产品销售，而 AlN 激光二极管和雪崩光电二极管探测器尚未实用化。使用 AlN 衬底可使发光波长从 UVA（400～320nm）、UVB（320～280nm）扩展到 UVC（280～200nm），使用 Mg 掺杂 AlN 纳米线阵列可有效改善材料的导电性，实现高效深紫外光电器件[25]。

7.2.1 发光二极管

LED 是一种半导体二极管，是能够把电能转化成光能的光电子器件。LED 与普通二极管一样，由 PN 结组成，同时具有单向导电性。在某些半导体材料的 PN 结中，注入的少数载流子与多数载流子复合时会把多余的能量以光的形式释放出来，从而把电能直接转换为光能。

LED 的核心部分是由 p 型半导体和 n 型半导体组成的晶片，在 p 型半导体和 n 型半导体之间有一个过渡层，称为 PN 结。当给 LED 加上正向电压后，从 p 区注入 n 区的空穴和由 n 区注入 p 区的电子在 PN 结附近数微米范围内分别与 n 区的电子和 p 区的空穴复合，产生自发辐射的荧光。不同的半导体材料中电子和空穴所处的能量状态不同。当电子和空穴复合时释放出的能量不同，释放出的能量越多，则发出的光的波长越短。常用的是红光、绿光或黄光 LED。LED 的反向击穿电压大于 5V。它的正向伏安特性曲线很陡，使用时必须串联限流电阻以控制通过二极管的电流。其限流电阻 R 为

$$R=(E-U_{\mathrm{F}})/I_{\mathrm{F}} \tag{7-1}$$

式中，E 为电源电压；U_{F} 为 LED 的正向压降；I_{F} 为 LED 的正常工作电流。当给 LED 加上反向电压后，少数载流子难以注入，故不发光。

大多数 AlN 基 LED 异质结构生长在 c 平面蓝宝石衬底上，如图 7-12 所示[26]。一般采用 MOCVD 技术，生长温度为 1000～1200℃，有时可达 1500℃。AlN 基 LED 广泛应用于照明、医疗、水资源净化等领域，具有巨大的经济价值，但存在外部量子效率低（小于 10%）等缺陷。

2018 年，Liu 等[27]利用 MOCVD 法，在 AlN 单晶衬底上制备了能发出 229nm 波长的 AlN/$Al_{0.77}Ga_{0.23}N$ 多量子阱紫外 LED，并利用 p 型 Si 增强了空穴注入。该 LED 在 76A/cm^2 电流连续波工作状态下并未出现效率下降现象，证明了衬底固有的低位错密度特性。该结构可以有效实现深紫外 LED，未来也可用于激光器中。

2018 年，Hakamata 等[28]采用 MOVPE 法在 AlN/Al_2O_3 衬底上生长了 AlGaN 基深紫外 LED，其与常规的 LEO 技术制备的 AlN/Al_2O_3 LED 相比具有相似的缺陷密度、输出功率特性和外部量子效率（external quantum efficiency，EQE），但曲率（–80km^{-1}）比 LEO 结构低 1 倍，且降低了复杂性和成本。

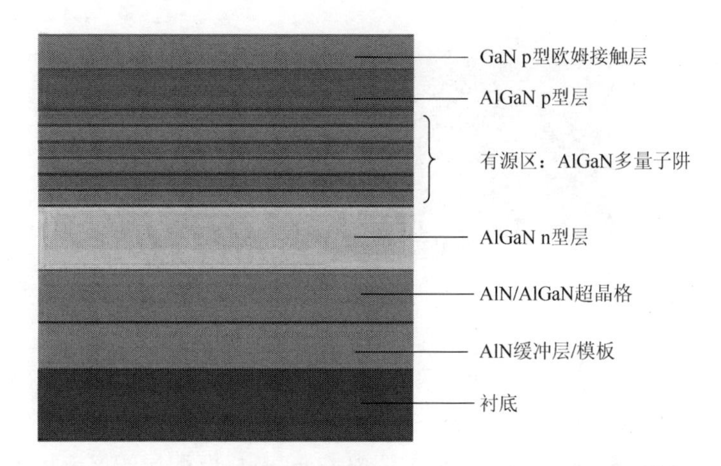

图 7-12　使用 AlN 缓冲层的深紫外 LED 的典型外延结构图[26]

2018 年，中国科学院半导体研究所的 Zhao 等[29]推出了一种在溅射沉积 AlN 模板上制作的 AlGaN 基紫外 LED，把外延 AlN/AlGaN 超晶格结构插入 LED 结构和 AlN 模板之间以降低位错密度，这种 282nm LED 的光输出功率在 20mA 时达到 0.28mW，外部量子效率为 0.32%。

7.2.2　激光器

激光器是指能发射激光的装置。1954 年，美国科学家 Tom 和苏联科学家 Prokokhorov 分别独立发明了一种低噪声微波放大器，获得了高度相干的微波束。1958 年，Schawlow 和 Townes 把微波量子放大器原理推广应用到光频范围[30]；1960 年，Maiman 等制成了第一台红宝石激光器[31]。1961 年，Javan 等制成了氦氖激光器[32]。同年，邓锡铭、王之江制成了我国第一台红宝石激光器[33]。1962 年，Hall 等制造了 GaAs 半导体激光器[34]。随着激光器技术的不断改进，激光器的种类越来越多。按工作介质，激光器可分为气体激光器、固体激光器、半导体激光器和染料激光器四大类，近来还发展了自由电子激光器。大功率激光器通常都是脉冲式输出。

AlN 紫外激光器（图 7-13）适用于激光显微、光谱仪、质谱仪、表面分析、材料处理及激光光刻等领域。国际上有关 AlN 紫外激光器的研究相对较少，实现高质量 AlN 紫外激光器的重要突破是 AlN 模板与 AlN 衬底的相互结合。

在半极化 AlN 衬底上，可以得到波长为 250～300nm 的 AlInN/GaN 量子阱紫外激光器，该激光器的有源区设计了一个 2.4nm 厚的 $Al_{0.91}In_{0.09}N/Al_{0.82}In_{0.18}N$ 触发层和一个 0.3nm 厚的 GaN 晶格匹配层。超薄 GaN 晶格匹配层的作用是把电子-空穴波函数定位于量子阱中心位置，从而实现较高的水平极化光增益。与传统的

图 7-13　AlN 紫外激光器实物图

AlGaN 量子阱系统相比，255nm 波长下 AlInN-GaN 量子阱结构的水平极化光增益提高了 3 倍，高达 $3726cm^{-1}$，通过调整 GaN 晶格匹配层的厚度可为 AlN 紫外激光器提供一种更加高效的有源区设计方案[35]。

7.2.3　光电探测器

对于一些特定的材料，当其受到光照或辐射后，本身的电导率会发生明显的变化，通过检测电导率的变化情况，我们可以间接得到光照或辐射的基本信息，如位置变化、强度变化等，从而达到探测光的目的，这就是光电探测的基本原理。光电探测器在军事和国民经济的各个领域都有广泛用途。在可见光或近红外波段主要用于射线测量和探测、工业自动控制、光度计量等；在红外波段主要用于导弹制导、红外热成像、红外遥感等。光电导体的另一应用是摄像管靶面。为了避免光生载流子扩散引起图像模糊，连续薄膜靶面都采用高阻多晶材料，如 PbS-PbO、Sb_2S_3 等。其他材料可采取镶嵌靶面的方法，整个靶面由约 10 万个单独探测器组成。

在科技界一直有一个较难突破的领域，那就是深紫外探测器的研究及应用。对比各种半导体（图 7-14[36]），AlN 的禁带宽度高于大部分常见材料，为其在紫外波段的光响应奠定了基础。在 300K 时，AlN 的禁带宽度为 6.2eV，属于高阻半导体，响应波长为 200nm，隶属于真空紫外波段。基于 AlN 的紫外探测器在紫外天文学、紫外探测、紫外通信、生物化学分析、火焰检测等领域具有重要的应用价值。

如图 7-15[37]所示，日盲型 $Al_{0.5}Ga_{0.5}N$/AlN MSM 光电探测器使用薄吸收层和非对称电极设计，在低电压（1V）条件下实现了较高的外部量子效率（25%）。这种底部照明探测器使用 $Al_{0.5}Ga_{0.5}N$ 吸收层和 AlN 缓冲层异质界面，通过使用对称探测和高密度电极对等综合设计使外部量子效率得到进一步提升。基于高品质因数（Q）的 50nm 厚的 AlN 压电谐振纳米盘的纳机电系统（nano-electromechanical system，NEMS）红外探测器（图 7-16[38]）实现了高热阻（9.2×10^5K/W）和高品质

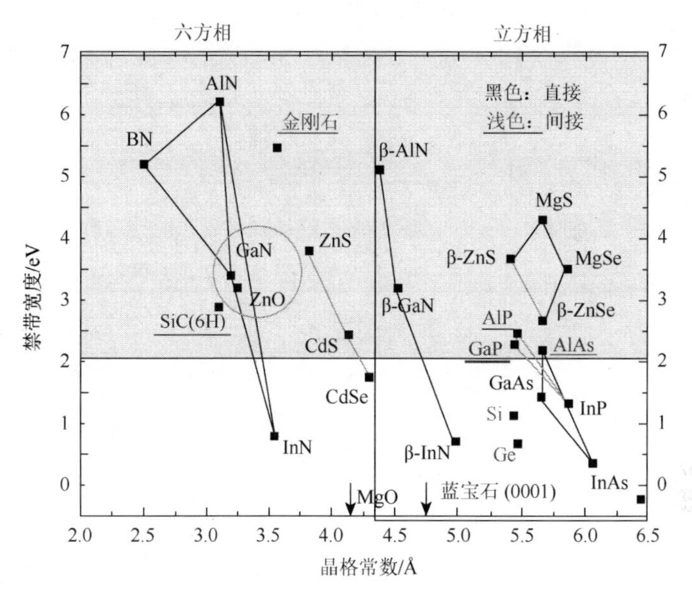

图 7-14　常见半导体禁带宽度和晶格常数①

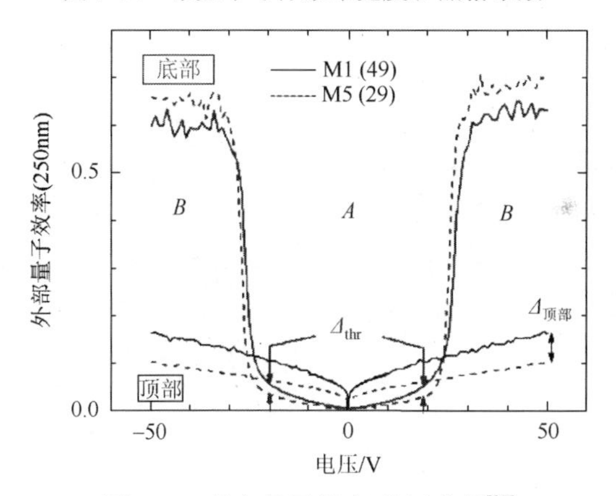

图 7-15　外部量子效率-偏压曲线[37]

M1（49）指有 49 对电极的光电探测器，编号 M1；M5（29）指有 29 对电极的光电探测器，编号 M5；$Δ_{thr}$ 指产生饱和的外部量子效率阈值（threshold）；A 指 EQE 低于阈值的范围；B 指 EQE 饱和的范围；$Δ_{顶部}$指两个器件顶部光照时 EQE 之差

因数（1000），这种 AlN NEMS 红外探测器具有超短的热响应时间（80μs），探测器的外形尺寸下降到 20μm×22μm，品质因数提高了 4 倍。

国内将 AlN 材料应用于紫外探测器的研制也取得了较好的成果。2019 年，Shen 等[39]在 1mm 厚的 AlN 衬底上快速生长了大面积、高质量 CdZnTe 薄膜，AlN/CdZnTe 基紫外探测器具有极端环境适应性，以及较强的紫外光响应性等特性。2018 年，

① 图片来自哈尔滨工业大学郝春蕾论文《氮化铝薄膜的制备与性能研究》(2015)。

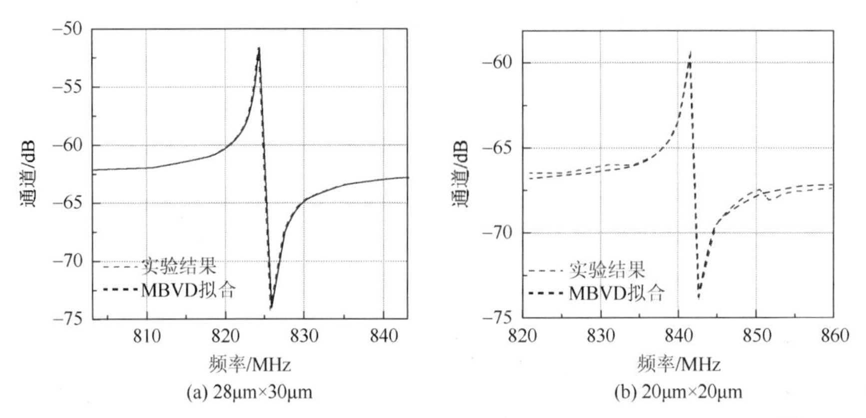

图 7-16　不同尺寸的红外探测器的测量的导纳曲线和 MBVD 拟合曲线[38]

MBVD 指 modified Butterworth-Van Dyke（改良的巴特沃恩-范戴克）

Zheng 等[40]采用高结晶度多步外延生长技术实现了背靠背型 p-Gr/AlN/p-GaN 光电探测器，如图 7-17 所示，使用 AlN 作为光发生载体的真空紫外吸收层，并使用 p 型石墨烯（p-Gr，透射率大于 96%）作为透明电极来收集受激空穴，该新型光电

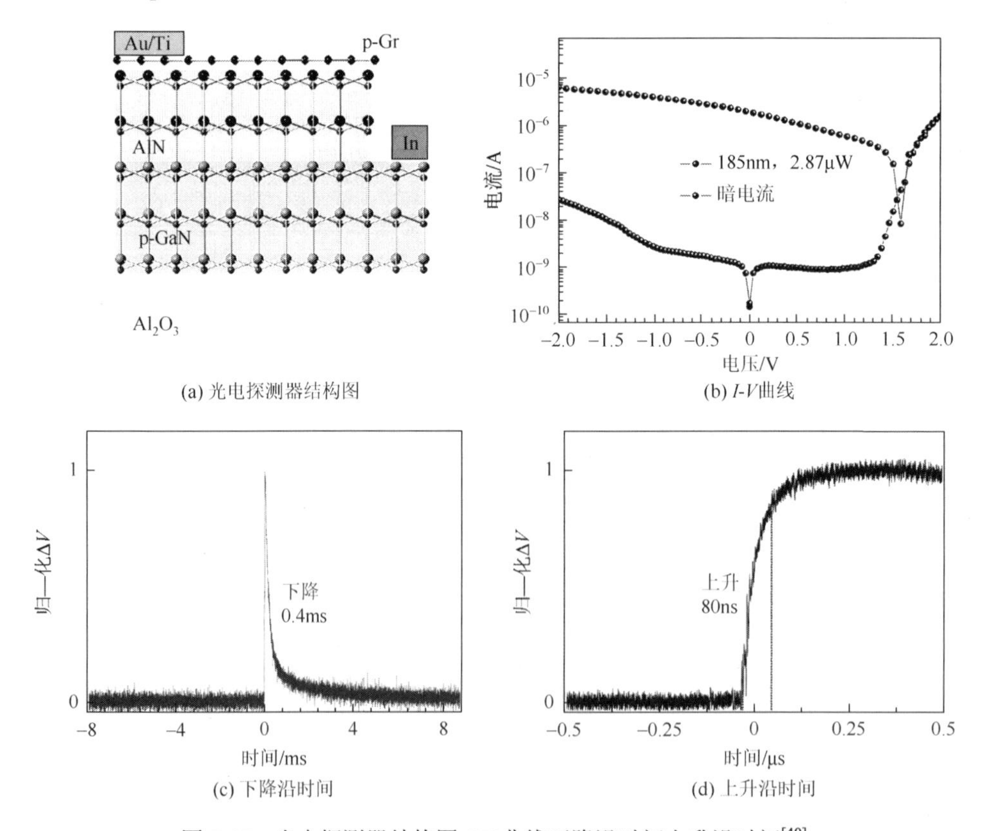

图 7-17　光电探测器结构图 I-V 曲线下降沿时间上升沿时间[40]

探测器取得了较理想的光响应度、高外部量子效率，以及极短的温度响应时间（80ns），比传统光导器件的响应速度提高了 10^4～10^6 倍。这种新技术为实现理想的零功耗集成紫外光电探测器提供了技术支撑，可使未来空间系统实现更长的服役期和更低的发射成本，同时实现更快速的目标探测。

7.3　声表面滤波器

SAW 是在压电基片材料表面产生并传播，且振幅随着基片材料的深度增加而迅速减少的一种弹性波。SAW 滤波器的基本结构是在具有压电特性的基片材料抛光面上制作两个声电换能器——叉指换能器，分别用作发射换能器和接收换能器。

发射换能器将射频信号转换为 SAW，在基片表面上传播，经过一定的延迟后，接收换能器将声信号转换为电信号输出。滤波过程是在电到声和声到电的转换中实现的，所以可以将 SAW 滤波器等效为一个两端口的无源网络。

在已知的压电材料中，AlN 薄膜的 SAW 传播速度是最快的，且 AlN 基 SAW 器件具有良好的化学和热稳定性，对外界环境（如压力、温度、应力、气体）具有极高的灵敏性，与传统 SiC 晶体管技术兼容，因而成为无源传感、无线传感和移动信号处理的关键部件。随着无线通信技术的飞速发展，SAW 传感器、谐振器和滤波器在实现小型化、多功能和高性价比方面有望取代传统半导体器件，成为未来复杂系统的核心[41]。

7.3.1　滤波器

滤波器，顾名思义，是对波进行过滤的器件，如图 7-18 所示。“波”是一个非常广泛的物理概念。在电子技术领域，“波”特指描述各种物理量的取值随时间起伏变化的过程。该过程通过各类传感器的作用，被转换为电压或电流的时间函数，称为各种物理量的时间波形，或者称为信号。因为自变量时间是连续取值的，所以称为连续时间信号，又习惯地称为模拟信号。

AlN 滤波器主要包括兰姆波谐振器（Lamb wave resonator，LWR）、SAW 滤波器和体声波（bulk acoustic wave，BAW）滤波器。LWR 在未来单芯片多波段无线通信射频前端系统中使用较多，与 SAW 滤波器相比更具尺寸优势；AlN 在 SAW/BAW 滤波器中的应用较为成熟，已实现商品化，SAW 滤波器多用于中频，BAW 滤波器更适合高频应用，且品质因数更高，将在 4G/5G 等通信领域得到广泛应用。

AlN 基 LWR 的超小型 140MHz 窄带滤波器[42]采用梯状 LWR 结构，导带插入损耗为 2.78dB。为节约空间，科研人员进行了优化设计，把电容与 LWR 单片集成在一起，把 AlN 夹在 Mo 电极中形成三明治结构，分别用作谐振器的压电层和电容器的介质层，使其在射频通信前端具有很好的应用前景。

图 7-18　滤波器图片

通过 AlN MEMS 和 CMOS 芯片的三维异质集成，科研人员实现了一种带有自修复功能的窄带滤波器[43]，并且把 12 个相同的 1.15GHz AlN MEMS 子滤波器阵列制作在一个 8in Si 器件上，使滤波器的插入损耗小于 3.4dB，带外抑制大于 15dB，通过在 AlN MEMS 芯片上使用重新分布层使寄生电容下降到原来的 1/20，电阻下降到原来的 1/5。

图 7-19　BAW 滤波器[44]

2016 年，Shealy 等[44]在 SiC 衬底上生长单晶 AlN 压电外延膜的 3.7GHz 宽带低损耗 BAW 滤波器，尺寸为 1.25mm×0.9mm，插入损耗为 2.0dB，器件结构包括生长在 150mm 4H-SiC 衬底上的 0.6μm 厚的 AlN 外延层，8 层掩模双面晶圆工艺包括溅射沉积金属电极和采用 SiC 衬底减薄工艺获得的谐振器，如图 7-19 所示。该 BAW 滤波器为实现高频移动、Wi-Fi 及其基础设施应用的小型化、大功率和高性能滤波器提供了支持。

7.3.2　传感器

在现代工业生产尤其是自动化生产过程中，要用各种传感器来监视和控制生产过程中的各个参数，使设备保持最佳工作状态。因此，性能优异的传感器为现代化生产奠定了坚实的基础。在基础学科研究中，传感器更具有突出的地位。一些传感器的发展往往是一些边缘学科开发的先驱。传感器早已渗透到工业生产、宇宙探索、海洋探测、环境保护、资源调查、医学诊断、生物工程、文物保护等广泛的领域。可以毫不夸张地说，从茫茫的太空，到浩瀚的海洋，以及各种复杂的工程系统，几乎每一个现代化项目都离不开各种各样的传感器。

由此可见，传感器技术在发展经济、推动社会进步方面的作用是十分明显的。世界各国和地区都十分重视这一领域的发展。相信不久的将来，传感器技术的发展将会出现一个飞跃。

虽然 MEMS 传感器及其阵列的主流技术仍以 Si 工艺为主，但 AlN MEMS 传感器显示出更为优异的应用前景，并已经在一些工业领域（如电子鼻和胎压检测等领域）得到了广泛的应用。目前关于 AlN 传感器的研究一般是将多个传感器单元集成在同一衬底上，形成传感器阵列，并采用激光微加工刻蚀技术进行工艺设计。利用 MBE 技术在 SiC 衬底上生长的 AlN/AlGaN/GaN HEMT SAW 传感器[45]具有纳米级 T 型栅和极低厚度势垒。厚度为 2μm 的高温 AlN 缓冲层使 HEMT 具备声电子学功能，其相变灵敏度为 6°，主要应用于生物医学领域。2010 年，Bongrain 等[46]采用 CMOS 技术提高了制作超薄 AlN 压电传感器的工艺兼容性，将压电 AlN 薄膜沉积在 Pt 上不仅提高了其压电特性，而且还降低了成本，有利于实现单片集成，对 AlN 压电传感器的普及和推广十分有益。

2015 年，Bao 等[47]将制备的 SAW 基高灵敏 AlN 薄膜应变传感器用于传感器网络。其基本结构如下：在 AlN 薄膜上制作叉指换能器；多层膜包括 Si 衬底上的 AlN 和 Pt/Ti，以及 SiO_2 层；SiO_2 层用于声-电隔离和温度补偿，Pt 膜用于形成 c 轴取向 AlN 膜籽晶层；器件的品质因数和有效机电耦合系数分别为 700 和 0.46%。该传感器在较低温度（小于 400℃）下制作而成，可以使用 IC 后处理技术嵌入单片振荡器。而采用 Si 岛支撑结构的带有 AlN 压电型 SiN 谐振梁的微型压力传感器[48]是将两层 AlN 压电膜夹在两层金属电极中，并放置在 SiN 谐振梁的边端，用于谐振致动和传感，而下层电极则完全埋入 AlN 压电层中。

2011 年，Lew 等[49]在蓝宝石衬底上利用直流磁控溅射法制备了 AlN 外延膜 SAW 器件。他们利用 10nm 厚的 ZnO 缓冲层极大地改善了 AlN 外延膜的质量并释放了膜应力。AlN 外延膜 SAW 器件获得了近零应力和极低插损，中心频率为 1.4GHz，相位速度为 5600m/s，适用于通信领域的微传感器和微流量计。

2018 年，Kabir 等[50]制备了一种 AlN 薄膜压电 MEMS 声发射传感器。这种传感器制作在 Si 衬底上，可在柔性体和刚性体两种模式下工作。此 MEMS 器件包括两种频率（40kHz 和 200kHz）的传感器，微结构层包括掺杂 Si、AlN 和金属层，分别用作底部电极、传感层和顶部电极层，0.5μm 厚的 AlN 用于制作压电薄膜。

该 MEMS 传感器使用 100 个单元的 10×10 个阵列结构（面积约 $1cm^2$），用来替代传统的声发射传感器。

7.3.3 谐振器

谐振器是指产生谐振频率的电子元件，常用的有石英晶体谐振器和陶瓷谐振器，谐振器具有稳定、抗干扰性能良好的特点，广泛应用于各种电子产品中。石英晶体谐振器的频率精度要高于陶瓷谐振器，但成本也比陶瓷谐振器高。谐振器主要起频率控制的作用，涉及频率的发射和接收的所有电子产品都需要谐振器。

AlN 谐振器一般采用两种常规结构：一种是薄膜本体声波谐振器（film body acoustic resonator，FBAR）；另一种是等高线模式谐振器（contour mode resonator，CMR）。FBAR 显示出比 CMR 更高的机电耦合系数，而 CMR 在实现片上小型化方面更具优势。两种结构的核心技术都是 AlN 薄膜制备工艺，通过调整 AlN 膜的厚度和质量可获得理想的器件频率。*c* 轴取向 AlN 薄膜磁控溅射和干法刻蚀工艺是决定 CMR 谐振器性能的关键工艺，因与 CMOS 工艺相兼容，且易于在单芯片上集成多频器件，进而成为实现小尺寸、高品质因数、高频、低阻特性的保证，是下一代无线通信系统中的实用技术[51]。

2010 年，Rinaldi 等[52]获得了可用于射频滤波器的 AlN 和 $Sc_{0.12}Al_{0.88}N$ CMR 谐振器，在 AlN 中引入 Sc 能极大地增强压电极化效应，ScAlN 压电膜可改进有效耦合系数（k_{eff}^2），同时保证谐振器具有良好的品质因数。

2010 年，Song 等[53]制备了尺寸为 1107μm×721μm 的 AlN/4H-SiC 多层结构 SAW 谐振器。这种谐振器采用 MEMS 兼容工艺制作而成，*c* 轴取向 2μm 厚的 AlN 薄膜采用反应射频磁控溅射工艺沉积在 4H-SiC 衬底上，AlN 的衍射峰值为 36.10°，最低 FWHM 仅为 1.19°，同样适合在恶劣环境中应用。

2012 年，Rodriguez-Madrid 等[54]在 1μm 厚的 AlN/蓝宝石双层衬底上制备单端 SAW 谐振器，并对 SAW 波长（λ）、叉指换能器的孔径（L_{IDT}）、反射器光栅的数量（N_{ref}）以及反射器类型等参数对 AlN 谐振器的性能影响进行了分析。研究发现，当 $\lambda = 8\mu m$ 时声波速度为 5536m/s，最大回波损耗幅差值为 0.42dB，机电耦合系数为 0.168%，从而使 L_{IDT} 从 80μm 上升为 240μm，非常适合应用于高温传感器。

2015 年，Cassella 和 Piazza[55]研制了集成 FBAR 和 CMR 两种谐振器优势的超高频 AlN MEMS 二维模式谐振器，可以同时激发横向和纵向的声波。这种谐振器使用在两层相同金属栅中间夹 5.9μm 厚的 AlN 膜的三明治结构，在顶部和底部同时使用叉指换能器，增加了设计灵活性，并获得了较高的机电耦合系数（k_t^2 >3.4%）和较低的动态电阻，机械品质因数大于 2400，中心频率变化大于 10%。

2015 年，Li 等[56]制备了可用于高温（500℃）的 AlN SAW 谐振器。AlN 薄膜采用室温下“两步法”沉积在 Pt(50nm)/Si 衬底上。为消除 AlN 和 Pt 之间的晶格失配，需要在 Pt 界面先沉积一层 200nm 厚的富 N 的 AlN 缓冲层，之后高速沉积 2μm 的 AlN 薄膜。这种 AlN 谐振器采用 Pt 底部悬浮电极，可实现更高的温度敏感性。

2017 年，Nan 等[57]采用硅通孔集成技术制作 AlN 压电谐振器。将 1μm 厚的 AlN 压电薄膜夹在两层约 0.2μm 厚的 Mo 电极之间，谐振频率大于 2GHz，动态阻抗小于 10Ω，可用于高频段长期演进（long term evolution，LTE）通信领域，在 –40～125℃进行 750 次热循环试验之后没有出现频率漂移，因其高可靠性和长期稳定性备受青睐。

7.4　电力电子器件

电力电子器件又称为功率半导体器件，是主要用于电力设备的电能变换和控制电路方面的大功率电子器件（通常指电流为数十至数千安，电压为数百伏）。电力电子器件几乎用于所有的电子制造业，包括：计算机领域的笔记本电脑、服务器、显示器以及各种外部设备；网络通信领域的移动电话、固定电话以及其他各种终端和局端设备；消费电子领域的传统黑白家电和各种数码产品；工业控制类中的工业控制计算机、各类仪器仪表和各类控制设备等。除了保证这些设备的正常运行，电力电子器件还能起到有效节能的作用。

AlN 具有高临界电场、高关态阻断电压、超低导通电阻、超快开关速度以及耐恶劣环境等优势，因此成为制备耐高压、高温电力电子器件的理想选择，在汽车电子、电动机车、高压输电及高效功率转换等方面具有较大潜力。据预测，AlN 器件的功率处理能力是 SiC 和 GaN 的 15 倍，因此被誉为“下一代电力电子超宽带隙器件材料”[58, 59]。开发单晶低位错密度（小于 10^3cm^{-2}）AlN 衬底是实现高质量富 Al 的 AlGaN 薄膜的基础，在 AlN 同质衬底上生长富 Al 的 AlGaN 薄膜与蓝宝石衬底相比可使电阻率极大地下降[60]。

采用新型薄 AlN 衬底制作的大功率 IGBT 模块[61]可以实现高热耗散能力和高功率密度，有望应用于逆变器、工业自动化、再生能源以及电动机车领域。新型薄 AlN 衬底采用三种工艺实现：优化烧结条件以加强 AlN 衬底的强度，改变铜线设计以降低应力，优化设计以保证绝缘能力，使薄 AlN 衬底的热导率达到 170W/(m·K)，强度为 500MPa，热膨胀系数为 $10^{-6}K^{-1}$，有效抑制了衬底下焊接断裂的传播，极大地提升了 IGBT 的使用寿命。

用于 2kW 单相光伏逆变器的导热型 AlN 功率模块[62]是一种 SiC 沟槽型 MOSFET

的半桥和全桥功率模块，使用 AlN 衬底混合式集成栅驱动器及电-热联合仿真和 Al 热沉，实现了高开关频率和低热阻，直接键合铜的 AlN 衬底厚度为 0.63mm，最大输出功率为 2kW，热沉热阻为 0.3K/W，美国加州能源协会（California Energy Commission，CEC）效率为95.4%，功率密度为3.14kW/L，超高热导率为170W/(m·K)，为实现小型、高效电力电子系统提供了支撑。

利用等离子体增强原子层沉积法制备的新型垂直 GaN 沟槽结构功率器件[63]实现了具有高电子密度和迁移率的垂直 2DEG 沟道，阈值电压为 2V，与传统 GaN MOSFET 相比，这种新型器件实现了 9 倍跨导和 $9kA/cm^2$ 的极高漏电流密度，在未来功率开关领域具有应用优势。

7.5 纳米材料在能源中的应用

目前，随着能源短缺和环境污染问题的日益严重，人们开始利用 AlN 纳米材料的光电性能探索其在能源与环境中的应用，以期推动能源与环境的可持续发展。在能源方面，目标是做到既开源节流，又增效减排，能源与环保并重。首先，可以利用 AlN 的发光性质，研究经济实用的高效发光材料和长寿命 LED，进而研发出具有良好力学性能的、节能环保型的固态（白光）照明器件，实现提高能源利用效率和减少碳排放的目标。其次，借助太阳能电池（如染料敏化太阳能电池和混合型太阳能电池等），通过光电转换把太阳能直接转化为电能（直流电），这是一种可再生的环保发电方式，既可以获得源源不断的能源供给，又不会产生环境污染，还不会消耗地球其他资源或导致温室效应。此外，AlN 是半导体，具有压电效应。其纳米线能成功地将机械能转化为电能，有望实现自发电纳米器件。在环境方面，依据半导体光催化性能，以太阳能为光源，使污染物中的重金属离子还原，或者使有机污染物氧化降解为二氧化碳、水和无机物等，从而达到治理环境的目的。

1. 室温光致发光

目前全球在照明方面的耗电量约为总耗能的 19%，若能减少照明功率，就可进一步减少电力成本，同时减少碳排放。我国每年的照明耗电量大约为 3000 亿度（1 度 = 1kW·h），如果都改用节能灯，可以节约 1000 亿度电。现在节能灯的研究热点是利用 LED 来实现白光照明，即将 LED 发出的不同波长的可见光（如蓝色和橙色，或蓝色、绿色和红色）混合起来，得到用于照明的白光。与此同时，这还能避免像荧光灯那样使用有毒的汞蒸气，从而实现节能环保型高效固态照明。另外，单色 LED 本身还可以用于（交通）信号灯等，也能实现节能减排的目的。

室温下 AlN 的禁带很宽，常用来制造激光 LED 和发光 LED，而且相对于禁带同样很宽的GaN，AlN具有更高的激子结合能，因而发光强度更高，同时对高热辐射具有更大的阻抗。在可见光区域，AlN的室温PL光谱上会出现许多发光峰。通常将这些发光峰归因于不同的缺陷发射。但因为发光峰常常会发生宽化或者相互重叠，而且峰形常表现为不对称，所以确定其对应的具体缺陷存在一定的难度。

2. *在新型光伏电池中的应用*

如何有效利用太阳能这一广泛分布的可再生清洁能源，进而降低对传统能源的依赖性，一直是一个全球性的课题。光电转换是利用太阳能的主要方式之一，科学家一直在研发廉价、高效的新型太阳能电池，如混合型太阳能电池和染料敏化太阳能电池等。AlN有较高的载流子迁移率，其生成的载流子寿命较长，而且其导带电位较低，有利于接受电子注入，故常在电池中用作收集和传输电子的材料。

7.6　氮化铝纳米改性变压器油的电热性能及其应用研究

变压器作为电力系统中电能输送的关键枢纽，其运行稳定性直接关系电网的安全运行[64]。决定其安全运行的关键因素是变压器的电气绝缘性能和散热性能。因此，具有高散热、低损耗及大容量等特点的油浸式变压器成为目前电网上运行变压器的主要选择。油浸式变压器的运行稳定性取决于变压器油的电气绝缘性能和散热性能。因此，变压器油的电气绝缘性能和散热性能是影响变压器的容量、尺寸及安全运行的重要因素。我国输配电电网不断发展，对电力变压器的性能提出了更高的要求。传统变压器油虽然具有优异的电气绝缘性能，但其散热性能相对较差，使油浸式变压器在大容量及小型化等领域的发展和应用受到了很大限制[65]。因此，在提升变压器油的散热性能的同时保持其电气绝缘特性，其研究具有重要的价值。纳米流体在提高液体的热导率领域有着广阔的应用前景。针对纳米流体的研究表明，在液体中添加纳米尺寸的粒子可以显著提高液体的热导率，从而改善基液的传热及散热性能。1995年，美国阿贡国家实验室的Choi等[66]首次将纳米微粒添加到变压器油中制得纳米改性变压器油，以提高绝缘结构自身的散热性能。Choi等[67]的研究发现，体积分数为0.5%的AlN纳米变压器油的热导率提高了8%，总体热效率提升了20%。1998年，ABB公司的Segal等[68]研究发现，Fe_3O_4纳米改性变压器油（纳米磁流体）的正极性雷电冲击击穿电压比纯油提升了约50%，但外部磁场会显著影响纳米磁流体的稳定性和绝缘特性，因此纳米磁流体并不适用于变压器。

纳米颗粒受布朗力等力的作用而产生的微运动现象是提高纳米变压器油热导率的关键因素[69]。纳米变压器油内纳米颗粒的运动受到作用在粒子上的范德瓦耳斯力、由粒子表面双电层引起的静电力以及驱动粒子做布朗运动的布朗力等微作用力的支配[70]。而这些力的共同作用则决定了 AlN 纳米颗粒与变压器油分子间微运动的强弱程度，因此纳米变压器油热导率的提高是以上微作用力影响的结果。AlN 纳米变压器油可显著提高变压器油的散热性能。与普通变压器油相比，AlN 纳米变压器油的热导率提高了 7%。AlN 纳米变压器油可显著提高变压器油的雷电冲击击穿电压。与普通变压器油相比，AlN 纳米变压器油的正极性雷电冲击击穿电压提高了 50%，同时 AlN 纳米变压器油的局部放电起始电压较普通变压器油提高了 20%。现场试验验证了 AlN 纳米变压器油的散热性能。纳米变压器油能显著提升变压器的散热能力，在相似环境中，额定负荷下纳米变压器油变压器中的油温比普通变压器油变压器低约 12℃。

参 考 文 献

[1] Bickermann M，Collazo R，Monroy E，et al. AlN and AlGaN materials and devices[J]. Physica Status Solidi A，2017，214（9）：1770155.

[2] Bryan I，Bryan Z，Washiyama S，et al. Doping and compensation in Al-rich AlGaN grown on single crystal AlN and sapphire by MOCVD[J]. Applied Physics Letters，2018，112（6）：062102.

[3] Godejohann B J，Ture E，Müller S，et al. AlN/GaN HEMTs grown by MBE and MOCVD：Impact of Al distribution[J]. Physica Status Solidi B，2017，254（8）：1600715.

[4] Shen L，Heikman S，Moran B，et al. AlGaN/AlN/GaN high-power microwave HEMT[J]. IEEE Electron Device Letters，2001，22（10）：457-459.

[5] Murugapandiyan P，Ravimaran S，William J. DC and microwave characteristics of L_g 50 nm T-gate InAlN/AlN/GaN HEMT for future high power RF applications[J]. AEU International Journal of Electronics and Communications，2017，77：163-168.

[6] Muhtadi S，Hwang S M，Coleman A，et al. High electron mobility transistors with $Al_{0.65}Ga_{0.35}N$ channel layers on thick AlN/sapphire templates[J]. IEEE Electron Device Letters，2017，38（7）：914-917.

[7] Muhtadi S，Hwang S M，Coleman A，et al. $Al_{0.65}Ga_{0.35}N$ channel high electron mobility transistors on AlN/sapphire templates[C]. Device Research Conference，South Bend，2017：1-2.

[8] Durukan I K，Akpınar Ö，Avar C，et al. Analyzing the AlGaN/AlN/GaN heterostructures for HEMT applications[J]. Journal of Nanoelectronics & Optoelectronics，2018，13（3）：331-334.

[9] 张力江，默江辉，崔玉兴，等. L 波段 350 W AlGaN/GaN HEMT 器件研制[J]. 半导体技术，2018，43（6）：437-772.

[10] Kurose N，Ozeki K，Araki T，et al. Realization of conductive AlN epitaxial layer on Si substrate using spontaneously formed nano-size via-holes for vertical AlGaN high power FET[C]. Compound Semiconductor Week，Toyama，2016：1.

[11] Banal R G，Imura M，Liu J W，et al. Structural properties and transfer characteristics of sputter deposition AlN and atomic layer deposition Al_2O_3 bilayer gate materials for H-terminated diamond field effect transistors[J]. Journal of

Applied Physics，2016，120（11）：115307.

[12] Bajaj S，Akyol F，Krishnamoorthy S，et al. Ultra-wide bandgap AlGaN channel MISFET with polarization engineered ohmics[C]. Device Research Conference，Newark，2016：1-2.

[13] Qi M，Li G W，Ganguly S，et al. Strained GaN Quantum-Well FETs on single crystal bulk AlN substrates[J]. Applied Physics Letters，2017，110（6）：063501.

[14] Lin M，Reifenberger R，Andres R P. Field-emission spectrum of a nanometer-size supported gold cluster：Theory and experiment[J]. Physical Review B，1992，46（23）：15490-15497.

[15] Qian W，Scheinfein M R，Spence J C H. Brightness measurements of nanometer-sized field-emission-electron sources[J]. Journal of Applied Physics，1993，73（11）：7041-7045.

[16] McBride S，Wetsel G C. Nanometer-scale features produced by electric-field emission[J]. Applied Physics Letters，1991，59（23）：3056-3058.

[17] Rinzler A，Hafner J，Nikolaev P，et al. Unraveling nanotubes：Field emission from an atomic wire [J]. Science，1995，269：1550-1553.

[18] de Heer W A，Chatelain A，Ugarte D. A carbon nanotube field-emission electron source[J]. Science，1995，270（5239）：1179-1180.

[19] Cui X，Delley B，Freeman A J，et al. Neutral and charged embedded clusters of Mn in doped GaN from first principles[J]. Physical Review B，2007，76（4）：045201.

[20] Branicio P S，Kalia R K，Nakano A，et al. Shock-induced structural phase transition，plasticity，and brittle cracks in aluminum nitride ceramic[J]. Physical Review Letters，2006，96（6）：065502.

[21] Chen Z，Cao C B，Zhu H S. Controlled growth of aluminum nitride nanostructures：Aligned tips，brushes，and complex structures[J]. The Journal of Physical Chemistry C，2007，111（5）：1895-1899.

[22] Ji X，Zhang Q Y，Lau S P，et al. Temperature-dependent photoluminescence and electron field emission properties of AlN nanotip arrays[J]. Applied Physics Letters，2009，94（17）：173106.

[23] Hirosaki N，Xie R J，Inoue K，et al. Blue-emitting AlN：Eu^{2+}nitride phosphor for field emission displays[J]. Applied Physics Letters，2007，91（6）：061101.

[24] Qian W，Zhang Y，Wu Q，et al. Construction of AlN-based core-shell nanocone arrays for enhancing field emission[J]. The Journal of Physical Chemistry C，2011，115（23）：11461-11465.

[25] Tran N H，Le B H，Zhao S，et al. On the mechanism of highly efficient p-type conduction of Mg-doped ultra-wide-bandgap AlN nanostructures[J]. Applied Physics Letters，2017，110（3）：032102.

[26] 王军喜，闫建昌，郭亚楠，等. 氮化物深紫外 LED 研究新进展[J]. 中国科学：物理学 力学 天文学，2015，45（6）：32-51.

[27] Liu D，Cho S J，Park J，et al. 229 nm UV LEDs on aluminum nitride single crystal substrates using p-type silicon for increased hole injection[J]. Applied Physics Letters，2018，112（8）：081101.

[28] Hakamata J，Kawase Y，Dong L，et al. Growth of high-quality AlN and AlGaN films on sputtered AlN/sapphire templates via high-temperature annealing[J]. Physica Status Solidi B，2018，255（5）：1700506.

[29] Zhao L，Zhang S，Zhang Y，et al. AlGaN-based ultraviolet light-emitting diodes on sputter-deposited AlN templates with epitaxial AlN/AlGaN superlattices[J]. Superlattices & Microstructures，2018，113：713-719.

[30] Schawlow A L，Townes C H. Infrared and Optical Masers[J]. Physical Review，1958，112（6）：1940-1949.

[31] Maiman T H. Optical and Microwave-Optical Experiments in Ruby[J]. Essentials of Lasers，1960，4（11）：129-133.

[32] Javan A，Bennett W R，Herriott D R. Population Inversion and Continuous Optical Maser Oscillation in a Gas Discharge Containing a He-Ne Mixture[J]. Essentials of Lasers，1961，6（3）：167-177.

[33] 邓锡铭，王之江. 光学量子放大器[J]. 科学通报，1961（11）：25-29.

[34] Hall R N，Fenner G E，Kingsley J D，et al. Coherent Light Emission From GaAs Junctions[J]. Physical Review Letters，1962，9（9）：186-191.

[35] Liu C，Ooi Y K，Zhang J. Proposal and physics of AlInN-delta-GaN quantum well ultraviolet lasers[J]. Journal of Applied Physics，2016，119（8）：083102.

[36] Zhou X Y，Han T T，Lv Y，et al. Large-area 4H-SiC ultraviolet avalanche photodiodes based on variable-temperature reflow technique[J]. IEEE Electron Device Letters，39（11）：1724-1727.

[37] Brendel M，Brunner F，Knigge A，et al. AlGaN-based metal-semiconductor-metal photodetectors with high external quantum efficiency at low operating voltage[C]. SPIE Opto，San Francisco，2017：101040J.

[38] Hui Y，Rinaldi M. High performance NEMS resonant infrared detector based on an aluminum nitride nano-plate resonator[C]. Transducers & Eurosensors XXVII：The International Conference on Solid-state Sensors，Barcelona，2013：968-971.

[39] Shen Y，Xu Y H，Sun J H，et al. Interface regulation and photoelectric performance of CdZnTe/AlN composite structure for UV photodetector[J]. Surface and Coatings Technology，2019，358：900-906.

[40] Zheng W，Lin R，Ran J，et al. Vacuum-ultraviolet photovoltaic detector[J]. ACS Nano，2018，12（1）：425-431.

[41] Gao J N，Liu G R，Li J，et al. Recent developments of film bulk acoustic resonators[J]. Functional Materials Letters，2016，9（3）：1630002.

[42] Liang J，Zhang H X，Zhang D H，et al. 50Ω-terminated AlN MEMS filters based on lamb wave resonators[C]. Transducers-International Conference on Solid-State Sensors，Anchorage，2015：1973-1976.

[43] Kazior T. Beyond CMOS：heterogeneous integration of III-V devices，RF MEMS and other dissimilar materials/devices with Si CMOS to create intelligent microsystems[J]. Philosophical Transactions of the Royal Society A，2014，372（2012）：20130105.

[44] Shealy J B，Hodge M D，Patel P，et al. Single crystal AlGaN bulk acoustic wave resonators on silicon substrates with high electromechanical coupling[C]. Radio Frequency Integrated Circuits Symposium，San Francisco，2016：103-106.

[45] Tsarik K A，Nevolin V K. Influence of GaN surface morphology on characteristics of $Al_{0.3}Ga_{0.7}N$/GaN heterostructures created by molecular beam epitaxy[C]. Microwave & Telecommunication Technology，Sevastopol，2010：836-837.

[46] Bongrain A，Uetsuka H，Rousseau L，et al. Measurement of DNA denaturation on B-NCD coated diamond micro-cantilevers[J]. Physica Status Solidi A，2010，207（9）：2078-2083.

[47] Bao Z，Hara M，Kuwano H. Highly sensitive strain sensors using surface acoustic wave on aluminum nitride thin film for wireless sensor networks[C]. Transducers-International Conference on Solid-state Sensors，Anchorage，2015：1239-1242.

[48] Yenuganti S，Gandhi U，Mangalanathan U. Piezoelectric microresonant pressure sensor using aluminum nitride[J]. Journal of Micro/nanolithography Mems & Moems，2017，16（2）：025001.

[49] Lew Y V L C，Willatzen M. Electromechanical phenomena in semiconductor nanostructures[J]. Journal of Applied Physics，2011，109（3）：031101.

[50] Kabir M，Kazari H，Ozevin D. Piezoelectric MEMS acoustic emission sensors[J]. Sensors and Actuators A-Physical，2018，279：53-64.

[51] Hou Y H，Zhang M，Han G W，et al. A review：Aluminum nitride MEMS contour-mode resonator[J]. 半导体学报（英文版），2016，37（10）：1-9.

[52] Rinaldi M，Zuniga C，Zuo C J，et al. Super-high-frequency two-port AlN contour-mode resonators for RF

applications[J]. IEEE Transactions on Ultrasonics Ferroelectrics & Frequency Control，2010，57（1）：38-45.

[53] Song J，Huang J，Wu S A，et al. Surface acoustic wave device properties of（B，Al）N films on 128° *Y–X* $LiNbO_3$ substrate[J]. Applied Surface Science，2010，256（23）：7156-7159.

[54] Rodriguez-Madrid J G，Iriarte G F，Pedros J，et al. Super-high-frequency SAW resonators on AlN/diamond[J]. IEEE Electron Device Letters，2012，33（4）：495-497.

[55] Cassella C，Piazza G. AlN Two-dimensional-mode resonators for ultra high frequency applications[J]. IEEE Electron Device Letters，2015，36（11）：1192-1194.

[56] Li C，Liu X Z，Shu L，et al. AlN-based surface acoustic wave resonators for temperature sensing applications[J]. Materials Express，2015，5（4）：367-370.

[57] Nan W，Yao Z，Sun C，et al. High-band AlN based RF-MEMS resonator for TSV integration[C]. Electronic Components & Technology Conference，Orlando，2017：1868-1873.

[58] Kaplar R J，Neely J C，Huber D L，et al. Generation-after-next power electronics ultrawide-bandgap devices，high-temperature packaging，and magnetic nanocomposite materials[J]. IEEE Power Electronics Magazine，2017，4（1）：36-42.

[59] Kaplar R J，Allerman A A，Armstrong A M，et al. Review—Ultra-wide-bandgap AlGaN power electronic devices[J]. ECS Journal of Solid State Science and Technology，6（2）：3061-3066.

[60] Teichel S H，Dörbaum M，Misir O，et al. Design considerations for the components of electrically powered active high-lift systems in civil aircraft[J]. CEAS Aeronautical Journal，2015，6（1）：49-67.

[61] Nogawa H，Hirao A，Nishimura Y，et al. High power IGBT module with new AlN substrate[C]. International Exhibition & Conference for Power Electronics，Nuremberg，2016：1-8.

[62] Moench S，Costa M S，Barner A，et al. High thermal conductance AlN power module with hybrid integrated gate drivers and SiC trench MOSFETs for 2 kW single-phase PV inverter[C]. European Conference on Power Electronics & Applications，Karlsruhe，2016：1-8.

[63] Huang S，Wei K，Tang Z K，et al. Effects of interface oxidation on the transport behavior of the two-dimensional-electron-gas in AlGaN/GaN heterostructures by plasma-enhanced-atomic-layer-deposited AlN passivation[J]. Journal of Applied Physics，2013，114（14）：144509.

[64] Peterchuck D，Pahwa A. Sensitivity of transformer’s hottest-spot and equivalent aging to selected parameters[J]. IEEE Transactions on Power Delivery，2002，17（4）：996-1001.

[65] Stoian F D，Holotescu S，Taculescu A，et al. Characteristic properties of a magnetic nanofluid used as cooling and insulating medium in a power transformer[C]. 2013 8th International Symposium on Advanced Topics in Electrical Engineering，Bucharest，2013：1-4.

[66] Choi S U S. Development and Application of Nonnewtonian Flows[M]. New York：ASME Publication，1995.

[67] Choi C，Yoo H S，Oh J. Preparation and heat transfer properties of nanoparticle-in-transformer oil dispersions as advanced energy-efficient coolants[J]. Current Applied Physics，2008，8（6）：710-712.

[68] Segal V，Hjortsberg A，Rabinovich A，et al. AC（60 Hz）and impulse breakdown strength of a colloidal fluid based on transformer oil and magnetite nanoparticles[C]. Conference Record of the 1998 IEEE International Symposium on Electrical Insulation，Arlington，1998：619-622.

[69] Jang S P，Choi S U S. Role of Brownian motion in the enhanced thermal conductivity of nanofluids[J]. Applied Physics Letters，2004，84（21）：4316-4318.

[70] Gupta A，Kumar R. Role of Brownian motion on the thermal conductivity enhancement of nanofluids[J]. Applied Physics Letters，2007，91（22）：223102.

索　引

其他